KB058270

BEYOND

BEYOND: Our Future in Space by Chris Impey

비욘드

BEYOND

CHRIS IMPEY

크리스 임피

곽영직 옮김

인류가 다다른 세상의 한계를 넘어서다

세계적인 천문학자 크리스 임피가 들려주는

가슴 떨리고 경이로운 우주 탐사의 역사

시공사

일러두기

이 책의 원서 출간 시점과 국내 번역본 출간 시점의 차이로 인해, 최신 우주 탐사 정보가 반영되지 않았을 수 있습니다. 편집부와 역자가 확인 가능한 범위에서 가급적 최신 정보로 업데이트하였음을 알려드립니다.

머리말

우주는 인간에게 우호적이지 않다. 우리는 진공 상태에서 보호 장비 없이 1분도 버틸 수 없다. 우주에 가기 위해서는 아슬아슬하게 통제된 화학적 폭발에 몸을 맡겨야 한다. 지구 주위의 저궤도는 자동차로 하늘을 향해 달린다고 할 때 30분 정도면 도달할 수 있는 거리에 있지만, 그곳에 가기 위해서는 우리가 상상하기 어려울 정도로 많은 비용을 지불해야 한다. 무중력을 경험한 몇 안 되는 사람들은 인류 역사상 가장 특별한 사람들이었다. 그럼에도 불구하고 우주여행은 인간이 가진 기본적 특성, 바로 탐험에 대한 욕망을 가장 잘 나타낸다.

이 책은 우주여행의 과거와 현재, 그리고 미래를 조명한 책이다. 우리는 현재 매우 중요한 전환점에 서 있다. 우주여행을 일상적인 것으로 만드는 데 필요한 여러 기술들이 성숙되고 있기 때문이다. 또한 발명가들과 사업가들이 우주여행을 우주비행사들이나 부유한 사람들의 전유물이 아닌, 일반인들에게도 가능한 것으로 만들어가고 있다. 이런 일들이 우리가 생각하는 것보다 훨씬 빨리 일어날 수도 있다.

이 책은 네 개의 파트로 구성되며, 각 파트 도입부에는 별을 향해 출발하는 젊은 개척자의 세계로 우리를 안내할 가상의 이야기가 실려 있다. 파트 I에서는 탐험을 향한 인류의 유전적 성향, 그리고 20세기 중반에 처음으로 인류가 지구를 떠날 수 있게 해주었던 로켓의 발전 과정을 알아보기 위해 '과거'의 일들을 이야기할 것이다. 또한 우리가 이루어낸 놀라운 성공들의 이면도 살펴볼 것이다.

'현재'를 다룰 파트 II에서는 현재 인류가 가진 잠재력을 활용해 지구를 떠날 기술을 만들고 있는 새로운 세대의 사업가들이 어떻게 우주 프로그램의 불확실성을 해소할지에 대해 알아볼 것이다. 그리고 우주 프로그램에 걸림돌이 되고 있는 법적 규제뿐만 아니라 우주여행자가 직면하게 될 위험에 대해서도 다룰 것이다.

우주 프로그램의 미래를 다룰 파트 III에서는 달과 화성으로 여행하는 방법에 대해 알아보고, 그곳에 인류의 거주지를 설치하는 데 필요한 기술에 대해서도 이야기할 것이다. 우주에서 인류의 동반자가 될 로봇에 대해서도 다룰 것이며 지구를 떠난 인류가 새로운 종으로서의 인류가 되어가는 과정에 대해서도 이야기할 것이다.

마지막 파트 IV에서는 우리가 별나라를 여행하고 은하의 시민이 되는 시기에는 가능해지겠지만 현재로서는 우리 능력의 한계 밖에 있는 일들에 대해 생각해보려고 한다. 생명체를 위해 만들어진 우주에서 우주 시민이 되려는 인류의 염원은 강렬하다. 우리가 지구 표면에만 고착해 살아간다면 우리의 잠재력은 충분히 발휘되지 못할 것이다.

나는 오랫동안 많은 동료와의 대화를 통해 큰 도움을 받았다. 그러나 이 책에 포함되어 있을지도 모르는 오류는 전적으로 내 책임이라는 점을 밝혀둔다. 저술 활동을 격려해주고 항상 나를 아껴준 다이애나 재센스키Dinah Jasensky에게 특별한 감사의 말을 전한다.

추천의 말

아폴로 11호가 세 명의 우주비행사를 태우고 달로 날아간 사건이 벌써 50년도 넘은 옛이야기가 되었다. 1972년 아폴로 17호의 우주비행사 두 명이 달 표면에 발을 디딘 것이 인류의 마지막 달 여행이었다. 닐 암스트롱 이후 사람들은 우주여행의 시대가 곧 찾아올 것이라고 여겼다. 화성으로 가는 유인우주선에 대한 꿈도 가까운 미래에 이루어지리라 믿었다. 하지만 현실은 달랐다. 화성은커녕 달 여행도 다시는 이루어지지 않았다.

우주 탐사와 우주여행은 여전히 상상과 미래의 영역이지만, 오래전 그 꿈의 원형을 발명한 사람들이 있었다. 과연 저자가 말하는 '탐험 유전자'가 이들을 부추겼던 것일까? 이 책의 첫 번째 미덕은 인류의 진화까지 거슬러 올라가, 인간의 본성 속에 살아 숨 쉬는 탐험과 여행 본능을 우주 탐사와 유기적으로 연결 짓는 데 있다. 우주를 향한 호모사피엔스의 여행 본능이 로켓과 우주선 개발로 이어졌다는 것이다. 언뜻 전혀 관련 없어 보이는 것들이 하나의 강으로 합쳐지면서 우리의 혜안을 열어준다.

이 책의 두 번째 미덕은 부끄러운 과거를 숨기지 않는 것이다. 미국과 구소련의 체제 경쟁이 아폴로 11호의 달 착륙을 가능하게 했음은 부인할 수 없는 사실이다. 지금도 중국이 벌이는 우주 탐사의 뒷면에는 중화사상 고취라는 국수주의가 자리 잡고 있다. 이런 사실을 숨기지 않고 분석하고 성찰하는 태도가 책 전체에 흐르고 있다. 탄탄한 성찰이 있어 이 책에서 말하는 미래의 모습에 신뢰가 간다.

이 책이 가진 세 번째이자 최고의 미덕은, 현재 상황을 냉정하고 정확하게 분석한 다음에야 미래를 이야기한다는 데 있다. 미래는 상상의 영역에 머물 수밖에 없어 늘 희망적이다. 그런 미래에 대해 그럴듯한 이야기를 하려면 과거와 현재에 대한 탄탄한 자기분석이 필요하다. 말하자면 크리스 임피의 《비욘드》는 그런 기본이 튼튼한 책이다. 그 단단함에서 나오는 전망 속에는 미래가 예측대로 찾아오지 않을 것임을 알면서도 고개를 끄덕이게 하는 힘이 있다.

결국 이 책은 미래의 우주 탐사와 우주여행을 이야기하고 있지만, 그저 뜬구름 같은 핑크색으로만 끝나지 않는다. 22세기를 살아갈 21세기 사람들을 위한, 냉철하지만 낙관적인 꿈을 담은 멋진 가이드북이다.

이명현(천문학자·과학책방 갈다 대표)

CONTENTS

PART I
전주곡

나는 네 살 때 순례자로 선발되었다. 순례의 의미를 알기에는 너무 어렸기 때문에 어머니의 설명을 듣긴 했지만 이해할 수 없었고, 어머니의 목소리에서 묻어나는 흥분과 두려움만을 느낄 수 있었다.

몇 년 후에는 그 의미가 좀 더 현실적으로 다가왔다. 나는 일반 학교에서 힘든 나날을 보냈다. 어린이들 사이에서만 볼 수 있는 잔인한 방법으로 따돌림을 당했고, 무시당했으며 모욕당했다. 순례자가 되는 것은 대단히 영광스러운 일이었지만 다른 아이들과 다르다는 의미이기도 했다. 나는 여덟 살 때 그 학교를 떠나, 나와 같은 학생들을 위한 '아카데미'라는 이름의 특수학교로 옮기고 나서야 안도할 수 있었다.

그 아카데미는 매스컴이나 사람들의 시선으로부터 격리된 특별한 장소로, 태양 아래서 푸르게 빛나는 스위스의 산정 호수 부근에 있었다. 그곳에는 50여 개 나라에서 온 300명 정도의 학생들이 있었다. 우리는 일 년에 한 번씩 집에 갈 수 있었지만 가족은 아무도 학교를 방문할 수 없었다. 외부와의 영상통화는 일주일에 한 시간으로 제한되었다. 이런 규율이 매우 엄격해 보이지만 모두 우리 학생들을 위한 것이었다.

학생들의 나이는 일곱 살에서 열두 살 사이였다. 나는 학생들 사이에서 어린 축에 속했다. 남학생과 여학생의 수는 같았다. 여러 나라에서 온 학생들이 서로 다른 언어를 사용해 마치 바벨탑처럼 혼란스러웠으므로 학생들 대부분은 항상 번역기를 가지고 다녔다. 수업도 다양한 언어로 진행되었다. 우리는 공학과 철학에서부터 의학과 인문학에 이르기까지 모든 것을 공부했다. 아카데미에는 많은 개인교사와 상담사가 있었기 때문에 학생들은 충분한 도움을 받을 수 있었다. 학생들에 대한 기대가 컸으므로 더 나은 성취를 위해 부드러웠지만 지속적인 압력이 있었다. 교사들은 학생들과 거리를 두고 학생들과 감정적으로 밀접한 관계를 맺지 말라는 교육을 받았다. 교사들 중 일부는 임상진료를 하던 심리학자들과 정신과 의사들이었지만 학생들의 고립 생활에 대해 냉정했다.

나는 아직도 그 시절 꾸었던 꿈을 기억하고 있다.

어둠 속에서 커다란 물체가 돌아다닌다. 내 가슴에 참을 수 없는 압력이 가해진다. 마치 관 뚜껑이 열리듯, 내 얼굴 바로 앞에 있는 문이 위로 열린다. 창문이 보이고 창문 밖에는 아무것도 없다. 완전히 빈 공간이다. 그 모습은 한편으로는 희미해서 불완전해 보이지만 한편으로 생생한 현실처럼 보인다. 나는 항상 깜짝 놀라면서 꿈에서 깨어 일어난다. 온몸을 땀으로 적신 채 가쁜 숨을 몰아쉰다.

열일곱 살이 되고 몇 달이 지난 어느 날, 아카데미를 떠나기 전 어머니가 마지막으로 방문했다. 그때 어머니는 아버지가 어떻게 돌아가셨는지 이야기해주었다. 어릴 적에는 자세한 내용을 알지 못했고, 아카데미에서는 정보가 통제되어 있었다. 아버지는 화성의 위성인 포보스에 있는 광산으로 두 번째 파견을 갔었다. 아버지와 직원들은 포보스의 수직갱 깊은 곳에서 백금과 이리듐을 찾고 있었다. 그러다가 지상에 있던 선원과의 통신 실수로 잘못된 곳을 파게 되었고, 소파 크기의 암석이 수직갱 입구에서 떨어져 나왔다.

작은 위성의 중심부에는 중력이 없기 때문에 지구에서처럼 떨어지는 암석에 깔리지는 않는다. 그러나 뉴턴의 법칙은 이곳에서도 작동한다. 커다란 암석은 아버지의 가슴에 부딪치며 아버지를 반대편 벽으로 밀어냈다. 벽 때문에 더 이상 뒤로 물러설 수 없게 되자 암석의 운동량이 아버지에게 전달되었고, 아버지는 즉시 숨을 거두었다.

이것이 아마 내가 순례자로 선발된 이유 중 하나일 것이다. 아버지는 우주 광산을 운영했고, 누나는 성공한 조종사였다. 나의 유전자에는 우주가 들어 있었다. 그러나 아카데미에는 기술 과목에 소질이 없는 아이들도 많았다. 그들의 부모는 음악가나 예술가, 외교관이었다. 학생 중에는 비슷한 성향을 가진 아이들이 하나도 없었다. 우리는 의도대로 작은 세상을 형성하고 있는 것처럼 보였다.

어머니와 누나는 졸업식에 참석했고, 내가 손을 흔들자 크게 웃었다. 졸업식이 끝난 후에 호수가 내려다보이는 식당에서 식사를 하면서 나는 10년 전 어머니의 목소리를 생각해냈다. 어머니의 흥분과 두려움은 이제 슬픔이 배어 있는 조용한 자존심으로 바뀌어 있었다.

졸업식이 끝난 후 짐을 싸서 떠날 때까지 2주일이 주어졌고, 그동안 방문과 영상통화가 무한정 허용되었다. 나는 가족과 이렇게 많은 시간을 보내면서 감정적으로 지쳐갔다고 기억한다. 다른 학생들도 같은 감정을 느꼈다. 우리는 가족들 없이 서로를 의지하며 자라온 신출내기 어른들이었다. 나는 발사장으로 떠날 시간이 다가오자 안도감을 느꼈지만, 그러한 안도감 뒤에는 곧 죄의식 같은 것이 따라왔다.

이제 순례자가 된다는 것의 의미를 배울 시간이 되었다.

21세기 후반에 지구의 특사가 된다는 것. 특수한 실험을 위해 특수한 사람으로 선발된다는 것. 이 실험은 정신이 멀쩡한 과학자와 엔지니어 들에 의해 설계되었지만 광기가 가득했다. 우리는 새로운 세상에 뿌리를 내려야 할 인간 묘목이었다.

CHAPTER
1

지구 너머를 꿈꾸다

아프리카 밖으로

인구가 겨우 100만 명 정도였을 때도, 인류는 지구 너머를 꿈꾸었을까?

20만 년 전, 해부학적으로 현생 인류라고 할 수 있는 우리 조상이 아프리카 북부에 출현했다.[1] 인류의 발생지는 지금의 에티오피아라고 알려져 있다. 이후 10만 년 동안 인류는 아프리카 전체로 퍼졌다. 우리가 알고 있는 한 이들에게는 언어가 없었고 어떤 기록도 남기지 않았다. 남아 있는 것은 그들의 뼈와 그들이 살던 흔적뿐이다. 이런 흔적들을 통해, 죽은 자들을 매장하는 장례식을 했고 돌로 만든 화살과 창으로 사냥을 했으며 동굴 벽에 자신들의 생활을 나타내는 그림을 그렸던 용감한 주름투성이 인류 조상들의 이야기를 들을 수 있다. 등잔이나 모닥불의 흔들리는 불꽃 속에서 살아 움직이는 것처럼 보였을 그 그림들은 수천 년의 세월을 건너 그들이 가졌던 꿈과 두려움을 우리에게 이야기한다.

현대 유전공학 기술은 그들의 아프리카 탈출 여정을 재구성해 보여준다.

이것은 수천 년 후 우리가 우주를 향해 첫발을 내딛는 것만큼이나 대담하고 영웅적인 여행이었다.

지구상의 생명체는 하나의 유전정보로 연결되어 있다. 네 개의 알파벳으로 표현되는 염기쌍들로 이루어진 유전정보는 모든 생명체들이 가지고 있는 고유한 형태와 기능을 나타낸다. 아데닌(A), 시토신(C), 구아닌(G), 티민(T)이라는 네 가지 염기는 꼬인 사다리 모양의 DNA 분자에서 가로 막대를 구성한다. 아데닌은 사다리 반대편에 있는 티민과 쌍을 이루고, 시토신은 구아닌과 쌍을 이룬다. 사다리가 두 가닥으로 분리되면 각 가닥은 새로운 DNA 분자를 구성하는 형틀이 된다. 세포는 스무 가지 아미노산의 결합 순서를 나타내는 유전정보를 이용해 생명체의 구성물질인 다양한 단백질을 합성할 수 있다.

만약 유전정보가 완전하게 복제되고 발현된다면 생명체의 진화도 없었을 것이고 생명체들의 세계는 매우 지루한 세상이 되었을 것이다. 게다가 시간이 흐르면서 변해가는 환경에 적응하지 못해 막다른 길로 내몰렸을 것이다. 생명체의 설계도라고 할 수 있는 유전정보는 환경에 의해 변이가 일어날 수 있다. 동일한 유전자를 가진 묘목 중 하나는 비옥한 땅에서 자라고 다른 하나는 바람이 심한 산 위에서 자란다면 두 묘목은 다른 형태로 성장한다. 돌연변이나 불완전한 복제에 의해서도 유전 물질에 또 다른 형태의 변이가 일어날 수 있다. 오랜 시간을 두고 변이가 계속 일어남에 따라 생명체들은 다양해지고, 다양한 생명체들 중에서 자연선택에 의해 적자생존이 일어난다.

그 결과 생명체의 DNA는 40억 년 전에 처음 등장했던 '최초의 공통 조상'으로부터 시작해, 뿌리에서 가지가 갈라져 나가듯 복잡하게 얽히게 되었다.[2] 원시세포는 모든 식물과 동물뿐만 아니라 모든 미생물의 선조가 되었다. 인간처럼 양성생식을 통해 자손을 생산하는 생명체는 부모로부터 DNA를 혼합적으로 물려받아 부모와는 다른 고유한 DNA를 가지는 자손을 만들어낸다.[3]

유전인류학에서는 DNA를 인류의 이주 과정을 밝혀내는 증거로 사용한다. 모든 사람은 최초의 공통 조상으로부터 물려받은 DNA를 가지고 있다. 따라서 DNA를 이용하면 인류가 언제, 어디서 유래했는지 알 수 있다. DNA는 수정을 통해 혼합되지만 DNA의 특정한 부분은 변형되지 않고 부모에게서 자손에게로 전달된다. 예를 들면 Y염색체는 아버지에게서 아들에게로만 전달되기 때문에 Y염색체를 이용하면 부계를 추적할 수 있다. 반면에 미토콘드리아 DNA는 어머니로부터 자손에게 전달되기 때문에 모계를 추적하는 데 이용할 수 있다.

이러한 DNA는 때때로 돌연변이를 하게 되고, 돌연변이에 의해 변형된 DNA는 자손에게 유전되기 때문에 유전적 '표지'로 사용할 수 있다. 특정한 지역 안에서는 특정한 유전적 표지가 빠르게 확산되어 여러 세대가 지난 다음에는 그 지역 안의 거의 모든 개체 안에서 발견된다. 사람들이 한 지역에서 다른 지역으로 이주할 때는 유전적 표지도 함께 이동한다. 과학자들은 서로 다른 지역에 사는 원주민들의 유전적 표지를 조사해 초기 인류의 이주 지도를 만들었다.

유전인류학 프로젝트는 전 세계에서 신중하게 선정된 원주민 부족들 중 7만 명의 DNA를 조사한 결과를 이용해 인류 이주 과정을 나타내는 지도를 작성했다. 이 프로젝트에 필요한 경비의 대부분은 지구에 대한 탐험에서 세상 내부에 대한 탐험으로 관심을 돌린 내셔널 지오그래픽 소사이어티에서 부담했다. 이 프로젝트에도 일부 원주민들이 참여를 거부하는 등의 어려움이 있었다. 그러나 많은 사람들의 자발적인 참여로 이 프로젝트는 큰 성과를 거두었고, 60만 명이 넘는 사람들이 공개 데이터베이스에 DNA 정보를 제공해 자신들의 유전학적 역사를 알게 되었다.[4] 이렇게 풍부한 자료와 강력한 컴퓨터를 바탕으로 지난 10년 동안에 10만 개가 넘는 유전자 표지가 확인되었다. 이 프로젝트를 주도한 내셔널 지오그래픽의 탐험가 스펜서 웰스Spencer Wells는 "가장 위대한 역사책은 우리의 DNA 안에 숨어 있다"고 말했다.

우리의 DNA는 탐험을 향한 인류의 깊은 욕망을 보여준다.

약 6만 5,000년 전, 처음으로 인류는 태어난 대륙을 떠나는 모험을 감행했다. 아프리카의 뿔Horn of Africa에서 아라비아반도에 이르는 길에 아마도 바브엘만데브Bab el-Mandeb 해협을 통과했을 것이다. 오늘날 이곳은 가장 많은 배가 통과하는 해협이다. 마지막 빙하기에는 해수면이 낮았기 때문에 이 해협은 좁고 얕은 수로였다. 이 해협을 건넌 부족 구성원의 수는 수천 명 정도였을 것이며 이들이 모두 한꺼번에 해협을 건넌 것이 아니라 수세기에 걸쳐 인척 관계에 있던 소집단이 여러 차례로 나누어 이주했을 것이다. 이주에 성공한 이들은 중앙아시아와 유럽의 넓은 지역에 퍼져 살아가기 시작했다. 5만 년 전쯤에는 중국 남부와 오스트레일리아까지 이르렀고, 4만 년 전에는 유럽 전체에 퍼졌다. 유럽 남부와 아시아는 거주 환경이 좋았던 덕분에 인구가 폭발적으로 증가했다.

이주의 마지막 단계는 대담하고 극적이었다. 지중해 연안과 중동 지역의 좋은 환경에도 불구하고 일부 유목민들은 북쪽으로 이주했다. 마지막 빙하기가 극성을 부리던 시기였지만 두려움을 이기고 시베리아의 툰드라까지 진출했다. 거대한 빙판이 대기 중의 수분을 흡수해, 해수면의 높이를 수백 미터나 낮추었다. 우리 조상들 중 일부는 약 1만 6,000년 전에 해수면 위로 드러난 육지 통로를 통해 베링 해협을 건넜다. 이들이 약 3,000년 후 캘리포니아 남부에 도달했다는 증거가 발견되었다. 이들이 아메리카 대륙의 가장 남쪽까지 도달하는 데는 다시 수천 년이 걸렸다.

얼어붙은 알래스카에서 황량한 파타고니아에 이르는 인류의 이주 과정을 나타내는 지도를 살펴보면, 이주가 놀라울 정도로 빠르게 진행되었다는 점을 알 수 있다. 즉 이들은 단지 식량과 거주지를 확보하기 위해 이동한 것이 아니었다. 아마 바다를 통해 여행할 수 있는 항해 능력에 영향을 받았을 것으로 보인다. 2만 5,000년 전쯤에 작은 규모의 인류가 흘러가는 빙산을 따라 유럽에서 북아메리카까지 대서양을 횡단하는 용감한 항해를 시도했다는 증거가 있다.

오스트레일리아에서는 원주민의 머리카락 한 가닥으로 인해 대륙의 인구가 어떻게 형성되었는지에 대한 역사가 다시 쓰이고 있다. 전통적인 학설에서는 아프리카를 떠난 인류 중 일부가 동쪽으로 이주했다가 동남아시아에서 항해를 통해 오스트레일리아에 도달했다고 알려져 있었다. 그러나 1923년에 영국 인류학자에게 제공된 원주민 머리카락의 유전자를 2011년에 분석한 과학자들은 오스트레일리아 원주민들이 유럽인들이나 아시아인들보다 아프리카인들에 가깝다는 것을 밝혀냈다. 따라서 현재 남아 있는 오스트레일리아 원주민들은 아프리카 밖에 남아 있는 가장 오래된 인류일 수 있다.[5]

아프리카 사바나에서 수만 세대를 보낸 후, 인류는 수백 세대 동안 아메리카 전역으로 흩어졌다(그림 1). 이렇게 새로운 세상을 향한 빠르고 의도적인 이주는 익숙하고 편안한 지역을 떠나 미지를 향해 나아가는 극적인 행동이다. 기술적으로 가능해지기만 하면 지구를 떠나 우주로 향하겠다는 우리의 결정만큼이나 용감한 행동이라고 할 수 있다.

유전자는 우리가 지구상에 '어떻게' 퍼져나갔는지를 알려주지만, '왜' 퍼

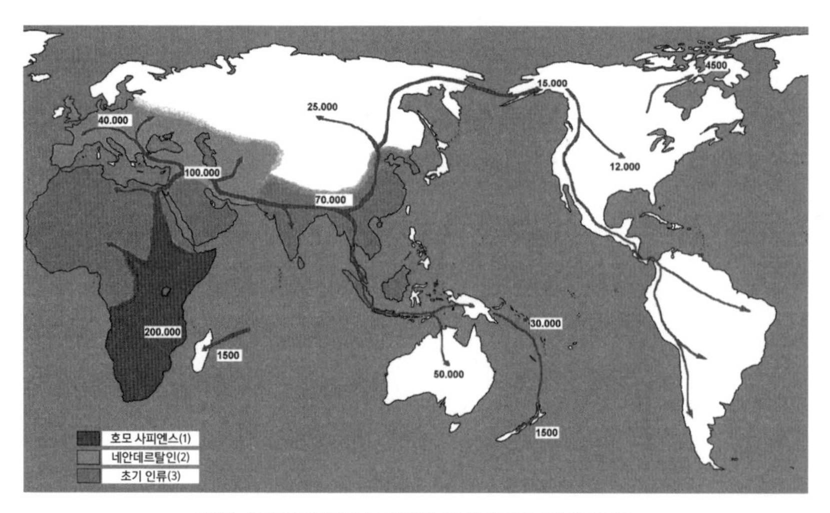

그림 1. 미토콘드리아 DNA 유전자를 이용한 초기 인류의 이주 지도.
이주 경로에는 현재로부터 몇 년 전에 이루어졌는지가 표시되어 있다. 호모 사피엔스의 거주 지역은 가장 짙은 회색(1)으로, 초기 인류의 거주 지역은 중간 회색(3)으로, 그리고 네안데르탈인의 거주 지역은 가장 옅은 회색(2)으로 표시되어 있다.

져나갔는지는 이야기하지 않는다. 그것을 알아내기 위해서는 우리 인간의 본성에 대해 알아보아야 한다.

탐험을 향한 욕망

대규모 동물 이주는 기후와 먹이, 짝짓기, 계절적인 원인에 의해 이루어진다. 하지만 인류만이 유일하게 살아가는 데 필요한 자원을 구하는 것과는 직접적인 관계가 없이, 여러 세대에 걸쳐 체계적이고 의도적으로 먼 거리를 이주했다. 우리 조상들이 작은 배를 타고 대서양과 같은 큰 바다를 건너는 위험을 감수하게 만든 그 욕구는, 미래의 어느 날 인류가 화성에 식민지를 건설하도록 이끌 그 욕구로 이어진다. 모험심이 유전자와 문화 속에 내재되어 있는 것이다.

행동심리학자 앨리슨 고프닉Alison Gopnik은 인류만이 상상력과 놀이를 연결할 수 있다는 사실을 알아냈다. 포유류는 어릴 때 놀이를 많이 하는데, 이런 놀이가 사냥이나 싸움처럼 어른으로서 필요한 실용 기술로 쉽게 바뀐다. 어린이들은 상대적으로 오랜 기간 동안 어른에 의해 보호되고 조직화된 발전과정을 거친다.[6] 고프닉에 의하면 우리는 가상 시나리오를 만들어 가설을 시험한다. 어릴 때는 모두가 마치 꼬마 과학자처럼 행동한다는 것이다. 이 두 액체를 섞으면 무슨 일이 일어날까? 내가 숲속을 지나가면 돌아오는 길을 알 수 있을까? 소파 테이블에서 커피 테이블까지 레고로 다리를 놓을 수 있을까? 어린이는 가상 기계를 두려워하지 않는다. 어린이들이 운동능력을 습득한 후에는 정신적인 탐험이 환경에 대한 물리적 탐험으로 바뀐다.

놀이를 통해 가상 시나리오를 발전시키는 것은 생존을 위협하지 않는다. 정신적인 탐험은 인간의 특징이다. 탐험은 인간의 마음 안에서 끊임없이 작동하고 있으며 그것은 우리의 유전자 안에 내재되어 있다.

인간의 유전자는 원숭이나 침팬지의 유전자와 95퍼센트 같기 때문에 이들과 많은 공통점이 있다. 그러나 특정한 유전자가 침팬지를 비롯한 유인원과 우리를 구별해준다. 우리는 먼 거리를 걸을 수 있도록 하체가 발달되어 있으며 손은 물건을 다루기 좋도록 발달되어 있고, 뇌에는 언어와 인식을 담당하는 더 큰 부분이 포함되어 있다. 이러한 유전 형질은 이전에 '정크 유전자'라고 불렸던 DNA의 한 부분에 의해 통제되는데, 현재 이 정크 유전자는 우리가 어떻게 진화되어 왔는지를 밝혀주는 열쇠라고 알려져 있다.[7]

최근 특히 과학자들의 큰 관심을 끌고 있는 한 유전자가 있다. 가장 중요한 신경전달물질을 통제하는 데 핵심적인 역할을 하는 유전자이기 때문이다. DRD4는 동기와 행동에 영향을 주는 신경전달물질인 도파민을 통제하는 유전자 중 하나이다. 이 유전자가 변이된 '7R' 유전자를 가지고 있는 사람들은 위험을 기꺼이 감수하고, 가본 적 없는 장소를 탐험하고, 새로운 것을 찾거나 갈망하며, 외향적이고 매우 활동적이다. 대략 다섯 명 중 한 명은 이 7R 형태의 DRD4 유전자를 가지고 있다.

흥미로운 점은 인류가 아프리카를 탈출해 아시아와 유럽으로 진출하기 시작한 직후인 약 4만 년 전에 7R 돌연변이가 처음 나타났다는 것이다. 다른 연구 역시 인류의 아프리카 탈출을 7R 유전자와 연결하고 있다. 어바인 캘리포니아 대학에서 추안셩 첸Chuansheng Chen이 연구한 결과에 의하면 아시아에 정착해 살고 있는 주민들 중에는 1퍼센트만이 7R 유전자를 가지고 있다. 그러나 약 1만 6,000년 전에 시작해 아시아에서부터 남아메리카까지 엄청난 거리를 이동했던 남아메리카인들 중에는 60퍼센트가 이 유전자를 가지고 있다(그림2).[8]

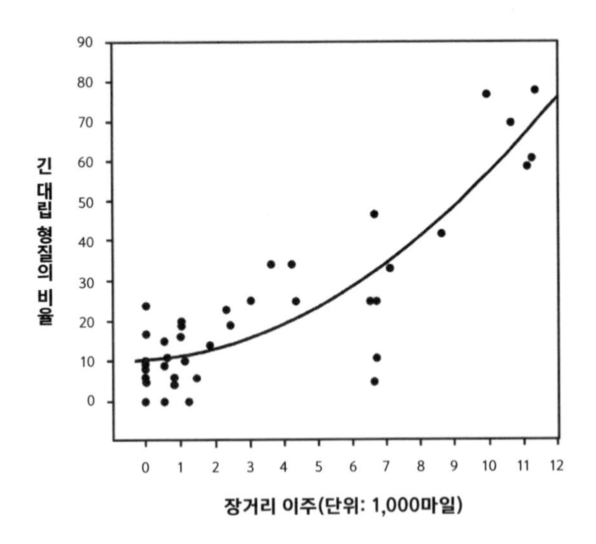

그림 2. DRD4 대립형질의 출현빈도와 39개 인구 그룹의 3만 년에 걸친 장거리 이주 사이의 상관관계를 보여주는 그래프. 현대 인류에서 이 유전자의 긴 또는 7R 변이는 주의력 결핍 과잉 행동 장애(ADHD)와 연관이 있다.

그렇다면 혹시 '탐험 유전자'가 있는 것일까? 아니다. 유전자는 상호작용에 의해 작동하고 행동은 환경에 의해 결정되기 때문에 탐험에 관여하는 특정한 유전자를 찾아낼 수는 없다. 그리고 익숙하지 않은 환경은 위험을 수반하기 때문에 탐험을 권장하는 유전자는 생존 경쟁에서 불리하다. 더구나 이런 유전자가 발현되면 그 개체는 몰락할 가능성이 크다. 7R 변이 유전자를 가지고 있는 사람들은 주의력 결핍 과잉 행동 장애(ADHD)로 인한 고통에 2.5배 더 잘 견딜 수 있고, 50퍼센트 더 성적으로 활발한 경향이 있다(이것은 진화에 유리하다). 그리고 알코올 중독이나 약물 중독에 빠질 위험이 크다. 수렵과 채취를 하는 사회는 집중적인 협력과 안정된 사회적 관계가 있어야 안전하게 작동한다. 지나치게 스릴을 추구하는 것은 위험하고 파괴적이다.

그러나 자원이 부족하고 스트레스가 큰 경우에는 이러한 특질이 장점이 될 수 있다. 7R 유전자를 가지고 있는 사람들은 변화를 잘 받아들일 뿐만 아니라 쉽게 놀라지도 않는다.[9] 또한 의사결정에 감정을 덜 소비하며, 다른 사람들의 부정적인 감정에 상처를 덜 받는다. 낮은 정도의 감정적인 반응과 높은 정도의 감정적 인내 능력은 새로운 위험 환경에 처한 사람들에게 매우 큰 장점이다. 또한 위험에 처했을 때 복잡한 문제를 해결하는 데도 도움이 된다. 모험적인 유전자는 스트레스, 걱정, 절망으로부터 인간을 보호해준다.

이렇게 모험을 좋아하는 특질은 일부에게만 존재하나 스스로 강화된다. 이주하는 사람들에게 7R 유전자가 조금 더 높은 비율로 발견된다면, 특정한 유전자 집단에는 7R이 발견될 확률이 점점 더 커진다. 유전자가 발현되면서 이러한 경향은 점점 더 강화된다. 최고의 유목민은 새로운 식량자원을 만날 가능성이 크고 거기에 맞는 생활방식을 개발할 가능성이 크다. 도구를 가장 잘 만들고 사용할 수 있는 사람들은 새로운 도구를 만들거나 예전의 도구를 새롭게 응용할 방법을 찾을 가능성이 크다. 이러한 되먹임 회로의 중심에는 다른 것과 비교할 수 없는 인간의 중요한 특징이 자리 잡고 있다. 바로 큰 두뇌이다.

정신적 모형 만들기

우리가 개와 같았다면 어땠을까?

가장 좋은 친구라고 할 수 있는 개와 인간의 끈끈한 유대감에도 불구하고, 우리 사이에는 커다란 간격이 있어서 이 질문에 쉽게 대답을 할 수가 없다. 개의 뇌는 구조적인 면에서 인간의 뇌와 유사하고, 넓은 범위의 감정 상태와 관련된 화학적 변화도 비슷하게 일어난다. 인간과 마찬가지로 개도 꿈을 꿀 수 있다. 개가 정신적으로 물체를 분류할 수 있다는 흥미로운 증거도 있다. 즉 개도 특정한 영장류와 새에게서만 발견된다고 생각되던 추상적인 사고능력을 가지고 있다는 뜻이다.

그러나 개의 감정적인 발전은 인간으로 따지면 어린 아기의 단계에서 멈춘다. 개는 인간처럼 정신적 모델을 만들 수 있는 능력이 없다. 만약 우리가 갑자기 개의 마음 상태에 갇혀버린다면 후각과 시각 자극에 의해 통제될 것이고, 외부 환경과 주인의 의지에 따라 행동이 지배받게 될 것이다. 그리고 경험을 바탕으로 미래 의사 결정에 도움이 될 정신적 모델을 만들 수 없을 것이다.

인간은 언어와 기호에 의미를 부여하는 독특한 능력을 가지고 있다. 아기가 3개월에서 6개월이 되면 흉내 내기를 뛰어넘어 실제 물체와 단어를 연결하기 시작한다. 비슷한 시기에 물체가 시야에서 사라진 다음에도 물체의 의미를 유지할 수 있는 능력을 갖게 된다. 이러한 전환은 실제 세상을 대신할 정신적 구조물을 창조하는 능력과 관련된다.

아기가 두 살이 되면 통계적인 주기성을 인식할 수 있게 되고, 증거를 바탕으로 원인과 효과를 이끌어낼 수 있게 된다. 앨리슨 고프닉은 두 살짜리 아기 앞에 초록색 개구리와 노란색 오리가 들어 있는 장난감 상자를 놓고 한 실험을 예로 들었다.[10] 실험자는 대부분 초록색 장난감으로 채워진 상자에서 몇 개의 장난감을 임의로 꺼내고, 아기에게 그것들 중 하나를 달라고 한다. 실험자가 상자에서 초록색 개구리를 꺼냈을 때는 아기가 개구리에 별다른 반응을 보이지 않았다. 그러나 실험자가 같은 상자에서 상대적으로 적은 수의 노란색 오리를 꺼내자 아기는 실험자에게 그 오리를 주었다. 상자에서 초록색에 비해 노란색이 나올 가능성이 낮다는 사실을 알고 있었으므로, 실험자가 노란색 오리를 꺼낸 것은 노란색 오리를 선호하기 때문이라고 판단한 것이다. 아기들은 어른들처럼 의식적으로 통계를 처리하거나 실험을 하지 않는다. 그러나 무의식적으로 과학자들이 하는 것과 같은 방법으로 정보를 처리하고 있다.

다음 단계의 발전은 놀이와 관련이 있다. 어린이들이 "소꿉놀이 하자"고 하면 그것은 가상의 세상을 만들자는 뜻이며 가상의 친구들을 만들자는 뜻이다. 우리 모두가 알고 있는 것처럼 이 가상의 세상은 매우 정교할 수 있다. 이러한 행동은 인간에게서만 발견된다. 제인 구달Jane Goodall은 탄자니아의 곰베 침팬지를 오랫동안 관찰하고 소꿉놀이와 비슷한 역할놀이의 예를 발견했지만, 네 살짜리 어린이들의 놀이와 비교하면 아주 유치한 수준이었다. 개념적으로 보면 어린이들이 일상적인 경험과는 다른 반사실적인 사고를 하고 있는 것이다. 즉 우리에게 익숙한 세상의 정신적 모형을 만드는 것의 다음 단계인, 익숙하지 않은 세상의 정신적 모형을 만든다. 과학자들은

"만약 그렇지 않다면 어떻게 될까? 그것은 무엇 때문일까?"라고 질문함으로써 이론을 개발하는 높은 수준의 기법으로 반사실적인 사고를 이용한다. 어린이들은 어른들의 세상을 탐험하는 기법을 발전시키는 데 이런 방법을 이용한다.

우리는 놀이와 추상적인 사고 사이에 밀접한 관계가 있다는 사실을 알 수 있다. 심리학자들은 모든 추론은 논리적 사고와 관련이 있다고 믿었다. 그러나 실제 생활은 "이것이면 저것이다"라는 법칙을 적용하기에는 너무 복잡하다. 논리는 가정과 주장을 필요로 하지만 이런 것들은 시험을 통해 확인하기 어렵다. 특정한 주장으로부터 엄청나게 많은 추론이 가능하기 때문에 문제가 더 어려워진다. 그리고 사실에 부합되지 않은 경우에도 결론이 도출될 수 있다. 인간의 추론은 잘 정리되어 있거나 단순하지 않으며, 논리적인 증명과는 유사점이 별로 없다.

결국 '우리가 맞닥뜨리는 현상을 나타내는 정신적 모형을 만드는 것'이 추론을 더 잘 설명한 내용이라고 할 수 있다. 정신적 모형은 우리의 경험과 지식을 반영해 세상의 특정한 면을 시뮬레이션하는 것이라고 할 수 있다. 이 과정은 부족한 점이 발견되면 모형을 쉽게 수정하거나 버릴 수 있어 매우 역동적이다.[11] 우리는 맞닥뜨릴 가능성이 있는 모든 상황의 모형을 만들고, 이 가상 상황에서 각 모형이 어떻게 작동하는지 시험한다. 모형을 만들어 시험하는 데는 많은 장치나 도구가 필요하지 않고, 우리 자신을 위험에 빠뜨리지 않을 수 있으며, 적은 비용으로 할 수 있는 쉬운 일이다. "꿀을 얻기 위해 나무에 올라가면 나뭇가지가 부러질 수도 있고 벌에 쏘일 수도 있다. 그러나 덩굴을 이용해 나뭇가지를 잡아당긴다면, 확실히 나뭇가지를 부러트려서 벌들이 도망칠 때 꿀을 얻을 것이다." 이 모든 일들을 실제로 해보는 것이 아니라 머릿속에서 생각만으로 해볼 수 있다!

학자들은 언제 처음으로 추상적 사고와 추론이 나타났는지에 대해 격렬한 토론을 벌이고 있다. 늘 함께 생활하는 배우자나 가장 가까운 친구가 무엇을 생각하고 있는지 아는 것만 해도 매우 어렵다. 그러니 수십 만 년 전에 죽은 우리 조상이 어떤 생각을 했었는지에 대해서는 모르는 채로 남겨두는 것이 좋을 것이다.

20만 년 전쯤에는 인류가 해부학적으로 현대인들과 같아졌다는 데 학자들이 대체적으로 동의한다. 수십 년 전까지만 해도 인류가 아프리카를 떠난 뒤 유럽과 아시아로 흩어지고 7R 변이 유전자를 발전시키던 4만 년 전부터 창조적이고 추상적인 사고가 시작되었다고 믿었다. 과학자들은 초기 동굴 벽화가 그려지고 뼈와 돌을 이용해 예술 작품이나 도구가 만들어지던 때를 이 시기로 추정했다. 그리고 비교적 갑작스럽게 언어와 현대적 행동이 출현한 것을 '대약진Great Leap Forward'이라고 불렀다. 미국의 신경생리학자 윌리엄 캘빈William Calvin은 현대 인류의 특징을 칼날blades, 구슬beads, 매장burials, 뼈로 만든 도구bone tools, 아름다움beauty이라는 다섯 개의 B로 나타냈다.[12] 마지막에 언급된 아름다움은 미적 판단과 놀이, 이야기, 예술작품이나 음악을 포함한 표현 형식을 의미한다.

그러나 최근의 발견으로 인해 이러한 가정에 의문이 생겼다. 고고학자들은 남아프리카의 바람이 심한 해변에 있는 동굴에서 숯, 철이 풍부하게 든 흙, 으깨진 동물 뼈, 미확인 액체를 섞어 만든 반죽이 말라붙어 있는 전복 껍질을 발견했다. 이 껍질은 선사시대의 페인트 통이었던 것이다. 모로코 동부에서는 색이 칠해지고 조각도 되어 있는 조개껍질이 발견되었는데, 장식용 구슬처럼 쓰인 것으로 추정된다. 또한 아프리카의 다른 곳들에서는 매우 복잡한 형태의 덫과 올가미가 발견되었다. 이 모든 유물은 8만 년 전의 것이었으며 이보다 더 이른 시기에 추상적인 사고를 했다는 증거도 발견되었다. 이런 증거들은 지식과 기술, 문화가 '대약진'했다기보다는 수십만 년에 걸쳐 점진적으로 누적되었다는 사실을 나타낸다.

유명한 심리학자 스티븐 핑커Steven Pinker는 인류가 언제부터 이런 능력을 가지게 되었는지는 잠시 제쳐두고, 왜 이런 능력을 가지게 되었는지에 주목했다. "왜 우리 인류는 과학, 수학, 철학, 법률과 같은 추상적인 지적 활동을 추구하게 되었을까? 인간이 진화해온 수렵채취의 생활환경에서는 이런 능력을 사용할 기회가 없었고, 그런 활동이 생존과 자손을 남기는 데 별로 도움이 되지 않았는데도 말이다."[13] 다시 말해 현대에는 과학과 수학이 우리의 환경을 이해하고 생명을 연장하는 데 수없이 많은 방법으로 응용되고 있지만, 매일 음식과 잠자리를 구해야 했던 수렵채취 시대에는 추상적인 개념이 아무런 쓸모가 없었다는 뜻이다.

핑커를 비롯해 다른 혁명적인 심리학자들도 이런 특질은 자연선택의 부산물로 나타났을 것이라고 추론한다. 이들의 주장에 의하면 인류는 진화 과정에서 다른 종들에게는 공유되지 않은 '인식의 틈새시장'을 차지했다.[14] 인류는 환경을 조작하고 복잡한 사회적 네트워크를 형성해 환경 변화에 빠르게 적응했던 반면, 동물들의 유전적 진화 과정은 훨씬 느리게 진행되었다. 예를 들면 우리는 손재주 덕분에 협동적으로 사용할 때 가장 효과적인 새로운 도구와 사냥 전략을 고안해냈다. 그리고 언어 덕분에 이타주의나 상호주의와 같은 정교한 행동을 진화시켰다. 또한 정신적 모형 덕분에 가상 시나리오를 만들고 실제 세상에서 작동해보기 전에 효과적으로 예측할 수 있었다.

하나의 목적에 유용한 적응은 다른 목적에서도 유용하다고 드러날 수 있다. 예를 들면 고기는 우연히 잡식성이 된 동물에게 영양가 높은 먹이이다. 그러나 고기를 먹으려고 동물을 쓰러트리기 위해서는 딸기를 채취할 때보다 훨씬 더 영리해야 한다. 따라서 고기를 먹으면서 지능이 높아지게 된다. 우리의 사회적, 정신적, 물리적 능력은 동시에 진화했다. 증명하기는 어렵지만, 이것은 추상적인 추론이 생존에 중요한 역할을 하지 않는데도 어떻게 진화할 수 있었는지를 설명해준다.

수많은 세상

2,500년을 거슬러, 고대 철학자 아낙사고라스Anaxagoras(그림 3)가 살던 이오니아(현재의 터키) 해안의 북적대는 항구도시로 순간이동했다고 상상해보자. 진지하고 금욕적인 젊은이였던 아낙사고라스는 이 세상에 태어나지 않는 것보다 태어나는 것이 더 좋은 이유는 우주를 이해하는 기회를 가질 수

그림 3. 《뉴렘베르그 연대기Nuremberg Chronicles》라는 15세기 원고에 실려 있는 그리스 철학자 아낙사고라스. 아낙사고라스는 기원전 500년경부터 428년경까지 살았던 철학자로, 최초로 우주의 기계적 메커니즘을 제안했고 다중 우주 또는 '여러 세상'이라는 생각을 했다.

있기 때문이라고 생각했다. 그는 지구가 우주에 있는 유일한 세상이 아니라 많은 세상들 중 하나라고 생각하는 물결에 합류한 사람이었다.[15]

이것이 왜 대담한 생각이었는지 이해하기 위해서는 고대 그리스 이전까지 오랫동안 인류가 하늘을 어떻게 생각하고 있었는지를 알아야 한다. 하늘은 지도였고, 시계였으며, 달력이었고, 신화와 전설의 저장고였다. 지구는 우주의 중심에 정지해 있고, 하늘이 지구 주위를 돌고 있는 것이 자명해 보였다. 태양과 달, 행성과 별은 멀리 떨어져 있어서 접근할 수 없었다. 역사를 기록하기 이전의 인류도 추상적으로 사고할 수 있는 능력과 정신적 모형을 만들 수 있는 능력을 가지고 있었지만, 이러한 능력을 지구 너머에 무엇이 있는지 인식하는 데 사용했다는 증거는 없다.

아낙사고라스는 이오니아 지방에서 아테네로 옮겨와 지적 사회의 중심으로 이끌려 갔다. 그리스의 위대한 극작가 에우리피데스Euripides는 아낙사고라스의 마음 이론을 그의 비극에 접목했으며, 아낙사고라스의 친구 페리클레스Pericles는 아테네의 '황금시대'에 가장 위대한 정치가 겸 웅변가가 되었다. 그의 새로운 아이디어와 혁명적인 이론은 많은 사람들에게 영향을 주었다.

아낙사고라스는 태양이 용융된 금속으로 이루어졌으며 펠로폰네소스반도보다 훨씬 크고, 달은 지구와 같이 암석으로 이루어졌고 스스로 빛을 내지 않으며, 별들은 불타는 암석이라고 믿었다. 또한 은하수는 수많은 별들이 빛나는 것이라고 생각했다. 그는 계절에 따른 태양의 움직임과 별들의 운동, 식 현상, 혜성의 기원에 대한 물리적인 설명을 제시했다. 아낙사고라스는 우주가 원래 분화되지 않고 모든 구성요소를 포함하고 있었다고 추측했다. 그리고 그는 구조의 형성에는 논리적인 한계가 없다고 보았고, 따라서 세상 안에 크거나 작은 수없이 많은 세상이 존재할 수 있다고 제안했다.[16]

새로운 아이디어는 반발을 불러오게 마련이다. 아낙사고라스는 신을 개입시키지 않고 우주에 대한 물리적이고 자연적인 설명을 제안한 것과 태양이 그리스만큼 크다고 용감하게 주장한 것 때문에 무신론자 혐의를 받았다. 페리클레스와 가까운 친구였던 것이 그에게는 불행이었다. 유명한 정치가였던 페리클레스에게는 강력한 적들도 있었기 때문이다. 그는 이오니아로 탈출해 겨우 목숨을 부지할 수 있었고, 여생을 그곳에서 유배생활로 보냈다.

'여러 개의 세상'이라는 아이디어는 철학의 아버지로 불리는 탈레스Thales의 작품에서도 발견된다. 탈레스는 우주가 무한하다고 추정했고 그러한 생각은 원자론자였던 에피쿠로스Epicouros에게로 이어졌다. 수세기 후에 로마의 철학자 겸 시인이었던 루크레티우스Lucretius는 대담하게 "우주 안에 유일하게 존재하는 것은 없다. 다른 지역에는 틀림없이 또 다른 지구, 다른 인간, 다른 동물들이 존재한다"라는 기록을 남겼다.[17]

그리스 철학은 두려움과 미신을 이성적 사고로 바꾸려고 시도했다. 인류는 오래전부터 추상적 사고를 하는 능력을 가지고 있었지만, 이것이 그리스인들의 손에 의해 수학과 논리학의 형식으로 확장되었다. 아리스타르코스Aristarchos는 기하학과 월식에 대한 이해를 바탕으로 태양이 지구보다 크다고 주장했으며, 코페르니쿠스보다 거의 2,000년 전에 태양을 중심으로 하는 천문 체계를 제안했다. 에라스토테네스Eratosthenes는 월식이 일어날 때 지구의 그림자 모양을 통해서 지구가 둥글다는 사실을 알게 되었으며, 여기에 지구 표면의 다른 지역에 만들어지는 그림자에 대한 지식을 결합해 지구의 크기를 측정했다. 일생 동안에 160킬로미터 이상을 여행한 적이 없던 이 철학자는 지구 전역으로 이동했던 인류의 조상들조차 알아내지 못했던 것을 이해할 수 있었다.

고대 그리스의 철학자들은 정신적 모형을 전혀 새로운 영역으로 확장시켰다. 데모크리토스Democritos는 날카로운 칼로 돌을 쪼개고 또 쪼개면 어떻게 될 것인가를 질문했다. 논리적으로 이런 작업을 돌이 무한히 작아질 때까지 계속하거나 더 이상 쪼갤 수 없는 물질의 가장 작은 단위에서 끝날 때까지 계속할 수 있다. 그는 무한히 작은 입자라는 생각에 반대하고 더 이상 쪼갤 수 없는 원자가 존재한다고 가정했다. 아르키타스Archytas는 "우주의 가장자리에 다가가 창을 밖으로 던지면 어떻게 될 것인가?" 하고 질문했다. 창이 장애물에 부딪힌다면 장애물 밖에는 무엇이 있는지 질문하게 된다. 따라서 그는 우주가 무한해야 한다고 생각했다. 그리스 철학자들에게는 원자분쇄기나 망원경이 없었기 때문에 이 문제의 답을 얻을 수는 없었지만, 그들의 '사고실험'은 과학을 탄생시켰다.[18]

우주론의 발전 면에서는 불행스럽게도, 여러 세상이 존재한다는 생각은 아리스토텔레스Aristoteles의 견해에 의해 밀려나게 되었다. 그는 지구가 유일하며 많은 세상들로 이루어진 체계란 없다고 믿었다. 그의 지구 중심 우주관은 당시 사람들의 상식(만약 지구가 우주의 중심이 아니라면 지구는 빠르게 움직이고 있어야 하지만 그러한 운동은 관측되지 않는다는 생각)과 일치했던 덕에 뿌리를 잘 내릴 수 있었다. 지구 중심 우주론은 인류와 창조자 사이의 특별한 관계를 주장하는 기독교 신학과도 일치했다.

반면 다른 종교 전통은 여러 세상 이론에 더 호의적이다. 힌두교나 불교에서는 지적인 생명체가 살고 있는 여러 세상에 대해 가르친다.[19] 신화에 의하면 인드라 신이 "이 우주의 이 세상에 대해서만 이야기했다. 그러나 나란히 있는 수없이 많은 우주에 대해 생각해보라. 각각의 세상에는 인드라와 브라흐마가 있고, 각각의 우주에는 나타나는 세상과 사라지는 세상이 있다"라는 말을 했다고 전해진다.

강력한 아이디어는 상상력을 자극한다. 서양의 지적 전통이 우호적이지는 않았지만, 시인과 이상주의자 들은 지구 밖에 무엇이 있는지 상상의 나래를 펼쳤다. 2세기 사모사타의 루키아노스Lukianos of Samosata는 현대 공상과학 소설의 전신이라고 할 수 있는 로맨틱 판타지를 썼다.[20] 그가 쓴《진실한 이야기A True Story》는 달에 옮겨진 사람들의 이야기를 다룬다. 달에서 그들은 인류와 비슷한 종족을 만나는데, 이 종족은 다리가 세 개인 새를 타고 다닌다. 이 판타지에서는 지구 밖에 있는 행성과 별에 또 다른 인간들과 생명체들이 살고 있다.

그 당시에는 우주 공간에 대해 추측밖에 할 수 없었던 것으로 보인다. 그러나 코페르니쿠스가 지구를 많은 천체 중 하나의 지위로 강등시키는 결과를 가져온 새로운 천문 체계를 제안할 때쯤, 이 새로운 체계를 바탕으로 최초의 우주여행을 가능하게 할 새로운 기술이 싹트고 있었다.

CHAPTER
2

로켓과 폭탄

옛 중국

지구를 떠나려고 할 때 가장 큰 장애물은 바로 중력이다. 우리는 지구에 단단히 고정된 채로 일생을 보낸다. 대부분의 사람들은 자신의 허리 높이 이상 점프할 수 없으며 최고의 높이뛰기 선수라고 해도 1층 높이의 건물을 뛰어넘을 수 없다. 우리 자신보다 가벼운 물체를 던진다면 좀 더 높이 던져 올릴 수도 있다. 뛰어난 운동선수는 돌을 70미터 높이까지 던질 수 있다.[1]

그런데 550년 전, 완후Wan Hu라는 인물이 이보다 더 높이 올라가기 위한 시도를 했다. 그는 중국 명나라 왕조의 중간 관리로, 별 근처까지 도달하겠다는 강한 신념을 가지고 있었다. 완후는 부유한 가문 출신으로 고위직에 오르는 길이 열려 있던 전도유망한 관리였지만, 관료체제에 싫증을 느꼈다. 그는 여러 세기 동안 축제에서 분위기를 고조시키기 위해 사용되어온 중국의 전통적인 화약을 이용한 불꽃놀이에 많은 관심을 가졌다.

완후는 하늘 위에서 세상을 바라보고 싶었다. 그래서 가장 좋은 옷을 입고 47개의 로켓이 부착된 단단한 대나무 의자에 앉았다(그림 4). 그는 날아가는 동안 방향을 조절하기 위해 두 개의 줄을 잡고 있었다. 그가 신호를 하자 47명의 조수들이 도화선에 불을 붙인 후 안전한 곳으로 피했다. 전해지는 이야기에 의하면 커다란 연기가 일어났고 동시에 엄청난 폭음이 들렸다. 연기가 걷히자 완후도 사라지고 없었다.

완후는 중국 최초의 우주비행사가 되는 대신, 동시에 터진 많은 로켓의 폭발력으로 인해 증발해버렸을 것이다. 그러나 완후의 실패에도 불구하고 중국은 로켓 개발에서 다른 나라보다 크게 앞섰으며 로켓을 무기와 연결 지은 오랜 전통의 시작점이 되었다.

초기의 로켓 사용에 대해 기록한 문헌은 많지 않다. 앞에서 우주의 가장자리에 대해 상상했던 그리스의 철학자 아르키타스는 나무로 만든 새를 줄

그림 4. 완후는 명나라 중기(15세기)의 전설적인 관리로,
특수하게 제작된 의자에 47개의 로켓을 부착해서 세계 최초의 우주비행사가 되려고 시도했다.

에 매달아 공중에 날려 타렌툼의 시민들을 즐겁게 했다. 이 새는 수증기를 내뿜어 추진력을 얻었다. 진정한 의미에서 최초의 로켓은 사고에 의해 태어난 것으로 보인다. 1세기 중국인들은 염초와 유황, 숯가루를 이용해 간단한 화약을 만드는 방법을 알아냈다.[2] 그들은 종교 행사에서 폭발을 일으키기 위해 위 재료들을 섞어 대나무 통 여러 개에 넣은 다음 불속으로 집어던졌다. 어떤 통은 폭발에 실패했지만, 제대로 작동한 통은 화약이 타면서 내뿜는 기체에 의해 추진력을 얻어 불 밖으로 날아올랐다.

'로켓'이라는 말 자체는 삼국시대인 3세기경에 처음 나타났다. 병사들은 화약을 채운 대나무 통을 화살에 부착한 후 여기에 불을 붙인 다음 활을 이용해 발사하는 방법을 알아냈다. 228년에 위나라가 수나라의 침공으로부터 첸캉을 방어하기 위해 이러한 종류의 '불화살'을 사용했다.

그 후 수세기 동안 로켓은 계속 무해한 불꽃놀이에도 사용되었지만, 무기로 사용될 가능성을 더 크게 보여주었다. 중국인들은 스스로 발사되는 로켓을 만드는 방법을 알아냈다. 화약을 채운 통의 위쪽을 막고, 천천히 연소될 수 있도록 하는 퓨즈를 위한 공간을 확보한 다음 아래쪽을 열어놓았다. 이 통에는 안정성을 제공할 막대와 초보적인 방향 조절 장치가 부착되었다. 점화되면 고체 연료가 연소되면서 로켓에서 뿜어져 나오는 기체에 의해 앞쪽으로 추진력이 발생했다. 이런 종류의 로켓은 1232년 중국과 몽고 침입자들의 전투에서 처음으로 사용되었다.[3] 이 로켓들이 파괴 무기로서 효과적이지는 않았지만, '날아오는 불화살' 세례가 주는 심리적 효과가 대단했으리라고 충분히 짐작할 수 있다.

곧 다른 문화권에서도 로켓에 대한 실험을 하기 시작했다. 몽고인들은 중국 로켓 기술자들을 용병으로 고용해 로켓 기술을 습득했는데, 이는 몽고가 러시아와 유럽의 일부를 정복하는 데 도움이 되었다. 몽고인들은 1258년

바그다드를 정복할 때 로켓을 사용했다. 아랍인들도 로켓 기술을 빠르게 배워 10년 후 7차 십자군 전쟁에서 프랑스의 루이 9세를 물리치는 데 사용했다. 유럽인들도 곧 로켓의 비밀을 배워 로켓 관련 기술을 발전시켰다.[4] 영국의 중세 철학자 로저 베이컨Roger Bacon은 최적의 화약 비율이 염초 75퍼센트, 탄소 15퍼센트, 황 10퍼센트라는 것을 알아냈다. 이 화약은 중국의 것보다 폭발력이 컸기 때문에 로켓의 도달거리를 늘릴 수 있었다.

초기의 로켓은 안정적이지 않았기 때문에 적을 혼란스럽게 만드는 용도로만 사용되었지만, 로켓에 사용되는 화약이 개량되자 로켓 자체가 전투 결과에 큰 영향을 주기 시작했다. 로켓의 개발은 최초의 무기 경쟁이었다.

중국의 명나라 왕조는 복잡한 새로운 로켓의 개발에도 크게 공헌했다. 위대한 해양 국가인 중국에서도 해적으로 인해 많은 피해를 보고 있었다. 해적과 싸우기 위해 치지구앙Qi Jiguang(척계광) 장군은 단단한 나무로 로켓의 몸체를 만들고, 앞쪽에 적군의 갑옷을 뚫을 창과 같은 무기를 달았다. 그는 열 척의 전투선에 2,000개가 넘는 로켓을 장착했고 하나의 도화선으로 동시에 1,000개의 로켓을 발사할 수 있는 다연발 로켓도 개발했다. 또한 물 위를 수 킬로미터나 날아갈 수 있는 다단계 로켓과 몸체를 재사용할 수 있는 로켓도 개발했다. 치지구앙 장군은 만리장성에서 몽고의 침입을 막아내는 데도 이런 무기들을 사용했다.

중국인들은 최초로 화약과 로켓을 개발했으며, 중세에는 바다에서 엄청난 화공을 이용해 침입자를 물리쳤다. 그러나 중국의 과학은 이론에 바탕을 두지 않은 실험에 의존하고 있었다. 13세기 말 수학자 양후이Yang Hui는 "옛날 사람들은 문제마다 해결 방법에 대한 이름을 바꾸었을 뿐 확실한 해답을 제시하지 못했다. 따라서 그들의 이론적 기원이나 바탕을 이야기하는 것은 불가능하다"라고 말했다.[5] 역설적이게도, 중국 문화의 안전성이 혁신에 장애가 되었다. 강력한 중앙 정부와 변화를 거부하는 관료체제는 새로운 것을 시도하는 사람들에게 충분한 보상을 해주지 않았다. 반면에 많은 기근과 질병에 시달렸던 유럽에서는 사회적 변혁이 일어났다. 르네상스와 과학혁명은 혼란 속에서 나타나 유럽을 번영으로 이끌었다.

과학과 기술을 등한시한 중국은 결국 선두에서 밀려나기 시작했다. 14세기 말에는 유럽이 중국을 따라잡았다. 전쟁을 위해 유럽인들은 매끄러운 구멍이 뚫린 대포를 개발했다. 로켓은 주로 불꽃놀이용으로 사용되었다.[6] 별나라로 여행하려던 완후의 꿈은 그렇게 잊혀갔다.

수세기 후, 우주여행의 기초가 된 중력법칙과 운동법칙을 발견한 뉴턴의 연구로 든든한 이론적 기반이 마련되었다. 1687년에 발표된 뉴턴의 《프린키피아Principia》는 지상과 하늘 세계를 하나의 물리법칙으로 통합시켰다.

사과가 땅으로 떨어지는 운동이나 달이 지구 궤도를 도는 운동은 모두 지구의 중력 작용으로 인해 일어난다. 뉴턴은 대기층보다 높은 산 위에서 지면과 수평 방향으로 발사된 포탄의 운동을 나타내는 '사고실험'에 대해 설

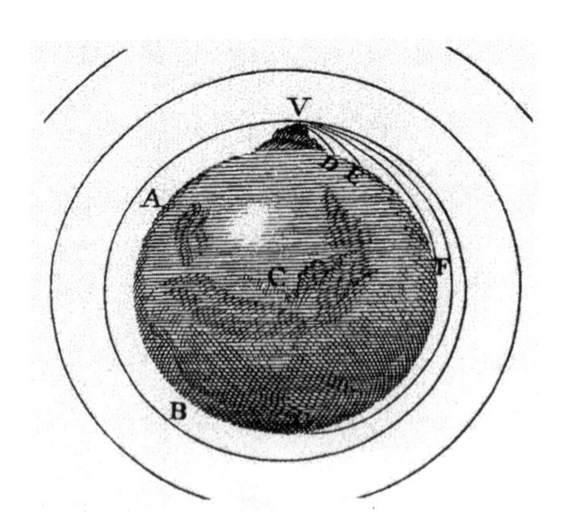

그림 5. 아이작 뉴턴의 사고실험을 보면, 지구 대기권 위로 올라갈 수 있을 만큼 높은 산꼭대기에서 대포가 수평 방향으로 발사된다. 발사 속도를 높일수록 대포알이 떨어지는 비율이 지구 표면의 곡률과 같아져 원 궤도 운동을 하게 된다.

명했다. 공기의 마찰이 없다면 포탄에 작용하는 유일한 힘은 중력이다.[7] 느린 속도로 발사된 포탄은 결국 산 아래 떨어질 것이고, 포탄의 발사속도를 증가시키면 포탄이 땅에 떨어지기 전까지 날아가는 거리가 증가할 것이다. 뉴턴은 포탄이 옆으로 날아감에 따라 지구에서 멀어지는 속도와 중력에 의해 지구를 향해 떨어지는 속도가 같아지는 발사속도를 계산했다(그림 5).

이것이 궤도의 개념이다. 뉴턴의 가상적인 대포에서 초당 7.9킬로미터의 속도로 발사된 포탄은 중력에 의해 땅에 떨어지지 않고 궤도 운동을 계속하게 된다. 초당 11킬로미터보다 조금 빠른 속도로 발사된 포탄은 지구에서 영원히 벗어나게 된다.

선지자들

콘스탄틴 에두아르도비치 치올코프스키Konstantin Eduardovich Tsiolkovsky는 별난 로켓 과학자였다. 그는 1857년 러시아 작은 마을의 가난한 폴란드 이주자 가정에서 열여덟 명의 자녀 중 다섯째로 태어났다. 열 살 때 성홍열을 앓고 나서 청각장애인이 되었고, 이로 인해 다른 사람들로부터 고립된 생활을 했다. 열네 살 때 어머니가 죽자 그는 학교를 그만두었다.

10대에 은둔자가 된 치올코프스키는 모스크바 지역 도서관에 틀어박혀 물리학과 천문학을 공부했다. 도서관에서 그는 미래학자 니콜라이 표도로프Nikolai Fyodorov의 영향을 받았는데, 급진적인 생명연장과 영생을 옹호하고 인류의 미래는 우주에 달려 있다고 주장한 사람이었다. 또한 쥘 베른Jules Verne의 작품도 접하면서 우주여행 이야기에 고무되었다. 치올코프스키의 가족은 그의 재능을 인정했지만 그가 먹는 것조차도 잊고 공부에 몰두하는 것을 걱정했다. 열아홉 살 때 아버지는 치올코프스키를 집으로 다시 데려와, 학생들을 가르쳐 생활비를 벌도록 도와주었다.

치올코프스키는 모스크바 교외에 있는 작은 주립학교의 수학 선생이 되었다. 남는 시간에는 과학 소설을 썼는데, 곧 우주여행의 구체적인 문제에 더 관심을 가지게 되었다. 그는 쥘 베른이 상상한 대로 대포를 이용해 달에 사람을 보낼 경우 우주여행자들이 대포의 가속도에 의한 힘을 견뎌내지 못할 것이라는 사실을 깨달았다. 치올코프스키는 연구 사회의 중심으로부터 너무 멀리 떨어져 있어서, 그가 기체 운동에 대한 이론을 출판하려고 했을 때 한 친구가 그 이론은 이미 25년 전에 출판되었다고 알려줄 정도였다. 10대 때 이미 그는 강한 중력의 영향을 시험하기 위해 원심분리기를 고안했다. 시험 대상은 지역 농장에서 구한 병아리였다. 후에 그는 자신의 아파트에 세계 최초로 풍동을 설치하고 구, 원반, 원통, 원뿔 등을 이용해 유체역학에 대한 실험을 했다. 그러나 그가 연구비를 조달할 수 없었고 다른 과학자들과 교류하지 못했으므로 그의 연구는 대부분 이론적이었다.

그러다 1897년, 치올코프스키는 오늘날 모든 우주여행에 깔려 있는 기초 이론을 깨우쳤다. 연료의 연소로 인한 질량의 변화와 분사하는 기체의 속도 사이의 관계를 다루는 방정식을 제안한 것이다.[8] 이것을 시작점으로 해 고속으로 기체를 분사하는 노즐의 핵심적인 역할을 알게 되었고, 지구 중력을 극복하기 위해 다단계 로켓의 필요성을 예측했다. 또한 궤도를 제어하기 위한 날개와 기체 제트, 연소실로 연료를 보내주는 펌프, 날아가는 로켓을 식히기 위해 추진제를 사용하는 메커니즘을 설계했다. 상상력이 풍부했던 그는 조종이 가능한 로켓, 금속 제트 비행체, 호버크라프트hovercraft 디자인까지 고안했다. 에펠탑이 세워졌다는 소식을 듣고는 로켓을 이용하지 않고 지구 궤도에 도달할 수 있는 우주 엘리베이터의 개념을 제안하기도 했다.[9]

그러다 이 러시아의 선지자에게 불행이 닥치기 시작했다.[10] 치올코프스키의 이름을 붙인 방정식을 개발하기 1년 전에 그의 아들이 자살한 것이다. 8년 후에는 홍수로 인해 그의 논문 대부분이 소실되었고 그로부터 10년 후에는 그의 딸이 혁명에 관여했다는 죄목으로 체포되었다.

1911년 그는 다음과 같은 글을 남겼다. "소행성에 발을 딛기 위해서, 달에서 손으로 돌을 집어 들기 위해서, 에테르 공간에서 이동하는 우주 정거장을 건설하기 위해서, 지구와 달 그리고 태양 주위에 우주 식민지를 건설하기 위해서, 수십 킬로미터 떨어진 곳에서 화성을 관찰하기 위해서, 화성의 위성 또는 화성 표면에 착륙하기 위해서, 얼마나 더 정신 나간 사람이 되어야 할까!"[11] 그럼에도 불구하고 그의 연구는 이 모든 것을 비현실적인 환상으로부터 현실의 영역으로 끌어들였다.

치올코프스키의 연구는 우주진화론이라고 부르는 철학적이고 정신적인 운동에 의해 계속되었다. 우주진화론자들 중에서 손꼽히게 뛰어난 학자인 니콜라이 표도로프는 치올코프스키가 모스크바의 도서관에서 만난 사람이었다. 두 사람은 미래에 인간은 우주에 흩어져 살 것이고, 질병과 죽음을 정복할 것이라는 이상적인 생각을 가지고 있었다. 우주진화론은 러시아 혁명 후 프롤레타리아가 앞장서서 지구에서부터 행성들과 별들을 차례차례 정복해 나가는 영웅적인 상상 속에서 나타났다.[12] 다음의 말이 우주에 대한 치올코프스키의 생각을 잘 나타낸다. "지구는 인류의 요람이다. 그러나 요람에 영원히 머물러 있을 수는 없다."

1920년대, 치올코프스키의 연구를 전혀 모르고 있던 젊은 물리학자 헤르만 오베르트Hermann Oberth도 우주여행을 꿈꾸었다. 치올코프스키와 마찬가지로 오베르트도 쥘 베른에게서 영향을 받았는데, 베른의 소설을 여러 번 읽어 외울 수 있을 정도였다. 그는 어린아이였을 때부터 로켓을 가지고 놀았으며 1917년에는 프러시아의 국방 장관 앞에서 액체 추진체로 로켓을 발사하는 시험을 할 정도의 전문가가 되었다.[13] 그의 박사학위 논문 제목은 "우주에 있는 행성을 향하는 로켓The Rockets to the Planets in Space"이었지만 처음에는 이 논문이 통과되지 못했다. 오베르트는 독일 교육 체계를 강력하게 비판했다. "(…) 과거를 자세하게 비추는 강렬한 후미등을 단 자동차와 같다. 그러나 앞을 보면 겨우 물체를 구별할 수 있을 뿐이다."[14]

오베르트도 치올코프스키처럼 대학 밖에서 대부분의 연구를 하면서 교사 일로 생활비를 조달했다. 그는 독일 아마추어 협회의 주도적인 회원이었다. 유럽이 경제 공황을 겪고 있는 동안 이 협회 회원들은 로켓과 관련된 가능한 모든 자료를 수집했다. 1929년 오베르트는 최초로 우주에서 찍은 영상을 포함하고 있는 '영화의 개척자' 프리츠 랑Fritz Lang의 영화 〈달의 여인Woman in the Moon〉의 기술 자문으로 일했다. 그는 이 영화를 위해 스턴트를 하다가 눈을 하나 잃었다. 같은 해 그는 첫 번째 액체 추진제를 사용한 로켓 엔진을 발사했다. 그의 조수 중 한 사람이 열여덟 살의 베르너 폰 브라운Wernher von Braun이었는데, 브라운은 후에 우주로 향하는 노력에 중요한 역할을 하게 된다.

액체 연료를 이용한 로켓을 처음으로 발사한 사람은 미국의 로버트 고더드Robert Goddard이다. 고더드는 어렸을 때 마르고 연약한 아이였으며 늑막염과 기관지염, 위장 장애를 앓았다. 그는 많은 시간을 지역 공공 도서관에서 보냈다. 그곳에서 H. G. 웰스Herbert George Wells가 쓴 과학 소설의 영향을 받았다. 고더드는 열일곱 살이었던 어느 날 죽은 가지를 제거하기 위해 벚나무에 올라갔다가 영감을 받았다. "나는 화성까지도 날아갈 수 있는 기구를 만든다면 얼마나 좋을까 하는 생각을 했다. 그리고 발아래 있는 잔디밭으로부터 위로 올라간다면 작은 크기의 물체들이 어떻게 보일까 하는 생각도 했다.

(…) 나무에서 내려왔을 때 나는 나무에 올라갈 때와 전혀 다른 아이가 되어 있었다."[15]

1914년에 고더드는 액체 연료 로켓과 다단계 로켓의 특허를 냈다. 이후 그가 낸 200개 이상의 특허 중 첫 번째였다. 그는 전문적인 물리학자였을 뿐만 아니라 적극적인 실험가였다. 액체 연료 로켓은 휘발성 연료와 산화제를 적당한 비율로 연소실에 주입해야 하기 때문에 매우 까다로웠다. 1926년 아주 추운 봄날 아침, 고더드는 '넬Nell'이라고 이름붙인 작은 액체 추진 로켓의 발사에 성공했다. 그의 숙모 에피Effie의 농장에서 발사된 이 로켓은 3초 동안 날아가 양배추 밭에 착륙했다(그림 6). 여러 해 동안 그는 36회 이상의 시험 비행을 하면서 설계를 수정하고 기술을 보완해 수 킬로미터의 고도에 도달하는 데 성공했다. 그는 같은 이상을 가지고 있던 항공기 조종사 찰스 린

그림 6. 1926년 뉴잉글랜드의 추운 겨울 날씨로 인해 두꺼운 옷을 입은 로버트 고더드가 그의 가장 유명한 발명품인 발사체 옆에 서 있다. 이 로켓의 액체 연료는 고더드 반대편에 있는 원통에 들어 있는 휘발유와 액체 산소였다.

드버그Charles Lindbergh와 평생 친구로 지냈다.[16]

그럼에도 불구하고 세상은 아직 로켓을 받아들일 준비가 되어 있지 않았다. 1919년에 발표된 "초고도에 도달하는 방법A Method of Reaching Extreme Altitudes"이라는 제목을 단 고더드의 논문은 놀라운 내용을 담았음에도 언론과 동료 과학자들로부터 무시당했다. 〈뉴욕 타임스〉의 사설은 특히 심했다. 이 사설은 고더드를 물리 법칙도 모르는 무식한 사람이라고 비난했다. "(…) 고더드 교수는 (…) 작용과 반작용의 법칙을 모른다. 반작용이 있기 위해서는 진공보다 더 나은 무엇이 있어야 한다. 그는 아마 고등학교에서도 매일 다루는 물리 법칙을 모르고 있는 것 같다."[17] 고더드를 비난하고 49년이 지난 후, 아폴로 11호가 발사된 다음 날에 〈뉴욕 타임스〉는 간단한 정정의 글을 실었다. "더 많은 연구와 실험에 의해 17세기에 이루어진 뉴턴의 발견이 재확인되었다. 이제 로켓이 공기 중에서와 마찬가지로 진공 중에서도 작동할 수 있다는 것이 확실해졌다. 타임스는 오류에 대해 유감스럽게 생각한다."[18] 그러나 이 사과가 고더드에게 도착하기에는 너무 늦었다. 그는 이미 1945년 후두암으로 세상을 떠났기 때문이다.

베르너 폰 브라운

1940년대가 되어, 전쟁과 우주 탐사가 다시 한 번 만났다. 고더드는 스미소니언 박물관과 구겐하임 재단에서 제공한 적은 연구비로 연구를 수행했다. 고더드의 연구에 관심을 보인 정부 기관은 없었으며 군에서는 더욱 무관심했다. 그러나 미국의 미래 경쟁자는 고더드의 로켓에 특별한 관심을 보였다. 1930년대 미국에서 근무하고 있던 독일 무관은 군 정보국에 고더드의 연구 내용을 보고했고, 소련은 미국 해군 항공국에 숨어들어 활동하던 KGB 스파이로부터 정보를 수집했다.

제2차 세계대전이 끝날 무렵 고더드는 노획된 독일 V-2 탄도 미사일을 조사하게 되었다. V-2 미사일은 고더드의 로켓보다 훨씬 앞선 것이었지만 고더드는 독일인들이 자신의 아이디어를 '훔쳤다'고 확신했다. 특히 고더드는 오베르트에 격노했는데, 그가 자신의 1919년 연구를 표절했다고 비난했다. 이런 일들은 고더드의 비밀주의와 편집증을 부채질했다.[19]

V-2 로켓의 개발자는 로켓의 역사에서 가장 논란의 여지가 많은 인물이었다. 바로 베르너 폰 브라운이다.

로켓에 푹 빠진 어린 독일 소년을 상상해보자. 로켓으로 추진되는 자동차로 땅 위에서의 새로운 기록을 수립하고 있던 독일인들에게 고무된 이 열두 살짜리 소년은 복잡한 도로를 엉망으로 만들어놓았다. 완후와 비슷하게, 이 소년은 열두 개의 대형 로켓을 장난감 자동차에 부착했다. 그러나 완후가 로켓을 부착한 의자에 앉아 있었던 것과는 달리, 폰 브라운은 장난감 자동차에 타지 않고 로켓을 점화시킨 후 뒤에 서 있었다. 그는 그 결과에 크게 놀랐다. "장난감 자동차는 내가 상상했던 것보다 훨씬 잘 작동했다. 그것은 혜성처럼 불꽃 꼬리를 내뿜으며 엄청난 속도로 질주했다. 로켓의 연료가 모두 연소되자 박수갈채 속에서 놀라운 공연이 끝났다. 장난감 자동차는 조금 더 굴러가다가 멈췄다."[20] 하지만 현장에 도착한 경찰은 별다른 흥미를 보이지 않았고 어린 소년을 구치소에 수감했다.

베르너 폰 브라운은 농업 담당 장관이었던 아버지의 영향력으로 인해 곧 풀려날 수 있었다. 폰 브라운의 어머니 가문은 프랑스와 영국, 덴마크의 왕까지 거슬러 올라간다. 어린 폰 브라운은 남작의 작위를 물려받았다. 일생 동안 그는 자만심에 가까운 자존심을 가지고 살았다.

그는 음악에 타고난 재능을 가지고 있어 피아노와 첼로를 연주했으며 힌데미스 형식의 작곡도 했지만, 처음에 수학과 물리학에 어려움을 겪었다. 그러다 어머니가 망원경을 사주면서 그는 달에 심취하게 되었다. 10대에 그는 헤르만 오베르트가 쓴《로켓으로 행성 간 공간에 가는 법By Rocket into Interplanetary Space》를 샀지만, 책을 펼치자마자 실망했다. 그는 그때를 다음과 같이 회상했다. "놀랍게도 나는 한 단어도 이해할 수 없었다. 모든 페이지가 수학기호와 공식으로 가득 차 있었다."[21] 그는 우주여행의 성공은 기술적인 계산에 달려 있다는 것을 알게 되었다. 그래서 관련 과목을 열심히 공부하기로 마음먹었다. 열여덟 살 때 그는 오베르트와 오랫동안 계속될 후견인 관계를 시작했다. 그리고 같은 해에 비행선 고공비행 개척자의 강연에도 참석했다. 오베르트는 폰 브라운에게 "나는 언젠가 달을 여행할 계획이다"라고 말했다.

히틀러가 정권을 잡았을 때 베르너 폰 브라운은 스물한 살이었다. 후에 그는 정치에 관심이 없었으며 주변의 일들에 무관심했다고 주장했다. 그러나 그의 무비판적인 애국심은 좋게 보면 자신의 연구 결과에 대해 놀랍도록 순진했던 것이지만, 나쁘게 보면 살인과 파괴의 공범이 된 것이라고 할 수도 있었다.[22]

폰 브라운은 아마추어가 누릴 수 있는 순수한 즐거움을 맛보면서 로켓에 대한 실험을 계속했다. 물리학 학위를 받기 위해 베를린에서 매우 바쁜 나날을 보냈지만 남는 시간은 도시 외곽에 있던 120만 제곱미터정도의 잡초와 관목으로 가득한 공터에서 보냈다. 그곳에서는 주워온 재료와 자원봉사자들의 도움으로 베를린 로켓 협회가 연구를 하고 있었다. 그러다가 육군 병참부대가 이들의 연구에 관심을 가지고 연구비를 지원하기 시작했는데, 폰 브라운에게는 반가운 소식이었다(고더드도 이러한 군의 지원을 받고 싶어

했지만 결국 받지 못했다). 폰 브라운은 1934년에 그의 논문을 완성했다. 이 논문의 일부는 국가 안보를 위해 매우 중요한 것으로 간주되어 1960년까지 국가 기밀로 분류되었다. 그는 우주여행에 대한 그의 꿈을 옆으로 밀어놓고 발트해에 있는 어느 섬에 육군이 그를 위해 지어준 거대한 시설로 옮겨 갔다. 그곳에서 나치의 선전부가 '복수의 무기 2' 또는 V-2라고 명명한 로켓 무기를 연구했다(그림 7).

정치가 아니라 과학이 동기가 되었다고 해도, 그는 전쟁 범죄를 저지른

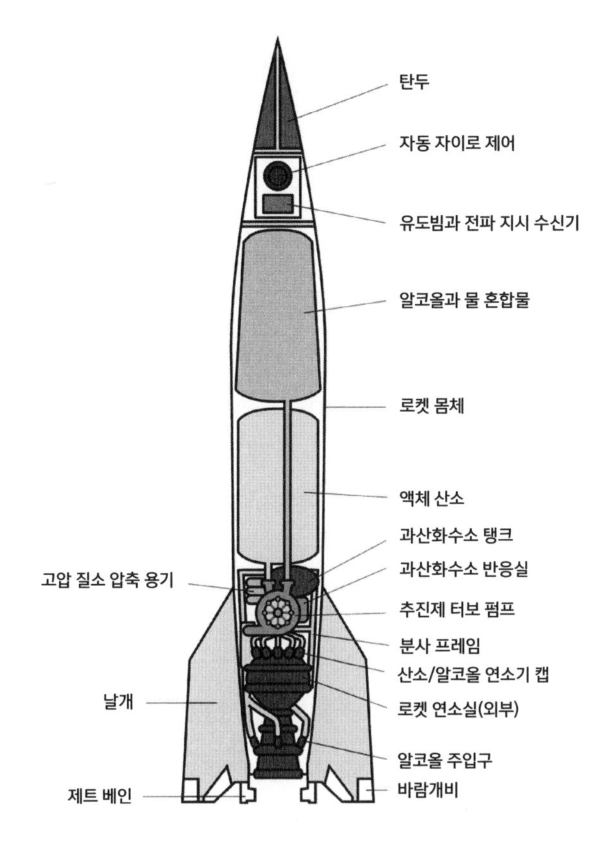

그림 7. 후에 V-2, 또는 복수의 무기 2라고 불린 독일 A4 로켓의 개략도.
이 로켓은 세계 최초 장거리 탄도 미사일로, 제2차 세계대전 말기에 영국과 벨기에를 향해 2,000발이 발사됐다.

집단의 일원이었다. 폰 브라운은 나치당과 나치 친위대(SS)에 가입했으며 군복을 입고 나치의 고위층과 함께 사진도 찍었다. 아돌프 히틀러Adolph Hitler는 V-2 시제품의 성공적인 발사를 촬영한 영화를 보고, 직접 폰 브라운을 교수에 임명했다. 서른한 살의 엔지니어에게는 대단히 명예로운 일이었다.

V-2는 정확하지는 않았지만 '공포용' 무기로는 효과적이었다. 음속의 네 배나 되는 속도로 굉음을 내며 하늘을 나는 이 로켓 미사일을 방어할 방법이 없었다. 이 로켓은 나치의 공습 기간 동안 런던과 앤트워프에서 약 9,000명의 민간인과 군인을 살상했다. V-2 로켓은 미텔베르크에 있던 지하 공장에서 만들어졌는데, 부근에 있던 도라-미텔바우 포로수용소에 갇혀 있던 포로들이 비참한 환경에서 노동에 동원되었다. 약 1만 2,000명의 강제 노역자들이 이 무기를 생산하는 도중 사망했다.

그러나 내부의 지위에도 불구하고 폰 브라운도 나치당의 의심을 피할 수는 없었다. 1944년 초에 그는 술을 많이 마시고, 전쟁이 독일에게 불리하게 끝날 것이며 자신의 로켓을 이용해 그들을 우주로 보내버리고 싶다고 이야기했다. 이것은 반역죄에 해당했다. 폰 브라운이 조종사였으므로, 게슈타포는 그가 서방으로 달아나는 것을 막기 위해 체포했다. 한 달 후 군수장관 알베르트 슈페어Albert Speer가 브라운이 V-2 프로그램에 필수적이라는 이유로 그를 풀어주도록 히틀러를 설득했다.

1945년에 연합군이 독일 깊숙이 진격해 들어오자, SS는 폰 브라운과 그의 팀을 바이에른 알프스로 이동시키고 그들이 적군의 손에 들어가게 되면 사살하라고 명령했다. 그러나 폰 브라운은 미국 폭격기가 그들을 쉽게 폭격할 수 없도록 팀이 흩어져야 한다고 주장했다. 그는 소련군이 포로들을 심하게 다룬다는 소문을 들었기 때문에 일부러 가까이 접근해 온 소련군 대신 미군에 항복했다. 5월 2일에 진지를 몰래 빠져 나와 미군 보병 44사단의 병사에게 항복한 것이다. 폰 브라운은 미군 전문가가 신문할 독일 과학자와 엔지니어 블랙리스트에 첫 번째로 실려 있었다.[23]

전쟁의 안개가 걷히자 폰 브라운은 다시 재기했다. 미국 정보부는 그를 위해 가짜 고용 이력을 만들어주었고 그의 당원 전력을 공적 기록에서 삭제했다. 그에게는 보안 사면이 주어졌다. 폰 브라운은 큰 피해를 입지 않고 전쟁을 잘 넘겼지만 새로운 생활의 제약을 견디기 힘들어했다. 텍사스 엘 파소 부근의 포트 블리스에서 일하면서, 군대의 경호 없이는 기지를 벗어날 수 없었다. 독일에 있을 때는 스물여섯 살이던 그가 수천 명의 엔지니어들을 지시했지만 미국에서 그의 연구팀은 소규모였고 자원도 부족했다. 적어도 그에게 충성스럽던 독일 엔지니어들은 그를 교수님이라고 불렀다.

전쟁 후의 나날이 폰 브라운에게 실망스러웠더라도, 적어도 그는 새로운 시작을 했고 나치로부터의 오염을 '세탁'할 수 있었다. 우주에 대한 그의 꿈도 자유롭게 추구할 수 있게 되었다.

냉전 시대

서방 연합군과 소련의 '전략적 결혼'으로 인해 독일은 전쟁에서 패배했다. 그러나 전쟁이 끝난 후에 이 나라들의 이념적 차이가 부각되어 '냉전 시대'(1945년 10월 작가 조지 오웰George Orwell이 처음 사용한 용어)가 시작되었다.

전쟁이 끝난 후 베르너 폰 브라운과 100명의 독일 고위 과학자들은 V-2 로켓의 개발을 계속하라는 명령을 받고 미국 육군의 지휘 아래 연구를 계속했다.

소련은 미텔베르크 공장의 관할권을 확보했지만 대부분의 고급 엔지니어들이 미국으로 망명했다는 사실을 알게 되었다. 미국에서는 독일인들이 로켓 개발에 핵심적인 역할을 했던 반면 소련에서 일했던 독일인들은 자문 역할만 하다가 1950년대 초에 본국으로 송환되었다. 소련에서 폰 브라운과 같은 역할을 했던 사람은 폰 브라운만큼 뛰어난 사람이었던 세르게이 코롤레프Sergei Korolev였다. 그는 V-2 로켓을 분해해 설계를 알아냄으로써 경력을 시작했지만 곧 자신의 로켓을 설계했고, 100톤을 발사할 수 있는 강력한 로켓엔진을 개발했다. 코롤레프는 스탈린의 숙청으로 6년 동안 감옥에서 갇혀 있었으며 이로 인해 평생 심각한 질병에 시달렸다. 냉전 시대에 소련에서는 그를 '책임 엔지니어'라고만 불렀기 때문에 1966년 그가 죽을 때까지 서방세계에는 그의 인적사항이 알려지지 않았다.

전쟁이 끝난 후 미국과 소련 사이의 불신은 더욱 깊어졌다. 미국은 원자폭탄의 독점권을 잃었고, 소련이 유럽 국가들을 병합해 발트해에서 아드리아해에 이르는 '철의 장막'을 치는 것을 속수무책으로 보고 있어야 했다. 전쟁 중에 2,700만 명의 목숨을 잃었던 소련은 적의 침입을 두려워했으며, 우세한 공군력을 보유한 미국이 소련 영토 가까이에 공군 기지를 만드는 것을 두려워했다.

언론인이며 역사학자였던 윌리엄 버로스William Burrows는 우주 개발 경쟁에서 이념의 역할을 다음과 같이 정리했다. "냉전은 로켓과 화물을 지구 위로 올려 보낸 위대한 엔진 또는 위대한 촉매제였다. 만약 치올코프스키, 오베르트, 고더드나 다른 사람들이 로켓의 아버지라면 자본주의와 공산주의 사이의 경쟁은 로켓의 산파라고 할 수 있다."[24]

선지자들은 지구를 떠나겠다는 그들의 꿈을 절대로 포기하지 않았다. 그러나 다음 10년 동안에는 원자폭탄을 이용한 대학살의 공포가 우주여행의 꿈에 먹구름을 드리웠다.

미국은 직접적으로 소련과 충돌하지 않았다. 두 경쟁자는 상대방의 군사작전 방해공작, 대리전쟁, 전략적 동맹국 지원, 간첩활동, 선전, 새로운 기술 개발과 경제적 경쟁에 열을 올렸다. 냉전의 최전선에는 핵무기 경쟁이 있었다. 전쟁이 끝났을 때 미국은 자신들이 핵무기 개발에서 앞서 있다고 확신했기 때문에 1949년에 소련이 첫 번째 원자폭탄 실험을 하자 큰 충격을 받았다.

맨해튼 프로젝트는 비밀리에 진행되었기 때문에 부통령이었던 해리 트루먼Harry Truman도 이 프로젝트의 존재를 몰랐다. 그러나 스파이를 막을 수는 없었다. 두 나라는 무기 경쟁에 엄청난 투자를 하기 시작했다. 1952년에 미국은 최초로 수소폭탄 시험을 했고, 소련도 1년 안에 같은 시험을 했다.

미국과 소련이 우주로 물체를 올려 보낼 수 있는 탄도 미사일을 개발하면서 '우주 경쟁'도 시작되었다. 1955년 두 나라가 4일 간격으로 인공위성을 발사할 계획을 발표하면서 본격적인 우주 경쟁이 시작되었다.[25] 원자폭탄의 수가 급격하게 늘어났다. 목표는 한 시간 안에 적국의 도시를 파괴하는 능력을 갖추는 것이었다.

미국에서는 공군과 해군, 육군의 경쟁으로 대륙간 탄도탄의 개발이 방해를 받았다. 공군은 아틀라스 로켓을 개발했고, 해군은 뱅가드 로켓을 개발했으며, 폰 브라운이 개발을 주도한 육군은 V-2 로켓의 직접 후예라고 할 수 있는 레드스톤 로켓을 개발했다. 우주 경쟁이 본격화되자 드와이트 아이젠하워Dwight Eisenhower 대통령은 해군의 손을 들어주었다. 뱅가드 로켓은 군사적이라기보다는 과학적인 조직처럼 보이는 해군 연구소에서 개발되었기 때문이다. 아틀라스와 레드스톤 프로그램은 된서리를 맞았다. 아이젠하워는 공공연하게 우주를 군사화하는 것을 피하고 싶어 했지만 소련의 선전에 승리를 안겨주고 싶지도 않았다.

반면에 소련은 확실한 목표를 가지고 엄청난 자금을 투입해 대륙간 탄도탄 개발에 열을 올렸다. 세르게이 코롤레프는 미국의 어떤 로켓 엔진보다도 강력한 R-7 로켓을 개발했다. 이 로켓은 3톤의 폭탄을 8,000킬로미터까지 날려 보낼 수 있었다. R-7 로켓을 개조한 로켓들이 50년 이상 소련과 러시아의 우주 프로그램에 사용되었다. 1957년 10월 4일 소련은 비치볼 크기에 어른 몸무게 정도인 금속 구 형태의 스푸트니크 위성을 지구 궤도에 쏘아 올려 신호를 발사하면서 지구 궤도를 돌게 하는 데 성공하며 전 세계 사람들을 놀라게 했다(그림 8).

우주 경쟁 속도가 갑자기 빨라졌다. 국제지구물리년이었던 1957년에서 1958년 사이에 미국과 소련은 각각 인공위성을 개발했다. 역설적으로 이 프로젝트는 스탈린이 죽은 후 냉전을 종식시키기 위해서 계획되었다. 과학 연구에는 작은 크기의 인공위성으로도 충분했지만 두 나라는 핵무기를 탑재할 수 있는 큰 인공위성에 더 큰 관심을 가지고 있었다. 우주 전선을 지배하는 나라가 세계를 지배하게 되리라.

그림 8. 스푸트니크 1호는 최초의 인공위성이었다. 1957년 10월 소련이 발사해 90분 안에 지구 저궤도에 진입한 이 인공위성은 대기권 안에서 타버리기 전까지 22일 동안 신호를 보냈다. 스푸트니크는 우주 경쟁을 촉발했다.

미국은 스푸트니크의 성공을 따라잡기 위해 서둘렀지만, 뱅가드 로켓이 발사된 후 몇 초 만에 폭발하는 광경이 텔레비전에서 생중계되는 굴욕을 경험해야 했다. 신문에서는 이것을 '플롭니크' 또는 '카푸트니크'라고 불렀고, 소련의 UN 대표는 미국에 '저개발 국가에 제공하는 소련 프로그램'을 통해 원조를 제공하겠다고 제안했다. 폰 브라운과 그의 팀이 부름을 받고 도전에 나서 1958년 1월 31일 익스플로러 1호를 지구 궤도에 올리는 데 성공했다. 이것으로 미국의 체면은 어느 정도 세웠지만 소련은 아직 한 발 앞서 있었다. 스푸트니크는 어른 몸무게 정도인 84킬로그램이었지만 익스플로러는 벽돌 한 장보다 크게 무겁지 않은 5킬로그램이었다.

냉전 중이었고 우주는 군사 지역으로 남아 있었지만 최고 지도자의 냉정한 판단이 전환점을 만들었다. 아이젠하워는 연구비를 충분히 확보할 수 있고 잘 조직된 연구의 중심 역할을 할 기관을 만드는 일에 앞장섰다. 퇴역 장군이었던 그는 군대 내부의 관료체계를 잘 알고 있었기 때문에 민간 기구를 선호했다. 또한 서로 독립적으로 경쟁하는 작은 규모의 연구소에서가 아니라 대규모의 국립 연구소에서 더 나은 기술혁신이 가능하다고 믿었다. 의회는 이 문제에 대한 청문회를 열었고, 이 과정에서 중요한 역할을 한 사람이 텍사스 출신의 젊은 상원의원 린든 존슨Lyndon Johnson이었다.[26]

이로 인해 미국 우주 프로그램을 전담할 NASA가 설립되자 우주로 가는 경쟁을 하고 있던 당사자들 사이에는 긴장감이 감돌았다. 스푸트니크가 지구 궤도를 돌고 있는 동안 아이젠하워는 제임스 킬리언James Killian을 과학과 기술 특별 보좌관으로 임명했다. 킬리안은 MIT의 총장이었으므로 그의 임명은 아이젠하워가 우주 프로그램에서 민간 기구를 선호한다는 사실을 확실히 하는 것이었다. 1957년 말에 킬리언은 아이젠하워에게 국방성이 우주 프로그램을 장악하고 있으면 우주에 대한 연구를 군사 목적에 한정시킬 수 있고, 모든 미국의 우주 프로그램을 군사적 성격의 활동으로 인식시킬 수 있기 때문에 국방성이 우주프로그램을 통제하는 것을 반대한다는 메모를 보냈다. 반면에 상원 군사위원회 소위원회 청문회에서는 수십 명의 전문가들이 '미군이 흔들리지 않았다면 미국이 스푸트니크의 펀치를 맞는 일이 없었을 것'이라고 증언했다. 그리고 1958년 5월 소련이 1톤짜리 스푸트니크 3호를 발사했다. 이 위성의 크기로 인해 비판이 다시 촉발되었고, 새로운 행동이 요구되었다. 매파의 목소리가 더욱 커졌다.[27]

그러나 아이젠하워는 단호했다. 1958년 10월 1일 그는 우주의 평화로운 개발을 위한 민간 기구인 NASA를 출범시켰다. NASA는 8,200명의 직원과 3억 4,000만 달러의 예산으로 시작했다. 우주 법안에는 우주에 관한 지식의 확장, 우주 비행체의 개발, 우주 과학 기술에서의 미국 주도권 확보, 국제적 동반자 및 동맹국과의 상호협력을 포함하는 여덟 가지 목적이 제시되어 있다.[28] 우주 법안은 스푸트니크가 우주에서 신호를 보내기 시작한 후 1년도 채 안 되는 시점에 서명되었다.

CHAPTER
3

로봇을 보내다

달나라로 데려다주세요

미국에게는 스푸트니크가 기술 면에서의 '진주만 공습'이었다. 그러나 소련과 어깨를 나란히 하기 위한 노력이 계속되었다.

우주 프로그램을 시작하고 처음 5년 동안 소련은 수차례 인상적인 성공을 이루어냈다. 최초의 인공위성 발사, 지구 중력을 벗어난 첫 번째 물체, 우주에서의 최초 데이터 전송, 달에 충돌시킨 최초의 탐사선, 최초로 금성에 보낸 탐사선, 최초로 화성에 보낸 탐사선, 최초의 우주인, 최초의 여성 우주인, 최초로 두 명이 탑승한 우주선, 궤도에 올라갔다가 안전하게 귀환한 첫 번째 개 등이다.[1]

유리 가가린Yuri Gagarin은 1961년 4월 12일 지구 궤도를 돈 최초의 우주인이 되었다. 카자흐스탄의 초원에서 자라난 가가린은 보스토크 1호 우주선에 탑승했다. 157센티미터의 키 덕분에 그는 작은 캡슐 안에 들어갈 수 있었는데, 지구 궤도를 한 바퀴만 돌았고 스스로 인공위성을 조종하지 않았다. 당시에는 발사 시에 받는 스트레스와 무중력 상태에서 인간의 몸이 어떻게 반응할지 몰랐기 때문에, 안전을 위해 우주선은 자동 모드로 운행되었다. 가가린은 비상사태 발생 시 뚜껑을 열고 컴퓨터에 특수 코드를 입력해 우주선을 조종할 수 있었다.[2] 그럼에도 불구하고 보스토크 1호는 역사적 사건이었다(그림 9).[3] 미국은 스푸트니크의 발사로 인해 겪었던 충격을 다시 한 번 더 경험해야 했다.

새로 취임한 젊은 대통령은 빠르게 반응했다. 존 F. 케네디John F. Kennedy 대통령은 상하원 특별 연합 회의에서 다음과 같이 연설했다. 가가린의 비행이 있고 두 달이 채 안 된, 그리고 앨런 셰퍼드Alan Shepard가 미국 최초로 15분 동안 고고도 비행에 성공한 후 3주가 채 안 된 시점이었다. "저는 우리나라가 달에 인간을 보내고 안전하게 귀환시키는 목표를 1960년대가 지나가기 전에 달성하는 데 최선을 다할 것이라고 믿습니다."[4]

유인 우주 프로그램의 첫 번째 단계는 강화된 냉전을 배경으로 시작되었다. 비록 최초의 우주비행사가 직접 우주선을 조종하지는 않았지만 인간을 지구 궤도에 올려놓는 것만으로도 우주를 정복하려는 목표에 한 발 다가간

그림 9. 1961년 4월 12일 유리 가가린은 세계 최초로 우주에 간 사람이 되었다.
그는 공군 대령으로 은퇴했고, 소련으로부터 국가 최고 영예인 영웅 훈장을 받았다.
가가린은 전 세계적인 유명 인사가 되었다. 그는 1968년에 일상적인 훈련 비행 도중 사망했다.

셈이었다. 우주 정복은 두 초강대국 사이의 대결에서 중요한 역할을 하는 것처럼 보였다. 피델 카스트로Fidel Castro를 축출하려는 케네디의 비밀 작전이 실패한 후, 러시아는 쿠바에 대한 군사 지원을 확대했다. 미국과 소련의 탱크들이 새로 만들어진 베를린 장벽에서 얼굴을 맞댔다. 1962년 소련이 쿠바에 핵미사일을 설치하려고 시도하자 전 세계가 일촉즉발의 위기 속으로 빠져드는 것 같았다. 미국은 3만 개의 핵무기를 가지고 있었으며 소련도 빠르게 미국을 따라잡고 있었다. '확실한 상호 파괴'의 위험성을 근거로 하는 전쟁 억제 논리만이 그런대로 위안이 되었다.

인류의 역사에서 가장 크고 복잡하며 고도의 기술을 요했던 아폴로 프로그램은 이런 상황에서 시작되었다.[5] 한때는 5만 명이 넘는 사람들과 2만 개가 넘는 회사들이 이 프로그램을 위해서 일했다. 현재 가치로 환산하면 이 프로그램에 1,000억 달러가 넘는 예산이 소요되었다.

빨리 달에 도달하기 위해 NASA는 확실하고 단순한 목표의식과 충분한 예산이 필요했다. 케네디가 연설할 당시 우주를 여행한 사람은 단 두 명뿐이었다. NASA는 1962년에 아폴로의 전 단계로 제미니 프로그램을 시작했다. 제미니 우주선에는 두 사람이 탑승했으며 도킹 기술, 우주선 밖에서 하는 작업에 대한 훈련, 달까지 갔다가 돌아오는 것을 감안한 긴 궤도 비행 등을 시험했다. 모든 초기 아폴로 우주인들은 머큐리와 제미니 프로그램을 통해 경험을 쌓은 사람들이었다.

미국은 두 강대국이 달을 향한 경주에 엄청난 노력을 중복 투자하기보다는 상호 협조하기를 희망했다. 케네디 대통령과 소련 수상 니키타 흐루쇼프Nikita Khrushchyov는 쿠바 미사일 위기에서 한 발씩 물러서서 상호 협력을 위해 노력했다. 1963년에 케네디는 UN 총회 연설에서 공동 우주 개발을 제안했다. 흐루쇼프는 처음에 이 제안을 거절했지만 1963년 11월 케네디가 암살당한 후 이 제안을 받아들였다. 그런데 사실 케네디는 협력을 제안하기는 했지만 경쟁도 포기하지 않았다. 11월 22일로 예정되어 있던 연설에서 그는 "미국은 우주 경쟁에서 2등을 할 생각은 전혀 없다"라고 말할 생각이었다.[6] 이후 1년 안에 흐루쇼프도 실각했고, 그들의 뒤를 이은 린든 존슨과 레오니트 브레즈네프Leonid Brezhnev는 냉랭한 관계를 유지했기 때문에 우주 개발에서의 협력은 더 이상 논의되지 않았다.

두 강대국 사이의 관계는 잘못된 정보와 잘못된 인식으로 인해 악화되었다. 이런 사실들은 당시에는 기밀로 분류되었다가, 나중에 해제되어 그 이면이 밝혀진 후에야 알려지게 되었다.[7] 두 나라는 서로 상대방을 두려워하고 있었고, 상대방의 능력을 과대평가하고 있었다. 소련이 우주에서의 협력을 거부한 이유 중 하나는 자신들의 기술적 한계를 노출하고 싶지 않았기 때문이었다. 케네디는 유명한 1961년 취임 연설에서 대담하게 미국이 가지고 있는 것을 보여주었다.

초기의 우주여행은 위험했다. 소련이 했던 대부분의 실패와 사고는 당시에는 기밀에 부쳐졌다가 한참 후에야 공개되었다.[8] 1960년 R-16 로켓의 2단계 엔진이 1단계 추진제 탱크를 점화시켜 일어난 화재와 폭발로 100명 이상의 소련 고위급 군 관계자들과 기술자들이 목숨을 잃었다. 최고 책임자였던 미트로판 네델린Mitrofan Nedelin은 증발해 사라졌고 그 자리에는 그가 전쟁 중에 받은 메달만이 남아 있었다. 1년 후에도 소련 우주비행사가 고압의 산소 체임버 화재로 목숨을 잃었다. 소련은 이 우주비행사가 존재했던 모든 증거를 지워버렸다.

1967년에는 비슷한 사고로 아폴로 1호 우주인들이 죽었다. 소련의 사고가 알려졌더라면 캡슐의 설계를 바꾸어 사고를 방지할 수 있었을 것이다. 지상 시험을 하는 동안에 캡슐 안의 산소에 불꽃이 튀면서 화재를 일으켰고, 이로 인해 거스 그리섬Gus Grissom, 에드 화이트Ed White, 로저 채피Roger Chaffee 가 심각한 화상을 입었으며 모든 산소가 연소된 후 질식해 숨졌다. 같은 해에 블라디미르 코마로프Vladimir Komarov는 소유스 1호의 기기 고장으로 비행이 실패한 후 낙하산으로 탈출을 시도했지만 하강속도를 충분히 줄이지 못해 목숨을 잃었다.

50만 갤런의 등유와 액체 산소 위에 얹힌 작은 금속 캡슐 안에 들어간 사람들은 매우 용감했다. 새턴 5호 로켓의 발사 장면을 목격한 사람들은 3.2킬로미터 밖에서도 엔진이 내는 열과 가슴에 전해지는 압력 파동을 느낄 수 있었다고 이야기한다. 다섯 개의 거대한 엔진이 매초 15톤의 연료를 삼

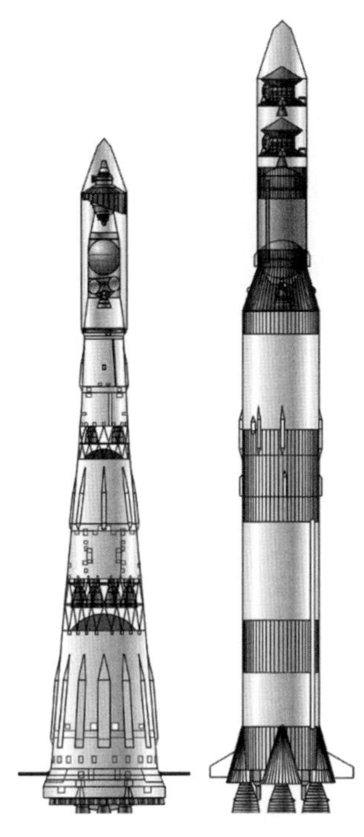

그림 10. 소련의 N1/L3 로켓(좌)과 미국의 새턴 5호 로켓(우)의 비교.
새턴 5호는 36층 건물 높이로 최고 출력은 3만 5,000kN이었고, 60톤을 밀어 올릴 수 있었다.

키고 약 3,500만 N의 추진력을 발생시킨다. 거대한 로켓은 자유의 여신상보다 약 18미터 더 높다(그림 10).

1969년 휴스턴의 관제센터에는 긴장이 감돌고 있었다. 닐 암스트롱Neil Armstrong이 아폴로 11호에서 일련의 기술적 결함을 겪고 난 후, 착륙 모듈을 수동으로 조작해 1분 비행하기에도 아슬아슬한 연료가 남은 시점에 자갈밭 위에 안전하게 착륙한 것이다. 휴스턴에 있던 우주비행사 찰스 듀크Charles Duke는 암스트롱에게 "당신으로 인해 많은 사람들이 새파랗게 질렸습니다. 이제야 다시 숨을 쉴 수 있게 되었어요"라고 말했다.[9]

달 착륙은 새로운 경험이었고 아직도 새로운 경험이다. 달에 다녀온 스물네 명은 지구의 중력을 벗어났던 유일한 사람들이고 달에 착륙했던 열두 명은 다른 세상에 발을 디뎠던 유일한 사람들이다.

아폴로 13호는 산소 폭발로 망가진 우주선을 타고 지구로 귀환하는 데 성공했다. 그러나 이러한 아폴로 프로그램의 성공과 아폴로 13호 승무원들의 영웅적 노력에도 불구하고 달 착륙에 대한 대중의 관심은 줄어들기 시작했다. 역사라는 흐릿한 렌즈를 통해 보면 아폴로 프로그램이 마치 대중의 열렬한 지지를 받았던 것처럼 보인다. 그러나 실제로는 많은 사람들이 정부가 우주에 너무 많은 예산을 사용한다고 생각했다. 케네디와 존슨은 아폴로 프로그램의 엄청난 경비에 대해 불평했다. 결국 계획되었던 마지막 세 번의 달 착륙 프로그램은 취소되었고 그 대신 우주 왕복선을 추진했다. 우주 왕복선은 우주비행사와 화물을 정기적으로 저궤도로 실어 나를 '우주 트럭'이 되는 것을 목표로 했다. 그러나 이는 위대한 아폴로 프로그램으로부터의 후퇴였다.

하지만 달 착륙의 결과로 중요한 일이 일어났다. 우주비행사들은 조국을 사랑한 애국자들이었던 동시에 본능적으로 모든 인류를 대표한다는 생각을 가지고 있었다. 지구 궤도를 돌고 있는 동안 많은 우주 비행사들이 어떤 정치적, 문화적 경계도 보이지 않는 지구에 대해 언급했다. 검은 우주에 매달려 있는 푸른 암석인 연약한 지구의 모습은 1960년대 말에 환경운동을 촉발시켰다. 군과 산업이 이루어낸 놀라운 업적이 반문명 활동가들을 끌어안았다는 것은 역설적이다.[10] 유명 가수인 프랭크 시나트라Frank Sinatra가 1969년 텔레비전 쇼에서 〈달나라로 데려다주세요Fly Me to the Moon〉를 공연했을 때 그는 이 공연을 '불가능을 가능하게 만든' 우주비행사들에게 헌정했다. 이 노래의 산뜻한 멜로디는 지구의 굴레를 벗어난 사람들의 가벼운 마음을 아주 잘 나타내고 있다.

생쥐와 인간

우주여행의 가장 어려운 부분은 우주에 도달하는 것이다.

로켓에서 핵심적인 물리량은 Max-Q이다. Max-Q는 로켓이 가속되는 동안 공기의 마찰로 인해 받는 최대 공기역학적 저항력을 말한다. 낮은 고도에서는 속도가 빠르지 않기 때문에 공기의 마찰로 인한 저항력이 작다. 그리고 높은 고도에서는 공기가 희박하기 때문에 공기에 의한 저항력이 작다. 따라서 로켓은 그 중간 어느 지점, 엔지니어들이 숨을 멈추고 지켜보는 어떤 순간에 Max-Q를 경험하게 된다. 발사되고 약 1분 후, 약 12킬로미터 상공이다.

모든 로켓의 탑승자는 심한 진동을 느낀다. 그러나 가장 큰 위험은 g-포스, 즉 중력가속도에 의해 발생한다. 우리는 지구상에서 아래 방향으로 1g, 즉 제곱초당 9.8미터의 가속도를 경험하면서 살아가고 있다. 우리는 마치 물이 들어 있는 자루처럼 탄력적이어서 가속도를 잘 견딜 수 있지만, 가속도의 방향에 따라 견디는 정도가 다르다. 전투기 조종사들은 피가 발 쪽으로 몰릴 때는 몇 초 이내라면 8g 내지 9g의 가속도를 견딜 수 있다. 그러나 피가 머리 쪽으로 쏠릴 때는 2g 내지 3g의 가속도에도 정신을 잃거나 목숨을 잃을 수 있다. 공군 대령이었던 존 스탭John Stapp은 1950년대에 이 한계를 시험하다가 목숨을 잃을 뻔했다. 스탭은 로켓으로 추진되는 썰매를 반복적으로 타고 사람이 견딜 수 있는 한계를 시험했다. 한 실험에서는 순간적으로 지구 중력 가속도의 46배나 되는 가속도를 견뎌내고 살아남았다. 스탭은 이 실험으로 다리가 부러지고 영원히 시력을 상실했지만 89세에 집에서 편안하게 세상을 떠났다.

아폴로 우주비행사들은 거대한 주 엔진이 꺼지기 직전에 4g의 가속도를 경험했으며, 지구 대기로 재진입할 때는 7g에 가까운 가속도를 경험했다. 반면 우주 왕복선 비행사들은 상승과 하강 모두에서 우리가 롤러코스터를 타고 경험할 수 있는 정도인 3g 이상의 가속도를 경험하지 않았다. 그러나 우주 시대 초기에는 인간이 어느 정도의 가속도를 견딜 수 있는지 몰랐기 때문에, 포유동물을 이용해 많은 실험을 했다. 동물을 위험한 실험에 이용하는 것은 우리가 오랫동안, 전통적으로 해온 일이다. 1783년에는 뜨거운 공기를 넣은 풍선을 이용해 양, 오리, 닭과 같은 동물들을 하늘 높이 올려 보내기도 했다.

라이카는 널리 알려지지 않은 우주 영웅 중 하나이다. 라이카는 허스키와 테리어의 잡종으로 모스크바 거리에서 발견된 유기견이었다. 소련의 과학자들은 거리에서의 생활이 개들을 활발하게 만든다고 생각했기 때문에 유기견을 선호했다. 라이카는 침착한 성격 덕분에 열 마리의 개들 중에서 선발되었다. 라이카는 원심력을 이용한 실험에도 참가했고 시끄러운 환경에 적응하는 훈련도 했다. 그런 다음에는 점점 더 작은 캡슐에 적응하는 훈련을 했고, 3주 동안 작은 캡슐에 갇혀 지내는 훈련도 했다. 흐루쇼프 수상이 볼셰비키 혁명 40주년 기념일에 맞추어 스푸트니크 2호를 발사하도록 압력을 가했으므로, 스푸트니크 1호 발사 후 한 달도 되지 않아 스푸트니크 2호가 다소 급하게 준비되어 발사되었다.

초기 자료에 의하면 라이카가 흥분하기는 했지만 먹이를 먹었다. 하지만 온도 제어장치가 제대로 작동하지 않아 궤도에서 일곱 시간을 보낸 후 고열과 스트레스로 죽었다. 사실 이 비행에서 라이카가 살아남을 가능성은 전혀 없었다. 대기권에 재진입하기 전에 안락사 시키기 위해 독이 든 먹이가 준비되어 있었기 때문이다. 소련에서는 라이카가 비행 여섯째 날에 산소 부족으로 죽었다고 발표했다. 동물 보호 단체들은 전 세계 소련 대사관 앞에서 항의 집회를 가졌고 뉴욕의 UN 본부 앞에서도 시위가 있었다.[11] 여러 해가 지나 소련이 붕괴되어 과학자들이 자유롭게 말할 수 있게 되었을 때 일부는 양심고백을 했다. 라이카의 조련사였던 올레크 가젠코Oleg Gazenko 중장은 다음과 같이 말했다. "동물들과 하는 일은 우리 모두에게 고통스러웠다. 우리는 동물들을 말 못하는 어린이처럼 다루었다. 시간이 흐를수록 개들에게 미안하다는 생각이 더 많이 들었다. 우리는 그런 일을 하지 말았어야 했다. (…) 이 임무에서 개의 죽음을 정당화할 정도로 많은 것을 배우지도 못했다."[12]

반면 미국은 인간에게 더 가깝다는 이유로 원숭이를 이용했다. 우주에 처음 올라간 원숭이는 1948년 V-2 로켓을 이용해 발사된 알베르트였다. 알베르트는 질식사했다. 동물 실험이 시작되고 처음 10년 동안에는 치사율이 매우 높았다. 1959년 붉은털원숭이 에이블과 베이커는 미국에서 최초로 우주여행을 하고 살아서 귀환한 동물이 되었다. 이들은 여행 도중 32g의 가속도를 견뎌냈다. 에이블은 비행 직후 수술 도중 죽었지만, '미스 베이커'는

그림 11. 페루 출신의 다람쥐원숭이 '미스 베이커'는 우주여행을 하고 살아 돌아온 첫 번째 원숭이였다. 이 원숭이는 미국 공군 탄도 미사일 꼭대기의 원뿔형 캡슐 안에서 지상 580킬로미터까지 상승하는 동안 32g와 최고속도 시속 1만 6,000킬로미터를 경험했다.

28년을 더 살았다(그림 11). 베이커는 어린이들로부터 하루에 최대 150통의 편지를 받았고, 죽은 후 앨라배마 헌츠빌에 있는 미국 우주 로켓 센터 마당에 묻혔다. 베이커의 장례식에는 300명의 조문객이 참석했다.

1947년 나치의 V-2 로켓에 탑승했던 초파리가 우주에 올라간 최초의 동물이었다. 그다음에는 생쥐가 우주로 올라갔고 원숭이, 남성, 여성이 그 뒤를 따랐다.

그 후로 온갖 동물들이 우주여행에 참여했다. 1960년대 초까지 미국과 소련은 생쥐를 우주에 올려 보냈다. 그리고 소련은 개구리와 기니피그를 더했다. 프랑스는 쥐를 올려 보냈고, 1963년에는 고양이 펠릭스를 올려 보낼 예정이었다. 그러나 펠릭스가 도망가자 대신 펠리세트를 올려보냈다. 1968년에는 두 마리의 거북이가 존드Zond 5호에 탑승해 달에 도달한 최초의 동물이 되었다. 이 거북이들은 파리, 구더기, 다른 생물학적 표본들과 함께 여행했다. 몇 년 후 미국은 쥐와 선충을 아폴로 16호와 17호에 실어 달에 보냈다. 우주 왕복선은 우주여행을 하는 동물들을 위한 설비를 가지고 있었다. 현재 거미, 벌, 비단뱀, 나비, 도롱뇽, 성게, 해파리와 같은 동물들이 지구 궤도 위에 올라가 있다. 우주비행사들은 이 승객들을 대단히 경계하고 있는데, 그럴 만도 하다. 마다가스카르의 바퀴벌레와 아프리카의 바위 전갈도 승객에 포함되어 있기 때문이다.

이 위험한 여행의 대부분은 지상 수백 킬로미터 이내에 있는 지구 저궤도에서 이루어진다. 저궤도까지의 거리는 자동차로 몇 시간 만에 도달할 수 있는 정도이다. 달까지의 왕복거리도 100만 킬로미터가 안 된다. 이 정도의 거리는 사업가들이 제트 비행기를 타고 몇 년 동안 날아다니는 거리이다.

그러나 행성들은 이것과는 비교할 수 없을 정도로 멀리 떨어져 있다.

행성 탐사하기

NASA의 예산은 1960년대의 최고점에 다시는 도달하지 못했다. 연방 정부 예산에서 차지하는 비중을 보면 정점을 이루었던 1967년에는 5.5퍼센트였지만 그 후 빠르게 떨어져 1973년에는 1퍼센트가 되었고, 그 이후에는 1퍼센트를 밑돌았다.[13] 1970년대에 NASA는 또 다른 도전을 시도했다. 그러나 그것은 달 위에서 뛰어 다니거나 드라이브를 하는 것만큼 극적이지는 않았지만 말이다.

역사상 중요한 전환점 중 하나는, 지구가 특별하고 유일한 장소라는 지구 중심 천문 체계에서 우주에 존재하는 천체들이 물리적으로 또 지질학적으로 비슷하다는 '여러 세상'의 개념으로 바뀐 것이었다. 우주여행은 망원경

관측과는 또 다른 방식으로 새로운 세상들을 실감하게 했다.

1610년 이전까지는 행성들이 우주를 배경으로 떠돌아다니는 희미한 점에 불과했다. 달은 맨눈으로 보면 여러 가지 형상으로 보이는 크레이터와 검은 '바다'를 가지고 있다. 갈릴레이는 망원경으로 달 표면을 관찰하고 "(…) 지구의 표면과 마찬가지로 모든 곳에 거대한 산과 깊은 골짜기, 구릉 들이 있다."라고 했다.[14] 그러나 이러한 달 표면의 관찰을 통해 알게 된 사실들은 아폴로 우주선이 달에 가서 울퉁불퉁한 표면을 걷고, 842킬로그램의 월석을 채취해 돌아와서 알게 된 사실들과 비교하면 아무것도 아니다. 이제 우리는 몇 퍼센트의 오차로 달의 나이를 알게 되었고, 달의 지질학적 역사에 대해 배웠으며, 초기 지구에 발생한 충돌의 부스러기가 모여 달이 형성되었다는 사실도 알게 되었다.

우리는 수백 년 동안 망원경으로 관측하면서 몇 개의 행성을 더 찾아냈지만 이 행성들의 자세한 특성에 대해서는 거의 알아내지 못했고, 이들은 그저 작고 희미하게 보이는 원반으로 남아 있었다. 다만 화성은 예외였다. 화성에서는 흰색의 극지방과 이리저리 엮인 모양의 지형이 관찰되었는데, 아마추어 천문학자 퍼시벌 로웰Percival Lowell은 이것이 화성 문명의 관개시설이라고 확신했다. 화성처럼 가까운 행성도 사실 아주 멀리 떨어져 있다 보니 망원경으로는 물리적인 상태에 대해 거의 아무것도 밝혀낼 수 없다. 1966년 말까지도 과학자들은 화성이 식물로 뒤덮여 있는지 아닌지를 두고 논쟁을 벌였다.

행성 탐사를 이해하기 위해서는 우선 우주의 크기를 이해해야 한다. 단순한 지구 궤도 여행에서 달 착륙으로 진전이 이루어졌다는 것은 곧 뒷마당을 떠나 다른 도시를 탐사하기 시작한 것과 같다. 지구 궤도는 지상에서 수백 킬로미터 떨어져 있을 뿐이지만 달은 약 35만 킬로미터 떨어져 있다.

따라서 달로 진출한 것은 우리의 영역을 1,000배나 확장시켰다. 지구에서 달까지의 거리와 비교하면 화성까지의 거리는 가장 가까울 때도 200배나 더 멀고, 목성까지의 거리는 가장 가까울 때도 1,600배나 더 멀다. 행성으로 가기 위해서는 또 다시 우리 영역을 1,000배나 확장해야 한다는 뜻이다.

달에 사람을 보낸 것이 미국과 소련 사이 우주 경쟁의 가장 큰 업적이었지만, 그 외에도 로봇 우주선을 지구로부터 수억 킬로미터 떨어져 있는 행성들에 보내 태양계에 대한 지식을 확장하고 기술을 시험할 수 있었다. 물론 실패도 있었다. 1958년 미국 육군과 공군은 일련의 파이오니아 탐사선 발사에서 네 번의 실패를 경험했다. 소련의 루나 프로그램도 첫 세 번의 발사는 실패했다. 소련은 궤도에 도달하지 못한 발사를 공개하지 않았고, 심지어는 루나 번호도 부여하지 않았다.

그러나 결국 끈질긴 도전이 성공을 불러왔다. 스푸트니크가 세상을 놀라게 하고 2년이 채 지나지 않은 1959년 1월, 루나 1호가 최초로 지구 중력권을 떠난 인공 물체가 되었다. 1959년 말까지 루나 2호와 3호가 달 표면에 충돌하는 데 성공했고, 달 뒷부분의 크레이터 사진을 찍어 지구로 전송했다. 이 탐사선이 이룬 과학적 업적은 대단했다. 이로 인해 달의 화학적 조성과 중력, 달 주변의 방사선 분포 등에 대해 알 수 있게 된 것이다.

1962년에는 미국 탐사선 마리너 2호가 금성에 3만 2,000킬로미터까지 접근해 최초로 행성 접근 비행에 성공했다. 2년 후 마리너 4호는 화성 접근 비행에 성공했다. 행성 탐사선을 목표물에 보내는 것은 대단한 기술적 성취였다. 골프에 비교하면 행성 접근 비행은 티 박스에서 400미터 떨어진 홀을 향해 공을 쳐서, 홀 옆을 2.5센티미터 이내로 지나가게 하는 것과 같다.

행성 표면에 탐사선을 착륙시키고 자료를 전송하는 것은 접근 비행보다 훨씬 더 어렵다. 1970년 소련이 이 일에 먼저 성공했는데, 베네라 7호가 달에 착륙해 23분 동안 자료를 전송했다. 그러나 이 성공도 열다섯 번의 시도 끝에 이루어냈다. 베네라 탐사선 이전에 세 대의 탐사선이 지구 궤도를 벗어나는 데 실패했고 그중 하나는 폭발했다. 1971년에는 소련의 마르스 3호가 화성에 착륙해 20초 정도 정보를 보내왔다. 이 성공 역시 일곱 번의 실패 후에 거둔 것이었다. 소련은 화성 탐사에서 많은 어려움을 겪었기 때문에 이후 10년 넘게 화성에 가려는 노력을 포기했다.

엔지니어들이 자신들의 경험을 태양계 탐사에 응용하기 시작했을 때, NASA는 행성과 관련된 과학을 연구하는 사람이 아무도 없다는 사실을 알게 되었다. 그래서 대학들이 이 분야의 교수와 박사후 연구생들을 고용하도록 유도하고 재정지원을 하기도 했다. 이로 인해 행성과학이라는 분야가 탄생했다. 행성과학은 지질학과 천문학이 융합된 분야로, 고정관념을 타파하는 면에서 실제보다 큰 명성을 얻었다.

행성 탐사를 위한 학습에는 많은 희생이 있었지만 그 결과는 놀라웠다. 아폴로의 업적에 고무된 젊고 야심찬 행성과학자들이 쌍둥이 화성 탐사선과 착륙선(바이킹 1호와 2호), 목성과 토성 탐사선(파이오니아 10호와 11호), 외행성인 천왕성과 해왕성 탐사선(보이저 1호와 2호)을 발사하기 위해 NASA와 함께 일했다. 1970년에 시작된 이 탐사 프로젝트들은 대단한 성공을 거두었다.

파이오니아 10호와 11호는 각각 1972년과 1973년에 발사되었다. 두 탐사선은 모두 목성과 목성의 위성들을 근접 비행했고, 파이오니아 11호는 토성에도 접근했다. 두 탐사선은 외계인들이 언젠가 이 탐사선을 발견할 때를 대비해 인간의 형상과 탐사선에 대한 정보를 새긴 금판을 싣고 있었다. 두 탐사선은 태양계를 떠났고 파이오니아 10호는 지구로부터 100억 킬로미터 이상 떨어진 거리까지 갔다.

그림 12. 다른 행성 표면에서 처음 보내온 사진.
바이킹 1호는 1976년 7월 20일 발사되었다. 메마르고 얼어붙어 있는 화성 표면의 근접 사진은
이 붉은 행성에 대한 오랜 생각을 바꿔놓았다. 중심 근처에 있는 돌의 지름은 10센티미터이다.

1977년에 발사된 두 보이저 탐사선은 40년 넘게 지난 지금도 자료를 전송해 오고 있다. 보이저 2호는 천왕성과 해왕성을 지나갔고, 보이저 1호는 지구로부터 200억 킬로미터나 떨어진 성간 공간에 가 있어 인간이 만든 물체 중에서 가장 멀리 가 있다. 1975년에 발사된 바이킹 탐사선은 화성의 두 다른 지점에 착륙선을 보냈고, 이 착륙선은 착륙 지점에서 생명의 흔적을 찾기 위한 실험을 했다. 이 시기는 행성과학의 '황금 시대'였다(그림 12).

1980년에는 행성과학의 발전 속도가 느려졌고 서서히 침체에 빠졌다. 그러나 1997년 카시니 탐사선이 발사되었고 이 탐사선은 아직도 토성을 탐사하고 있다. 버스 크기의 카시니 탐사선은 열두 가지의 과학 장비를 갖추고 있다. 새로운 세상을 보기 위해 160억 킬로미터를 여행한 이 탐사선은 물이 풍부한 유로파 위성 표면의 얼음 협곡, 에탄과 메탄으로 이루어진 타이탄 위성의 호수, 해마다 위성 표면 전체를 수 센티미터씩 유황으로 덮어버리는 작은 이오 위성의 화산, 검댕처럼 검은 위성과 거울처럼 밝은 위성 같은 놀라운 모습을 지구로 전송했다. 카시니 탐사선은 2005년 타이탄 위성에 하위헌스 탐사선을 보내 표면에 착륙시켰다. 하위헌스 탐사선은 호수와 강, 구

름과 비가 있는 놀라운 세상의 모습을 보내왔다. 약 300킬로그램의 이 탐사선은 대기의 샘플을 채취하고 표면의 사진을 찍었는데, 몇 시간 후 배터리가 다 되고 말았다. 이것은 지금까지 인간이 만든 물체 중 가장 멀리 있는 천체에 착륙한 사례가 되었다.[15]

행성 탐사선에 탑재된 디지털 카메라는 멀리 떨어진 세상의 독특한 광경과 '특징'을 지구로 전송한다. 새로운 카메라 덕분에 단일 픽셀이 아니라 수십억 픽셀로 이루어진 자세한 영상을 전송할 수 있다. 1990년 보이저 1호가 12년 동안 640억 킬로미터를 여행한 끝에 태양계 가장자리에 도달했을 때, 평소와 달리 카메라의 방향을 돌려 뒤쪽의 사진을 찍었다. 이 사진에는 검은 우주를 배경으로 희미한 점처럼 보이는 지구가 찍혀 있었다. 천문학자 칼 세이건Carl Sagan은 이 지구의 모습을 '창백한 푸른 점'이라고 표현하며, 사람들이 질서를 유지하고 지구를 소중하게 여기도록 요구하는 메시지로 사용했다. "우리 행성은 거대한 우주의 암흑 속에 있는 외로운 점이다. (…) 우리를 우리 자신으로부터 구하기 위해 외부에서 와줄 것이라는 어떤 힌트도 찾을 수 없다. (…) 우리의 작은 세상을 멀리서 찍은 이 사진은 (…) 우리가 서로에게 좀 더 친절해지고, 우리가 알고 있는 유일한 고향인 이 창백한 푸른 점을 보존하기 위해 소중하게 여겨야 한다는 책임감을 일깨워준다."[16]

인간 대 기계

우주에 가기가 어렵다는 사실은 곧 우리가 우주에서 살아가기에 적당하지 않다는 의미이다. 보호 장구 없이 우주에 갔을 때 어떤 일이 일어날지 알아보자.

우리가 거대한 우주 정거장의 한쪽 끝에 있는, 공기는 있지만 음식과 물이 없는 방에 있다고 가정해보자. 우주복은 입고 있지 않다. 이제 안전한 방으로 이동해야 하는데, 유성 충돌로 벽이 파괴되면서 진공 상태가 되어버린 터널을 지나야 도달할 수 있다. 이 터널의 반대편까지 뛰어가는 데는 5초가 걸리고, 기밀 출입문을 열고 공기와 음식이 있는 방으로 들어가는 데 또 10초 정도가 걸린다. 이 일을 해낼 수 있을까?

큰 숨을 들이쉰다면 불가능하다. 진공은 허파 속의 공기를 팽창시키고, 연약한 근육을 파괴하기 때문에 치명적이다. 따라서 허파를 비우는 것이 더 나은 전략이 될 것이다. 세포 조직 안에 들어 있는 물이 증발해 혈관 속에 거품이 생기겠지만 우리가 폭발하지 않도록 피부가 막아줄 것이다. 그러나 약 15초 정도 뇌에 산소가 공급되지 않으면 의식을 잃을 텐데, 그 전에 안전한 방에 도달할 가능성은 거의 없다. 우리는 1분 안에 사망할 것이다. 이러한 위험과 비교하면 무중력에 적응하는 것은 공원을 산책하는 것처럼 쉽다.

인간은 우주에서 살아가고 일할 수 있다는 사실을 증명했다. 그러나 신체적 위험, 그리고 안전 보장을 위한 엄청난 비용으로 인해 우주를 사람이 직접 탐험하는 것과 기계를 이용하는 것 중 무엇이 나은지에 대해 오랫동안 토론이 벌어졌다. 로봇은 강하고 작으며 오래 사용할 수 있고 상대적으로 비용이 덜 든다는 장점을 가지고 있지만, 사람은 어떤 상황에도 적응할 수 있는 능력이 있고 복잡한 판단도 즉시 할 수 있다는 장점이 있다.

미국은 세상 사람들을 흥분하게 했던 달 착륙뿐만 아니라 엄청난 비용을 필요로 했던 우주 탐험의 위대한 업적들을 이루어냈다. 그러나 NASA의 예산이 줄어들자 남아 있던 새턴 5호 로켓의 용도를 바꾸어 우주비행사들을 스카이랩 우주 정거장에 보내는 데 사용했다. 그리고 대략 1주일에 한 번 정도 저궤도로 우주비행사들과 장비를 실어 나를 수 있는 재사용 가능한 우주 왕복선의 개발을 시작했다. 우주 왕복선은 여덟 명의 우주비행사와 25톤의 화물을 수송할 수 있었다.

반면 소련은 거대한 N1 로켓의 발사를 네 번 연속 실패한 후 달에 사람을 보내는 것을 포기했다. 두 번째 로켓은 발사대에서 TNT 폭탄 5,000톤의 위력으로 폭발했다. 1971년 소련은 최초로 살류트Salyut라는 별명의 우주 정거장을 발사했다. 그러나 두 번째로 살류트를 방문했던 세 명의 승무원들이 대기권 재진입을 준비하는 과정에서 캡슐의 압력이 떨어지는 사고를 겪었다. 승무원들은 40초 만에 질식으로 숨졌다. 우주 진공 상태의 위험을 잘 보여주는 안타까운 예이다.

두 강대국의 관계가 개선되면서 우주 경쟁은 끝났다. 1975년에 있었던 아폴로와 소유스 우주선의 도킹, 그리고 두 나라의 우주비행사 톰 스태포드Tom Stafford와 알렉세이 레오노프Alexey Leonov의 역사적인 악수는 우주에서의 데탕트(국제적 긴장 완화)를 상징적으로 보여주었다.

1981년에서 2011년 사이, 우주 왕복선은 135차례 우주를 왕복하면서 300명의 우주비행사를 국제 우주 정거장으로 실어 날랐다. 처음에 우주 왕복선은 과학적 용도와 군사적 용도 모두로 사용되었지만 나중에는 국제 우주 정거장을 완전하게 조립하는 용도로만 사용되었다. 우주 왕복선은 우주 여행의 위험과 높은 비용을 실감시켜주기도 했다.[17]

1986년 1월 28일, 텔레비전으로 챌린저 우주 왕복선의 발사 장면을 보고 있던 사람들은 크게 놀랐다. 발사 73초 후 맑고 푸른 겨울 하늘에서 우주 왕복선이 폭발한 것이다. 나중에 행해진 조사에 의하면, 우주선이 음속의 두 배나 되는 속도로 달리는 동안 고체 연료 부스터 중 하나를 밀폐하는 O-링에 엄청난 스트레스가 가해진 것이 사고의 원인으로 밝혀졌다. NASA가 크리스타 매콜리프Christa McAuliffe를 최초로 우주에 가는 교사로 선발했기 때문에 수백만 명의 어린 학생들이 이 장면을 지켜보고 있었다. 놀랍게도 승무원들이 타고 있던 선실은 폭발에도 손상되지 않았는데, 이들은 바다에 충돌했을 때 사망했을 가능성이 크다(그림 13).[18]

17년 후에도 비슷한 사고가 반복되었다. 컬럼비아 우주 왕복선이 음속의 20배나 되는 속도로 지구 대기권에 재진입하는 동안 분해되어 버리는 사고가 발생했다. 발사되는 과정에서 외부 연료 탱크를 보호하고 있던 절연재 일부가 떨어져 나갔고, 왼쪽 날개의 가장자리가 일부 파손되었던 것이 사고의 원인이었다. 챌린저와 컬럼비아, 두 번의 사고로 열네 명의 승무원들이 목숨을 잃었다.

우주 왕복선은 결코 계획했던 대로 비용이 저렴하거나 쉽게 이용할 수 있는 것이 아니었다. 1주일에 한 번씩 운행할 것이라는 계획과는 달리 두세 달에 한 번 정도 운행되었다. 한 번 발사할 때마다 발사 비용이 약 10억 달러씩

그림 13. 1986년 1월 28일, 발사 73초 후 폭발한 챌린저 우주 왕복선.
이 사고로 승무원 일곱 명이 목숨을 잃었다. 이 사고와 또 다시 일곱 명의 승무원을 잃은 2003년의 컬럼비아 우주 왕복선 사고는 우주여행의 위험을 생생하게 전해준다.

소요되어, 1킬로그램을 우주에 올리는 데 8만 달러가 드는 셈이었다. 상업적 목적으로 이용하는 회사들은 정부로부터 막대한 보조금을 받아야 우주 왕복선을 이용할 수 있었다. 드문드문한 발사 스케줄을 기다리는 것과 다섯 대의 우주 왕복선 중 두 대를 사고로 잃어버린 사실에 지쳐버린 미국 군은 무인 로켓을 이용해 자체적으로 화물을 우주로 보낼 수 있는 능력을 확보했다.

그러나 우주 왕복선은 로봇이 아니라 우주비행사가 직접 우주 공간에서 작업하는 것이 얼마나 중요한지를 알 수 있게 해주기도 했다. 로봇은 잘 훈련된 우주비행사와 비교될 정도의 융통성과 신뢰성을 가지고 있지 않다. 우리는 거의 연료가 남아 있지 않은 상태에서 아폴로 11호를 자갈로 덮인 달 표면 위에 착륙시킨 닐 암스트롱과, 달 궤도를 도는 동안 고장 난 아폴로 13호를 안전하게 귀환시킨 승무원들이 보여준 문제 해결 능력을 통해서 사람만이 가진 '육감'의 중요성을 알게 되었다. 특히 여러 번의 긴 우주 유영과 기술적인 작업, 짧은 시간 안에 어려운 의사결정이 필요했던 허블 우주 망원경의 수리 과정을 통해 우주비행사의 중요성이 잘 인식되었다. NASA의 책임자였던 마이크 그리핀Mike Griffin은 우주비행사들의 안전을 염려해, 원래 마지막 허블 망원경 수리 임무를 허가하지 않았다. 그러나 로봇을 이용한 수리에는 어려움이 너무 많아 실패로 끝날 것이라는 사실을 인정하고 결국에는 2009년 우주비행사들에게 그 임무를 맡겼다.

인간과 로봇 사이의 선택은 잘못된 이분법이다. 기계는 길을 개척하는 정찰병으로, 가능한 한 많은 것을 알아내고 결국에는 사람이 따라갈 토대를 구축하는 역할을 한다. 우리는 지금까지 로봇 탐사선을 이용해 태양계를 탐사했지만, 이들이 할 수 있는 일에는 한계가 있다. 기계는 이 탐사의 여정에서 우리의 연장선에 있다. 언젠가 우주에 살게 되었을 때 로봇은 우리의 동반자가 될 것이다.

PART II 현재

쳇바퀴 속 생쥐. 조세피나가 허브에서 전혀 시간을 보내지 않는 사람들을 부르는 말이다. 그러고 나서 우리는 함께 웃는다. 그녀는 나와 가장 친한 친구이다. 나는 그녀의 장난기 어린 미소와 반항적인 유머감각을 사랑한다. 많은 순례자들은 냉담하고 자존심이 강하다. 자신들이 특별하게 선발된 엘리트라는 것을 알고 있으며 종종 행동도 그렇게 한다. 일부는 세상을 구하는 메시아라도 된 듯한 태도인데, 나는 이것이 좀 무섭다고 생각했다.

허브에 떠 있으면 지구가 검은 벨벳 위에 놓인 푸른색과 흰색의 싸구려 보석처럼 보인다. 허브는 안락한 자궁 같기도 하다. 허브는 우주 정거장에서 중력이 없는 유일한 장소이다. 생활하거나 작업하는 장소는 모두 뼈가 상실되는 것을 방지하고 정신적인 적응을 위해 지구의 3분의 2 정도 되는 중력을 느낄 수 있도록 바퀴의 가장자리에 위치해 있다. 바퀴가 30초마다 한 바퀴씩 돌고 있으므로 창밖으로 지구의 모습이 보이면 현기증을 일으킬 수 있다. 따라서 가장자리에 실제 창문이 없고, 벽에 고정된 커다란 패널이 숲 사이의 빈터와 산 위 풀밭의 생생한 홀로그램 영상을 보여준다. 나는 이것이

다소 혼란스럽다. 실제로는 480킬로미터 상공에서 세상과 격리되어 있고, 허파를 순식간에 파괴할 수 있는 차가운 우주의 진공으로부터 얇은 티타늄 벽으로 분리되어 있다는 것을 잘 알고 있기 때문이다.

나는 아직도 꿈을 꾼다. 꿈을 떨쳐버릴 수가 없다. 낮에는 임무를 수행하느라 바쁘지만, 밤이 두렵게 느껴지기 시작했다.

감독자들은 우리를 바쁘게 만들어 앞으로의 일을 생각하지 못하도록 한다. 달과 화성은 많은 식민지의 시작점으로, 연구자들이 일상적으로 목성이나 토성까지 여행하고, 로봇 수송기들이 소행성대를 바쁘게 다닌다. 그러나 우리는 아직까지 태양계와 연결된 탯줄을 자른 적은 없다.

우리는 위험을 알고 있다. 우주는 용서가 없고 인간은 연약하다. 잘나가는 동안에도 사고가 있었다. 나는 어릴 적에 일어났던 사고들을 생생하게 기억하고 있다. 궤도를 돌고 있던 연구소가 소규모 운석과 충돌해 파괴되기도 했고, 최초의 유로파 착륙선이 궤도를 잘못 계산한 탓으로 실종되어 우주로 날아가기도 했으며, 최초의 화성 식민지는 사람들 사이에 분열이 일어나 실패했다.

나는 가족이 보고 싶지만 지구로 내려가는 것은 상상도 할 수 없는 일이다. 스크린 위에서 어머니와 누나가 선명한 모습을 보여주지만 이제 그들도 멀리 떨어져 있는 것처럼 느껴지고, 비현실적인 존재로 생각된다. 그들은 우리에게 '철회'라고 부르는 이런 현상이 올 것이니 당황하지 말라고 이야기했었다. 조세피나는 거의 매일 밤 운다고 말했고 나도 안타까웠지만, 같은 감정을 느끼지 못해서 더욱 안타까웠다. 우주 정거장은 금속으로 만든 껍질이며 우리는 우리의 새로운 종족과 결속하기 위해 이 안으로 움츠러든다.

우리는 누군가가 우주 정거장에서 추방될 것이라는 소식을 듣고 매우 놀랐는데, 곧 실제로 그런 일을 목격했다. 라제시와 디미트리는 다른 사람들과 자주 마찰을 일으키고 교활해서 모든 동료들의 호의를 잃었다. 다음에 추방된 사람들은 몇몇의 불평분자들, 당파를 구성한 주모자들, 그들을 추종한 사람들이었다. 우리가 의심하고 있던 다른 사람들도 있었다. 그들은 항상 피곤해 보였으며 누구와도 시선을 마주치려 하지 않았다. 그들은 임무를 수행할 의욕을 모두 잃어서 우리의 단결과 목적의식을 무너뜨릴 염려가 있었기 때문에 추방되어야 했다.

그러나 마지막 그룹에는 어떤 이유도 없어 보였다. 소냐도 그렇고 피에르도 그렇다. 우리는 두 사람 모두와 좋은 시간을 보내고 함께 웃었다. 그러나 심리분석가들이 두 사람을 추려냈고, 그들의 결정에 아무런 논란도 없었다. 일부 미묘한 행동 패턴이 두 사람을 위험인물로 낙인찍었다. 조세피나와 나는 저녁식사를 하러 가면서 소냐와 피에르가 셔틀 정류장의 에어로크 앞에 서 있는 것을 보았다. 화가 나고, 우울하고, 멍하고, 두려워하는 그들의 얼굴을 나는 영원히 잊지 못할 것이다.

감독관들은 모든 것을 고무된 상태로 유지하려 한다. 공동 구역에서는 쾌활한 관악기가 연주되어 마음에 안정을 준다. 그들은 일상적인 생활에 변화를 주기 위해 파티와 축하연을 연다. 감독관들의 메시지는 매우 조심스럽게 긍정적으로 포장되어 있다. 그렇다면 저 아래는 어떨까? 우리 입장에서 보면 지구는 아름다운 행성이다. 그러나 지구에 살고 있는 사람들은 도피처를 책임지고 있다. 세계의 문제를 해결할 수 있는 모든 수단이 존재했지만 까다로운 최고 책임자들이 말다툼을 벌이며 시간을 끌고 있었다.

우주 정거장에는 어떤 면에서 시간의 개념이 없다. 하루나 한 주가 지나가는 것을 알게 해주는 날씨나 식생의 변화가 전혀 없다. 생일이나 축제일은 잊히고 지나가거나 무시된다. 반면에 사라지는 시점을 향해 앞으로 나가는 시간의 개념은 명확하다. 그 시점이 얼마 남지 않았다.

어느 날 저녁 조세피나와 나는 허브에 가서 지구 반대편으로 고개를 돌려 검은 우주 공간을 바라보았다. 나는 둥둥 떠다니다가 손가락을 뻗어 그녀의 손가락에 댔다. 우리는 아무 말도 하지 않았다. 우리 머리 위에는 반질반질하고 검은 세 개의 오벨리스크가 있었다. 그것들은 우리의 목적지를 가리키면서 우주 정거장과 나란히 떠 있다.

방주 1. 방주 2. 방주 3.

CHAPTER
4

혁명이 다가온다

우주 침체기

NASA는 침체기에 빠졌다.

침체기를 나타내는 영어 단어 'doldrums'는 원래 일이 진척되지 않는 상태나 낙담한 마음 상태를 나타내는 단어가 아니라 장소를 뜻하는 단어였다. 18세기 선원들은 여러 날 또는 여러 주 동안 바람이 불지 않아 항해하던 배가 잔잔한 바다에 정지해 있던 적도 부근의 지역을 'doldrums'라고 불렀다. NASA도 잔잔한 바다에 정지해 있는 배처럼 조용해졌고 직원들과 지지자들은 함께 침체와 부진의 감정을 경험했다.[1]

이야기가 과거에서 현재로 바뀌면서, 우선 우리는 지난 40년 동안 우리의 야망이 얼마나 많이 추락했는지를 설명해야 한다. 달 착륙이라는 영광의 순간에서부터 지구 저궤도에 우주비행사들을 보내기에도 버거운 상태에 이르기까지 말이다. 우리는 로켓 방정식이라는 냉혹한 장벽으로 인한 우주여행의 어려움을 잘 알고 있다. 그리고 이제 막 시작되는 우주 관광 사업에서 희미한 희망을 본다. 마지막으로 정보 기술과 우주 공학 기술의 진보에서 우주 산업의 부활이 다가오고 있다는 긍정적인 전망을 해볼 수 있다.

논란의 여지는 있지만, NASA가 최저점을 찍은 것은 2013년 미국 연방정부 셧다운(일시적 폐쇄) 때였을 것이다. 이때 97퍼센트의 직원이 일시적으로 해고되었다. 24개 연방정부 기관 중에서 가장 높은 비율이었다. 일시적으로 해고되지 않은 사람들은 국제 우주 정거장에 있는 승무원들의 안전을 위해 필요한 소수뿐이었다. 다른 모든 활동은 즉시 중단되었다. 모든 연구가 중단되었고, 탐사 계획이 수립되지 않았으며, 이메일에 답장도 하지 않았다. 우주여행이라는 숭고한 목표도 지구상의 정치에 의해 쉽게 폐기될 수 있다는 것을 잘 보여주는 사건이었다.

또한 NASA는 낡아빠진 기반시설로 인해서도 어려움을 겪고 있다. 2013년 감사관은 NASA 시설의 80퍼센트가 지어진 지 40년 이상 되어 사용 연한이 지났으며 매년 2,500만 달러의 유지비용이 필요하다고 지적했다. 이를 개선하려면 페인트를 새로 칠하는 정도가 아니라 그동안 미루어왔던 수리를 해야 하는데, 22억 달러가 소요될 것으로 예상된다.[2] 그러나 수십 년 동안 NASA의 예산은 계속 줄어들었다(그림 14). 1959년 시작된 이후 NASA에 쓴 돈보다 더 많은 돈이 2008년에 구제 금융으로 은행에 제공되었다. 돈이 없으면 우주 탐험도 없다.

우주 왕복선보다 이런 상황을 잘 보여주는 것도 없다. 2011년 마지막 비행을 할 때까지 우주왕복선은 40년 된 기술로 운행되었다. 발사 빈도는 원래 계획되었던 것의 10분의 1로 줄어들었고 발사 비용은 20배 높아졌다. 다섯 대 중 두 대의 우주 왕복선이 비극적 최후를 맞이했고 그 안에 실려 있던 모든 것이 소실되었다. 허블 우주 망원경을 궤도에 진입시키기 위한 비행과 수리를 위한 비행을 제외하면, 대부분의 경우 우주 왕복선은 인공위

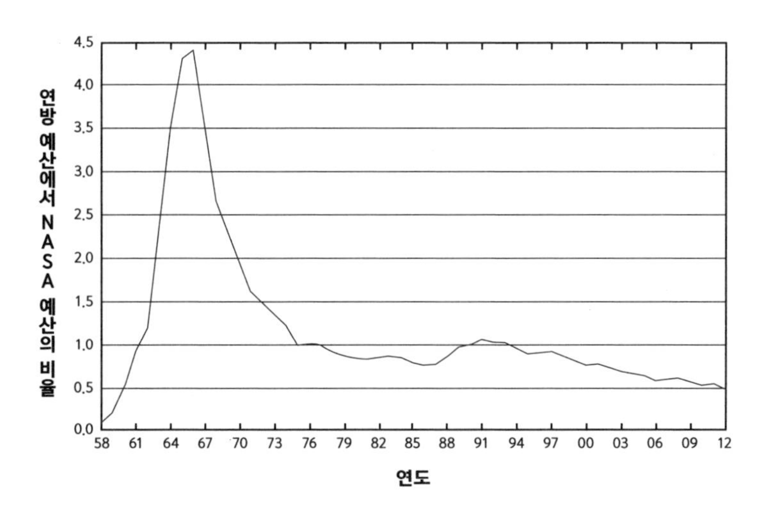

그림 14. 1960년대 이후 연방 예산에서 NASA 예산이 차지한 비율.
아폴로 프로그램을 위한 예산의 빠른 증가는 이전에 없던 일이었고 불안정했다.
그 후 우주 왕복선과 국제 우주 정거장 프로젝트로 잠시 증가한 것을 제외하고는 계속적으로 하락했다.

성을 궤도에 진입시키거나 비싸고 시대에 뒤떨어진 시설인 국제 우주 정거장 건설에 필요한 자재를 운반하는 일을 했다. 챌린저호와 컬럼비아호의 재앙은 사람들의 마음속에 각인되었고, 미국 우주 프로그램의 양면성을 널리 인식시켰다.[3] 2011년 이후에는 미국이 러시아의 도움 없이 우주비행사를 궤도에 올릴 수 없게 되었다.

두 나라 사이의 냉랭한 관계뿐만 아니라, 러시아에도 자체적으로 많은 문제가 있다.

소련의 붕괴 이후 러시아의 우주 프로그램은 예산 축소와 혁신 부족으로 어려움을 겪었다.[4] 소련은 1965년 대륙간탄도미사일(ICBM)을 발사하기 위해 프로톤 로켓을 개발했고, 아직도 이것의 초기 디자인을 수정해 사용하고 있다. 지난 몇 년 동안 러시아는 일곱 번의 우주 프로그램에서 실패를 겪었다. 2010년에 세 개의 인공위성이 태평양에 추락했고, 2011년에는 국제 우주 정거장에 필요한 물자를 공급하려던 우주선이 시베리아 상공에서 폭발해 국제 우주 정거장에 있던 여섯 명의 승무원들이 식량과 물 부족을 겪어야 했다. 2013년에도 세 개의 인공위성이 폭발해 사라지면서 발사장에 수백 톤의 유독한 잔해를 뿌렸다. 러시아 우주 아카데미의 회원인 유리 카라시Yuri Karash는 러시아의 로켓 개발을 증기기관차 개량에 비유했다. "컴퓨터를 장착하고 (…) 에어컨을 설치한다. 대학 학위를 가진 기관사를 고용한다. 그러나 그렇게 해도 여전히 증기기관차에 불과하다."[5] 러시아 정부 감사 기관은 우주 프로그램을 위한 돈이 다른 목적으로 쓰이고 있다고 언급했다.

이러한 쇠퇴는 바이코누르 우주 기지에서 더 확실하게 확인할 수 있다. 바이코누르는 서부 카자흐스탄의 초원 지대에 있는 우주 기지로, 스푸트니크가 발사된 곳이고 유리 가가린과 라이카가 역사를 만든 곳이다. 그러나 오늘날에는 유목 생활을 하는 양치기들이 빈 건물을 많이 차지하고 있고, 헤로인 밀수와 급진적 성전주의자들 때문에 마을이 고통받고 있다. 미국, 유럽, 일본의 우주비행사들은 바퀴 자국이 깊게 파인 울퉁불퉁한 도로를 통해 발사장에 도착한다. 이 도로는 낙타가 통행 우선권을 가지고 있다. 그러나 그들이 아직도 이 발사장을 이용하는 이유는 이곳이 우주로 향하는 유일한 길이기 때문이다.

그런가 하면 NASA가 대체적으로 성공을 거두었던, 로봇 탐사선을 보내 태양계를 탐사하는 프로그램 역시 어려움을 겪고 있다. 행성과학을 위한 예산은 줄어들고 있다. 복잡한 행성 탐사선은 하나에 수십억 달러나 하기 때문에 예산 안에서 10년에 몇 개의 탐사선을 보낼 수 있을 뿐이다.[6] 좀 더 근본적인 문제는 플루토늄과 관련되어 있다. 1970년대 이후 외행성과 이들의 위성에 대해 알게 된 거의 모든 탐사선은 방사성 원소인 플루토늄-238을 연료로 사용했다. 태양 에너지는 너무 약하고 화학 건전지는 효율이 낮기 때문에 원자로에서 부산물로 얻어지는 플루토늄은 가장 좋은 연료였다. 그러나 형편없는 계획과 러시아로부터의 거짓 약속으로 인해 NASA는 다음 몇 년 동안 사용할 수 있는 양의 플루토늄만 확보하고 있다. 핵연료 부족은 너무나 심각해서 연구자들은 이것을 '그 문제The Problem'라고 부른다.

통신은 역시 기본적인 문제이다. 우리는 컴퓨터로 유튜브에서 고양이 비디오를 보고 있는 동안 데이터가 어떻게 컴퓨터까지 오는지에 대해서는 별로 생각하지 않는다. 비디오가 1과 0의 흐름에 의해 만들어진다는 것은 더구나 잘 모른다. 실제로 비디오, 이메일, 데이터는 완전한 형태로 전송되지는 않는다. 이것들은 데이터 묶음으로 분해되어 네트워크상에서 광섬유와 전자기파를 통해 전 세계에 분배되고, 컴퓨터나 휴대폰에서 다시 완전한 형태의 정보로 재구성된다. 지구상에 살고 있는 사람들에게는 아무런 어려움 없이 잘 작동되고 있지만, 과연 이런 시스템이 달이나 화성에 있는 우주비행사들도 아무 어려움 없이 고양이 비디오를 볼 수 있도록 해줄까?

첫 번째로 지구에서 화성까지 빛이나 전자기파가 도달하는 데는 두 행성의 상대적인 위치에 따라 4분에서 21분이 소요된다. NASA 엔지니어는 비디오 게임하는 것처럼 조이스틱을 움직여 화성에서 모래 언덕을 달리고 있는 로버를 조종하지 않는다. 로버까지 신호가 오가는 데 30분 이상 걸리기 때문에 명령어를 이용해 어렵게 조종한다. 두 번째로 행성은 자전하고 있어서 탐사선이 행성의 그림자 속으로 들어가면 통신이 불가능해진다. 세 번째로 인터넷을 통한 정보 전달은 연속적이어서 데이터 묶음이 너무 오랫동안 머물러 있으면 폐기되기 때문에 이러한 통신 두절과 지연이 기술적인 문제를 야기할 수 있다.

현재로서는 인터넷이 태양계로 확장될 수 없지만, 다행스럽게도 '인터넷의 아버지'가 아직도 작업 중이다. 1973년에 인터넷을 위한 초기 프로토콜을 설계했던 빈턴 서프Vinton Cerf가 수십억 킬로미터 떨어져서도 작동할 수 있는 다음 세대 시스템을 위해 NASA와 함께 일하고 있다.[7]

그러나 우주 프로그램이 침체 속에 머물러 있는 더 근본적인 문제는 돈이나 통신이 아니다. 바로 로켓의 추진력이다.

비행의 원리

왜 우주여행이 어려울까? 문제는 뉴턴이 추정했던 것처럼 물체를 시속 2만 8,404킬로미터의 속도로 가속해야 한다는 점이다. 물론 이렇게 말하면 문제를 지나치게 단순화한 것이다. 마치 〈모나리자〉를 그저 '미소 짓고 있는 여인을 그린 그림'이라고 말하는 것처럼 말이다. 일반적인 설명으로는 이 문제가 얼마나 복잡하고 어려운지 제대로 나타낼 수 없다.

바람이 없는 조용한 바다에 바람이 일어나 물결을 일으키고, 열이 나던 이마를 시원하게 식혀준다. 수천 년 동안 인류가 알고 있었던 것처럼, 옷이나 천으로 바람을 막으면 바람의 압력에 의해 뒤로 밀려 나간다. 로마 시대부터 바이킹 때까지, 커다란 배들은 바람의 압력을 이용하기 위해 사각형 돛을 사용했고 여기에 사람이 노를 저어 효과를 높였다. 그러나 1,000년 전부터 지중해를 항해하던 선원들은 실험을 통해 삼각형 돛을 사용하면 바람이 불어오는 방향으로도 갈 수 있고, 이 효과가 여러 개의 돛을 사용하면 더 커진다는 사실을 발견했다. 가로돛 범선은 순풍을 타고 배를 밀어주는 바람의 속도보다 더 빠르게 달릴 수 없는 반면, 현대 요트는 거의 바람을 향해 달릴 경우에도 바람의 속도보다 몇 배나 더 빠르게 달릴 수 있다.

이에 대한 설명은 1738년 스위스의 저명한 수학자와 과학자 가문에서 태어난 다니엘 베르누이Daniel Bernoulli가 제시했다. 물리 법칙에 의하면 모든 유체의 흐름에서 유체의 속도를 증가시키면 유체의 압력이 줄어든다. 바람이 돛의 휘어진 표면을 불어가도록 하면 돛의 뒤쪽보다 앞쪽으로 더 빨리 지나간다. 돛 앞쪽 면의 압력이 감소하면서 보트를 앞으로 나가게 하는 힘이 발생한다.

이제 돛이 옆면으로 기울어진 경우를 생각해보자. 공기 속에서 앞쪽으로 추진력을 얻을 수 있다면 위쪽으로도 같은 힘이 작용하게 할 수 있다. 이렇게 비행의 원리는 수백 년 동안 다듬어진 뉴턴역학을 기반으로 하고 있다.

새, 비행기, 로켓처럼 날아가는 물체에서는 반대 방향으로 작용하는 힘들 사이에 줄다리기가 벌어진다. 아래쪽으로 작용하는 힘은 바로 누구도 피해갈 수 없는 중력이다. 위쪽으로 작용하는 힘은 날개 위를 흐르는 공기가 제공하는 양력이다. 앞쪽으로 작용하는 힘은 새의 근육과 비행기의 엔진이 제공하는 추진력이고, 반대 방향으로 작용하는 힘은 공기에 의해 작용하는 저항력이다. 저항력은 공기역학적 설계를 통해 최소화할 수 있다.

인간은 처음에 풍선을 이용해 비행을 시작했다. 풍선의 경우에 추진력은 바람에 의해 제공되고 양력은 공기보다 가벼운 기체의 부력에서 나온다. 중국인들은 3세기에 군사 신호를 보내기 위해 뜨거운 공기 풍선을 개발했고, 동시에 '불화살'도 개발했다. 1783년에 장 프랑수아 드 로지에Jean-François de Rozier와 아를랑데 후작Marquis d'Arlandes은 몽골피에Montgolfier 형제가 설계한 풍선을 타고 프랑스의 시골 하늘을 8킬로미터 나는 데 성공해 하늘을 난 최초의 인간이 되었다. 루이 16세가 범죄자에게 첫 번째 시험 비행을 하게 하라고 선포했었기 때문에, 몽골피에 형제는 최초로 비행하는 영예를 거머쥐기 위해 우선 루이 16세에게 탄원서를 제출해야 했다.

풍선이 올라갈 수 있는 높이에는 한계가 있는데, 희박한 공기 중에서는 가장 가벼운 기체인 헬륨마저도 부력을 제공할 수 없기 때문이다. 오스트리아의 모험가 펠릭스 바움가르트너Felix Baumgartner는 2012년에 상업용 제트 비행기의 운행 고도보다 세 배나 더 높은 38킬로미터까지 상승해 이 한계 가까이까지 접근했다. 다시 땅으로 내려올 때 그는 빠른 길을 선택했다. 기밀복(몸을 둘러싼 공간을 일정한 기압으로 유지해서 착용자를 보호해주는 특수복)을 입고 풍선에서 뛰어 내린 것이다. 4분 동안 자유낙하하면서, 바움가르트너의 하강 속도는 음속을 돌파해 초속 995미터에 도달했다.[8]

최초의 동력 비행은 1903년 오빌 라이트Orville Wright가 지상에서 몇 미터 뜬 채, 달리는 것보다 느린 속도로 36미터를 날아간 것이었다. 라이트 형제는 새를 관찰하고 날개 모양을 이용해 많은 실험을 했다. 평평한 날개도 양력을 만들 수 있지만 현대 프로펠러의 날개는 새와 보트를 참고해 위쪽이 곡면으로 만들어져 있다.

20세기를 지나며 비행기는 더 빠르게, 더 높이 날게 되었다. 처음에는 자동차의 내연기관을 개량한 엔진으로 프로펠러를 돌려 추진력을 얻었다. 20세기 중반에는 이런 비행기로 지상 16킬로미터까지 도달할 수 있었고, 최대 시속 724킬로미터의 속도로 달릴 수 있었다. 그러나 점차 제트 비행기에 밀려나기 시작했다. 제트 엔진은 조종사가 되기 위해 심각한 물리적 한계를 극복해낸 영국 공군 장교 프랭크 휘틀Frank Whittle이 개발했다. 그는 공기를 흡입해 터빈 안에서 압축한 후 공기와 연료의 혼합 기체를 연소시키고, 노즐을 통해 이 불타는 기체를 빠른 속도로 분사하는 엔진을 개발했다. 이 형태의 엔진은 고고도에서 고속으로 비행할 때 효율적이었다. 제트 비행기는 비행 고도를 56킬로미터까지 높였고, 비행 속도를 음속의 세 배인 시속 3,524킬로미터까지 높였다.[9]

이렇게 우주를 탐구하는 과정에서, 탐험 자체를 목적으로 하는 민간 기구와 비밀이 많은 군대 사이에 불편한 관계가 생겨났다. 예를 들면 SR-71 '블랙버드'와 같은 군용기의 최고 속도는 비밀에 부쳐졌다. 미국 공군은 정부나 군 관련 인사 또는 방위 산업체가 존재조차 인정하지 않은 일련의 항공기를 제작했다. 이 '검은 프로젝트'에는 마하3 블랙버드, F-17 나이트호크 스텔스 항공기, B-2 폭격기 등이 포함된다. 공기를 이용해 작동하는 이런 항공기들은 모두 우주에는 도달할 수 없다.

제트 엔진은 공기 밀도가 해수면 공기 밀도의 200만 분의 1에 지나지 않는 100킬로미터 이상의 고도에서는 작동할 수 없다. 이 경계를 카르만 라인Karman line이라고 부른다. 이 고도에서 비행기가 충분한 양력을 얻기 위해서는 지구의 자전속도로 날아야 한다(그림 15). 우주에는 경계가 없다. 공기는 완전한 진공에 이를 때까지 점차적으로 희박해진다. 저궤도는 지상 160킬로미터에서 시작된다. 이보다 낮은 궤도에서는 엷은 공기가 마찰력을 작용해 인공위성을 낙하시키거나 태워버릴 수 있다. 국제 우주 정거장은 고도 400킬로미터에서 지구를 돌고 있다.

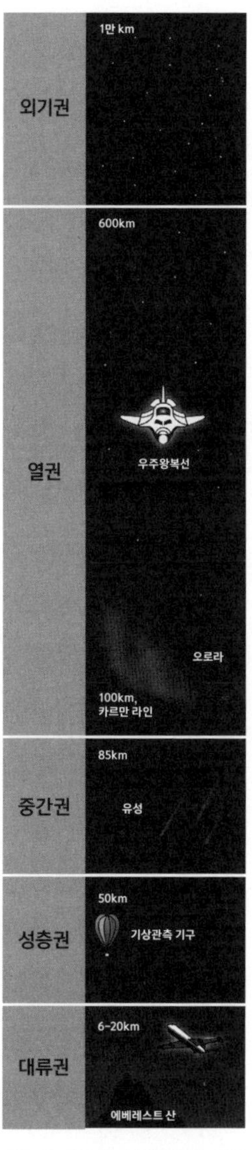

그림 15. 지구 대기권의 개략도. 우주는 공기 밀도가 너무 낮아 항공기의 비행이 불가능한 지상 100킬로미터의 카르만 라인을 경계로 하고 있다. 지구 저궤도는 지상 160킬로미터에서 2,000킬로미터 사이의 궤도를 말한다.

그러나 미국 군에서는 실제로 로켓 엔진을 이용해 추진력을 얻는 비행기와 관련된 여러 프로젝트를 수행했는데, 그중 일부는 기밀이었다. 실험적인 X-항공기는 1946년 첫 비행을 한 벨 X-1부터 시작되었다. 1947년 10월 14일 척 예거Chuck Yeager 대위는 캘리포니아 모하비 사막 상공에서 X-1을 타고 최초로 음속보다 빠른 속도로 비행했다. 언론 보도가 금지되었던 이 소식이 〈에이비에이션 위크Aviation Week〉과 〈로스앤젤레스 타임스〉에 보도되자, 이 신문들에 기소될 것이라는 위협이 날아들었다. 그러나 그런 일은 일어나지 않았다.[10] 예거는 대학을 다닌 적이 없었지만 준장에 진급했고, 시험 중인 다수의 비행기를 조종해 마하 2.4의 기록을 세웠다. 이 기록을 수립한 직후 그의 X-1이 갑자기 불안정해져 50초 동안 1만 5,240미터를 회전하면서 날아갔는데, 예거는 겨우 비행기를 다시 통제해 안전하게 착륙시켰다. 대중문화에서는 그의 과묵한 스타일이 '라이트 스터프Right Stuff'라는 브랜드가 되었다.[11]

1959년 공군은 가장 빠른 비행기 X-15를 제작했다. X-15는 대기권 안에서는 일반 비행기처럼 비행하지만 우주에서는 우주선처럼 비행하는 우주용 비행기였다. 하강할 때는 동력을 사용하지 않고 활강비행으로 착륙했다. 1967년에 피트 나이트Pete Knight 중위가 X-15를 조종해 마하 6.7에 해당하는 시속 7,274킬로미터의 속도로 비행했다. 50년 넘게 지난 지금도 이 기록은 깨지지 않고 있다. 척 예거와 마찬가지로 그도 위기의 순간을 겪었는데, 한 번은 비행 도중 비행기의 모든 동력이 끊어져 5만 2,730미터 상공에서부터 비상 착륙해야 했다.[12]

공군과 NASA는 X-15를 개발하기 위해 상호 협력했지만, NASA가 미국 최초로 인간을 우주에 보낸 머큐리 프로그램을 위해 아틀라스와 레드스톤 로켓을 선택하자 두 기관 사이의 관계가 멀어졌다. 이후 달에 최초로 발을 디딘 닐 암스트롱을 포함한 여덟 명의 공군 조종사가 X-15를 이용해 고공

비행에 성공해 우주비행사 기장을 받았다.[13] X-15는 단 세 대만 제작되었으며 199회의 미션을 수행했다. 한 번은 1만 8,288미터 상공에서 비행기가 초음속 회전을 하면서 부서져 그 잔해가 130제곱킬로미터에 흩어지는 사고가 발생해 조종사 한 명이 목숨을 잃었다.

다른 우주 비행기들에는 NASA의 우주 왕복선, 이에 맞서는 러시아의 우주 왕복선 부란Buran(1988년 단 1회 비행했다), 버트 루탄Burt Rutan의 스페이스십 원(2003년에서 2004년 사이에 17회 비행했다. 다음 장에서 자세히 다룰 예정), 그리고 X-37이 있다. X-37은 우주 기술의 재사용을 보여주기 위한 프로젝트였다. 이 프로젝트는 1999년 공군에 의해 시작되어 2004년 NASA로 이관되었다. 좀 더 진보되었지만 크기가 작은 무인 우주 왕복선이라고 할 수 있었다. 다른 미국 우주 비행기들과는 달리, X-37은 우주 왕복선처럼 160킬로미터 이상의 고도로 날 수 있는 진정한 궤도 비행용이었다.[14] X-37은 단 3회 비행했다. 2011년 보잉사는 화물칸에 설치된 고압실에 여섯 명의 우주비행사를 태울 수 있는 향상된 비행기를 제작하겠다는 계획을 발표했다.

X-37은 비밀 프로젝트였기 때문에 이것이 지구 궤도에서 어떤 일을 했는지에 대해서는 추측만 해볼 뿐이다. 재미있는 사실은 X-37을 발사하는 데 사용한 아틀라스 로켓이 초기 단계에 견고한 러시아의 RD-180 엔진을 이용했다는 것이다. 2014년 초 우크라이나 사태로 인해 긴장이 고조되자 러시아 국방장관은 더 이상 미국 군사용 로켓 발사를 위한 엔진을 공급하지 않겠다고 발표했다. 보잉사는 아틀라스 로켓을 수십만 킬로그램의 추진력을 낼 수 있는 델타 로켓으로 교체하기로 했다.

언뜻 보면 간단한 이야기 같다. 크고 강력한 로켓을 확보하면 침체로부터 벗어날 수 있다. 그러나 여기에는 우리를 콘스탄틴 치올코프스키에게로 다시 돌아가게 하는 문제가 있다. 그의 방정식에 의하면 로켓의 최종 속도는 연료의 분사 속도, 로켓의 질량, 연료 질량의 비에 의해 결정된다. 아무리 효율적으로 로켓을 설계하고 아무리 독창적인 로켓이라고 해도 로켓 방정식의 지배를 벗어날 수는 없다. 나쁜 소식은 로켓 질량과 연료 질량의 비가 로그 값으로 작용한다는 점이다. 따라서 연료를 1,000배 증가시켜도 로켓 속도는 7배 빨라질 뿐이다. 더 많은 연료를 로켓에 실으면 이 연료를 가속시키는 데 더 많은 에너지를 사용해야 한다. 화학 연료의 최고 분사 속도는 초당 4,000미터 정도이다. 따라서 로켓 방정식에서 우리는 궤도 속도에 도달하기 위해 로켓 질량의 10배에 해당하는 연료가 필요하다는 사실을 알 수 있다. 로켓과 관련된 많은 꿈들이 로켓 방정식으로 인해 실현되지 못했다.

우주 관광

시인이나 예술가를 우주에 보내지 않았기 때문에, NASA는 우주여행에 열광적인 관심을 보일 대중을 끌어들일 기회를 놓쳤다.

창조적인 정신을 가진 사람들은 무중력 상태를 경험하거나, 한쪽에서는 얇고 부드러운 지구 대기의 가장자리를 보고 반대편에서는 밤의 끝없는 검은 하늘을 보는 경험을 하면서 영감을 받을 것이다. 묘사할 수 없는 것을 묘사하는 시인의 능력이라면, 땅에 발을 딛고 살아가는 우리에게 지구라는 요람을 떠나고 싶어 할 만한 이유를 실감나게 알려줄 수 있었을 것이다.[15]

우주 시대가 시작하던 시기, NASA는 여성과 곡예사를 우주에 보낼 생각도 했다. 이들이 남성보다 작고 가볍기 때문이었다. 그러나 미국은 냉전 중이었으므로 아이젠하워 대통령이 우주비행사는 군 시험 비행사여야 한다고 못 박았다. 이 결정으로 선발 과정이 단순해졌다. 500명의 지원자들은 잘 훈련된 건장한 남성이었다. 1959년 첫 번째로 선발된 사람들은 40세 이하에 키는 179센티미터 이하였고, 엔지니어 학위를 가지고 있었으며 1,500시간 이상의 제트 시험 비행 기록을 가지고 있었다. 학위 조건은 척 예거처럼 어릴 때 군에 입대해 단계를 밟아온 뛰어난 공군 시험 비행사에게는 적용되지 않았다. 이 결과 겉으로는 온화하지만 극심한 경쟁 관계가 형성되었다. 머큐리 우주비행사들은 국민적 영웅이었지만, 시험 비행사들의 말에 의하면 실제로 우주선을 타지 않는 비행사들은 '깡통 속에 든 햄'과 같은 존재였다고 한다.

이런 이유 때문에 우주비행사는 남성에, 백인이었고, 침착했으며, 대부분 중서부 출신이었다.[16] 텔레비전 프로그램 진행자 스티븐 콜버트Stephen Colbert는 스물네 명의 우주비행사가 오하이오 출신이라는 것을 지적하면서 오하이오 출신 의회 의원 스테파니 스미스Stephanie Tubbs Smith에게 "당신 주의 어떤 면 때문에 사람들이 지구를 탈출하고 싶어 하는 것입니까?"라고 물었다.[17]

민간 조종사를 포함해 닐 암스트롱을 선발한 1962년 두 번째 우주 비행사 선발에서는 선발 규정이 약간 완화되었다. 1965년에는 의학과 과학 학위를 가진 사람들도 받아들여졌고, 비행 시간 조건은 선발된 후에 만족시키도록 했다. 그러나 1978년에 있었던 여덟 번째 선발에서 가장 큰 변화가 있었다. NASA는 우주비행사들을 조종사와 프로젝트 전문가의 두 그룹으로 나누었다. 이때 선발된 35명 중에는 여섯 명의 흑인, 한 명의 아시아인, 여섯 명의 여성이 포함되어 있었다. 이중에 포함된 샐리 라이드Sally Ride는 우주에 간 최초의 미국 여성이 되었다. 반면 러시아 우주비행사도 비슷한 특징의 비행사만을 선발했었지만, 섬유 업체 노동자로 아마추어 스카이다이버였던 발렌티나 테레시코바Valentina Tereshkova는 예외였다. 1963년 테레시코바는 우주에 간 최초의 여성이며 최초의 민간인이 되었다.

NASA는 1984년 교사를 우주 프로그램에 포함시키겠다고 발표했고, 1만 1,000명의 교사 지원자들 중에서 크리스타 매콜리프가 우주비행사로 선발되었다. 언론인을 우주 프로그램에 포함시키려는 계획도 있었다. 지원자들 중에는 월터 크롱카이트Walter Cronkite, 톰 브로커Tom Brokaw도 포함되어 있었다. 챌린저 우주 왕복선이 발사 직후 폭발해 매콜리프와 그녀의 동료 여섯 명이 목숨을 잃는 광경을 보고 전 세계가 놀라는 동안, 예술가를 우주 프로그램에 참여시키는 것도 고려되고 있었다. 사고 후 NASA는 조용히 민간 우주 프로그램을 중단했다. 그러나 매콜리프를 대체한 바버라 모건Barbara Morgan은 결국 우주 왕복선을 탔다. 그녀가 교사에서 은퇴하고 NASA 우주비행사로 선발된 후의 일이었다.

2013년 후반까지 36개국의 530명이 지구 저궤도 또는 그 너머 우주에 다녀왔다. 이들의 나이는 25세에서 77세 사이였다. 우주에 간다는 건 대단히 특별하다. 에베레스트 정상에 올랐던 사람이 총 3,100명이라는 사실과 비교하면 그 대단함을 더 실감할 수 있다. 우주 여행자의 대부분은 군이나 정부 기관에 고용된 사람들이었다. 그러나 지난 10년 동안, 우주 관광이라는 새로운 산업이 등장했다.[18]

2003년 두 번째 우주 왕복선을 잃고 나서, 모든 나머지 비행은 국제 우주 정거장을 완성하겠다는 NASA의 약속을 이행하는 데 집중되었다. 과학이나 민간과 관련된 비행은 보류되었다. 그리고 소련의 붕괴로 러시아 우주 프로그램은 쇠퇴했고 예산 부족에 시달렸다. 따라서 도쿄 방송국이 1990년에 기자 한 사람을 미르 우주 정거장에 보내는 데 2,800만 달러를 지불하겠다고 제안했을 때 러시아는 이를 적극적으로 수용했다.

1999년 오래된 러시아 우주 정거장을 관광에 이용하기 위한 미르코프MirCorp가 설립되었다. 이것에는 주로 미국 사업가들이 참여했다. 미르코프는 미르를 더 높은 궤도에 진입시키기 위해 러시아 발사 회사와 협력 관계를 수립했고, 최근 텔레비전 시리즈 〈서바이버Survivor〉를 제작한 NBC와 마크 버넷Mark Burnett과의 합의서에 서명했다. 미국 엔지니어이자 백만장자였던 데니스 티토Dennis Tito는 자신의 비용으로 우주여행을 하는 첫 번째 여행자가 되겠다고 선언했다. NBC는 〈데스티네이션 미르Destination Mir〉라는 텔레비전 리얼리티 쇼의 예고편 광고를 내보내기도 했다.

그러나 문제가 생겼다. NASA와 미국 의회는 미르코프가 국제 우주 조약을 어기고 있으며 우주 탐사를 저해한다고 비판했다. NASA는 미르 프로그램의 저렴한 비용이 NASA의 발사 비용과 국제 우주 정거장 예산 과다를 노출시킬까 염려했다. NASA는 러시아에 미르를 폐기하라고 압력을 가하고 자라나려는 우주 관광 산업을 저지하려고 시도했다. 그러나 티토는 2001년에 소유스 우주선을 이용해 국제 우주 정거장에 가 8일을 머물렀다. 그 후 남아프리카인, 미국인, 이란 출신의 미국 여성이 티토의 뒤를 이었다. 2009년에 헝가리 태생의 사업가 찰스 시모니Charles Simonyi가 처음으로 우주를 두 번 방문한 관광객이 되었다. '태양의 서커스'의 창시자 기 랄리베르테Guy Laliberté가 최근에 우주여행을 다녀올 때는 경비가 원래 2,000만 달러에서 눈이 튀어나올 정도의 금액인 4,000만 달러로 인상되어 있었다.[19]

우리가 우주비행사를 보고 존경할 수는 있지만 그들과 감정을 교류하기는 매우 힘들다. 그들은 매우 확신에 차 있고 성취감에 젖어 있어 평범한 인간으로서의 부족함은 드러나지 않는다. 그리고 그들의 감정은 매우 분석적이다. 최초의 우주 관광객들은 모두 인구 0.01퍼센트 안에 드는 부유한 사업가들이었고 역시 평범한 사람들과는 달랐다.

2003년 NASA는 행동예술가이자 음악가 로리 앤더슨Laurie Anderson을 최초(이자 마지막)의 전속 예술가로 선발하면서, 예술가 우주비행사를 모집하는 것을 잠시 고려했다.[20] 그러나 그 일은 잘되지 않았다. 첫날 로리 앤더슨이 존슨 우주 센터 책임자 사무실에서 "저는 언제 올라가나요?"라고 묻자, 책임자는 그녀에게 그런 일은 없을 거라고 대답했다.

놀라운 평행선

미래 우주 프로그램을 예측할 수 있는 방법이 있을까? 이 분야는 시작, 전통적인 환상, 냉전 동안의 태동 등 현재까지 이루어진 모든 진보가 독특했다. 그러나 우주여행의 역사는 현대 생활에서 없어서는 안 되는 요소인 인터넷과 놀라운 평행선을 그리고 있다. 두 가지 모두 군사용과 산업용이 복합되어 태동했고, 정부의 투자 덕분에 성장했으며, 민간 기업이 관여하면서 새롭고 놀라운 능력을 가지게 되었기 때문이다(그림 16).

그림 16. 인터넷에는 전 세계적으로 상호 연결된 통신 체계를 꿈꾸었던 개척자들이 있었다. 인터넷은 민간에게 개방되기 전에 군과 연구실에 의해 시작되지만, 현재는 민간 부분의 연구가 세계 인터넷의 혁신과 발전을 주도하고 있다.

로켓 분야에서 로버트 고더드와 베르너 폰 브라운은 인터넷에서의 조지프 릭라이더Joseph Carl Robnett Licklider에 해당한다. 열정적인 컴퓨터 이용자들만 그를 알고 있을 것이다. 그러나 오늘날 아주 쉽게 웹페이지를 검색하고, 1초도 안 되는 시간에 지구 반대쪽까지 이메일이나 영상을 보내는 데 익숙해진 모든 사람들이 감사해야 할 인물이다. 친구나 동료들에게 J. C. R. 또는 '릭'으로 알려져 있는 그는 여가 시간에 자동차 정비하는 것을 좋아한 심리학자였다. 릭라이더는 1950년대에 MIT 교수로 소리 인식과 관련된 물리학을 연구하다가 이때 컴퓨터에 관심을 가지게 되었다. 그 당시에는 컴퓨터가 흔하지 않았고, 오늘날의 작은 휴대폰보다 성능이 훨씬 떨어지면서도 전기는 작은 도시 하나가 사용하는 것과 맞먹을 만큼 사용하던 버스 크기의 비싼 괴물이었다. 당시에는 디지털 데이터를 주고받는 유일한 방법이 커다란 자기 테이프에 기록해 우편으로 보내는 것이었다.

그러나 릭라이더는 정보 시대의 잠재력에 대한 놀라운 감각을 가지고 있었다. 그는 그래픽 디스플레이와 포인트 앤드 클릭을 통한 접속, 전자 상거래, 온라인 뱅킹, 디지털 도서관의 가능성을 예측했다. 당시 대중매체라고는 텔레비전과 라디오뿐이었지만 그는 전 세계 컴퓨터 네트워크를 통한 데이터와 정보의 쌍방향 통신을 예상했고, 소프트웨어는 네트워크에서 필요한 만큼 내려 받을 수 있을 것이라고 예측했다. 릭라이더가 발명가는 아니었지만 놀라운 아이디어를 많이 가지고 있었고, 기금을 확보해 오늘날 우리가 당연하게 생각하는 것들을 개발하기 시작한 연구 그룹을 구성했다. 첫 번째 로켓은 60미터도 못 날았지만 고더드가 로켓의 미래 가능성을 예측했던 것처럼, 릭라이더는 초기 정보 기술의 전 세계적인 잠재력을 예상한 것이다.

우주 프로그램과 마찬가지로 인터넷도 군의 투자에 의존해 성장했다. 미군은 지휘소들 사이의 효과적인 데이터 전송과 핵 공격의 경우에 대비한 정보의 중복과 회복을 특히 중요하게 생각했다. 1962년에 릭라이더는 국방 고등 연구 기획국(DARPA)에서 일하도록 국방성에 고용되었다. 1969년 10월 29일 UCLA와 스탠포드 사이에 실시간 접속이 실현되었지만 세 글자를 전송하고 나서 시스템이 망가져버렸다. 그러나 거의 1세기 전 알렉산더 벨Alexander Graham Bell이 보낸 첫 번째 전화 메시지를 연상하게 하는 이 간단한 글자의 전송이 혁명의 시작이었다.

달파넷DARPANET은 인터넷으로 발전할 기술의 핵심이었다. 1980년대 초까지 20일마다 하나씩 새로운 컴퓨터가 여기에 연결되었다. 데이터를 잘라내 패킷으로 만드는 프로토콜의 설계, 이 자료를 다양한 경로로 전송하는 문제, 목적지에서 데이터를 재결합하는 방법 등 많은 기술적인 문제가 이 기간 동안에 해결되었다. 현대 인터넷에서 우리는 디지털 소시지가 어떻게 만들어지는지 생각하지 않고 유튜브 영상을 본다. 인터넷 발전의 두 번째 단계는 대학과 정부 연구소에서 이루어졌다. 1980년대 말까지 국립 과학 재단(NSF)이 고속 인터넷의 물리적 골격을 완성했고, NASA는 7개국의 2만 명 과학자들이 인터넷을 사용할 수 있도록 했다.[21]

그 당시 일반인들은 인터넷에 대해 모르고 있었고, 연구자들이 데이터와 이메일을 주고받는 데만 인터넷이 사용되었다. 상업적 사용은 금지되어 있었다. 그러다 1990년대에 인터넷이 일반인들에게도 개방되었다. 늘어나는 이메일 접속의 요구를 충족시키기 위해 개인 인터넷 서비스 제공자들(ISPs)이 나타났다. 미국 의회는 연구와 교육을 위해서만 인터넷을 사용하지 않는 NSF가 네트워크에 접속하는 것을 지원하기 위한 법률을 통과시켰다. 연구자들은 새로운 인터넷이 그들의 요구를 충족시키지 못할지 모른다고 염려했다. 온라인 세상은 문서와 방정식으로 가득 찬 이상한 세상이었다. 그러나 1989년 유럽 입자물리 연구소(CERN)의 연구원이었던 팀 버너스 리Tim

Berners-Lee가 일반인들이 사용할 수 있는 하이퍼텍스트의 개념을 발표했고, 1993년에는 일리노이 대학의 마크 안드레센Marc Andreessen이 이끄는 연구팀이 '모자이크'라는 최초 웹 브라우저를 발표해 인터넷의 시각적인 면을 강화했다. 곧 데이터 교류의 안정성을 확보하기 위해 암호화 방법이 첨가되었다.

1995년에 NSF는 인터넷의 상업적 이용에 대한 모든 제한을 철폐해 민간 회사가 고속 '기간망Backbone network'을 넘겨받도록 했다. 같은 해에 검색 엔진인 야후가 설립되었고, 경매 사이트인 이베이가 설립되었으며, 온라인 서점 아마존이 문을 열었다. 많은 새로운 관객들이 이 기술에 적응했으며 예측하지 못한 방법으로 그것을 이용하기 시작했다. 곧 살펴보겠지만, 현재 우주 산업은 비상을 위한 준비를 마친 1995년의 인터넷과 같은 위치에 있는 것으로 보인다.

비유의 핵심은 정부와 군이 투자에 대한 대가나 이익에 관심을 두지 않고 기술 개발에 충분한 자금을 투자했다는 것이다. 일단 밭이 준비되고 갈린 다음에는 개인 사업자들이 씨를 뿌리고 어떤 것이 가장 잘 자라는지 볼 수 있다.

그러나 정부와 군이 너무 많이 통제하면 기술이 최고의 잠재력을 발휘할 수 없다. 드와이트 아이젠하워 전 대통령은 고별 연설에서 '군과 산업의 결합'의 위험성에 대해 경고했다.[22] 5성 장군 출신으로 대통령 임기를 두 번 지낸 워싱턴 핵심 내부 인사가 정부 내부와 주변으로의 영향력 집중에 대해 경고했다는 점이 역설적이다. 그는 "우리는 의도했든 의도하지 않았든 군과 산업의 결합을 통해 부당한 영향력이 집중되지 않도록 해야 한다. 주인을 잘못 찾아간 힘은 위험을 불러올 가능성이 있고, 끈질기게 남아 있기 마련이다"라고 말했다.[23] 우주에 접근하는 것과 정보에 접근하는 것 사이의 유사성은 무너지고 있는 듯하다. 하지만 미국 정부가 인터넷에서 매우 정교하

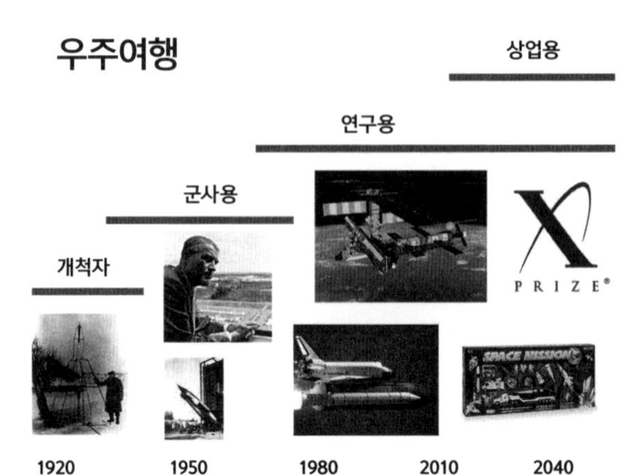

그림 17. 우주 프로그램에도 우주에 영원한 보금자리를 만들려는 목표를 가진 이상주의자들이 있다. 군사대국들의 경쟁과 NASA 덕분에 이 분야에 빠른 진전이 있었다. 최근에는 민간 투자가 시작되어 현재 우주 산업은 1990년대의 인터넷과 같은 상황에 놓여 있다.

게, 사생활을 침해하면서 개인 정보를 수집하고 있다는 논란을 생각해보면 둘 사이의 연결은 불가사의하다.

우주 관광의 잠재력을 이해하기 위해서는 인터넷의 성장과정을 알아보는 것이 좋겠다. 인터넷은 상업과 문화에 들어오면서 급격히 성장했다. 1993년에는 인터넷이 쌍방향 통신의 1퍼센트를 차지했지만 2000년에는 50퍼센트로 늘어났고 현재는 99퍼센트를 차지한다. 1993년에는 100만 개의 인터넷 사이트가 있었지만 현재는 10억 개의 사이트가 있다. 우주여행은 비군사화와 대중적 상업화를 통해 인터넷의 자취를 따라갈 준비가 되어 있다(그림 17). 머지않아 우주여행도 값싸고 안전해져 특수한 소수의 전유물이 아니라 일반인들이 쉽게 경험할 수 있는 활동이 될 것이다. 최근 설립된 우주 회사 몇몇은 1995년 웹브라우저와 검색엔진의 선두 주자였지만 현재는 잊힌 넷스케이프나 알타비스타처럼 될 것이고 또 다른 몇몇은 구글 같은 거대 기업이 될 것이다. 다음 10년에는 분명 매우 흥미로운 일들이 펼쳐지리라.

CHAPTER
5

사업가들과의 만남

급진적 설계자

사업가들은 마치 옥탄가가 높은 연료와도 같다. 우주여행을 다음 단계로 끌어올리는 데 필요하며, 휘발성이 있어 때로는 다루기 힘들지만 전에 없던 성능을 발휘할 수 있다. 새로운 기술을 개척하는 이들은 관습이나 제도에 의해 규제를 받지 않을 때 가장 큰 성과를 낸다. 그들은 보통 사람들에게는 비현실적으로 보이는 야심찬 목표에 시선을 고정하고, 놀라운 열정과 인내심으로 이 목표를 실현하기 위해 노력한다. 하지만 야심찬 목표를 가지고 있는 사람들은 대부분 자산이 많지 않기 때문에, 목표를 달성하기 위해서는 그들 뒤에 든든한 후원자가 있어야 한다.

우리는 로버트 고더드의 경우에서 야심가와 든든한 후원자 조합의 예를 발견할 수 있다. 새로운 길을 개척하는 고더드의 연구에 대학 사회는 관심을 보이지 않았고, 군도 냉담했다. 그의 초기 연구는 스미소니언 연구소에서 제공한 적은 연구비를 이용해 수행되었다. 반면 광산 회사를 소유하고 구겐하임 가족 재단의 회장이었던 다니엘 구겐하임Daniel Guggenheim은 19세기 말 세계에서 가장 많은 재산을 가진 사람들에 속했다. 그의 아들 해리 구겐하임은 공군 조종사였으며 찰스 린드버그Charles Lindbergh의 친구였고, 린드버그는 친구 해리 구겐하임을 고더드에게 소개했다. 1930년 린드버그는 구겐하임 재단으로부터 10만 달러의 연구비를 받았다. 오늘날의 400만 달러(약 49억 원)에 해당하는 금액이었다.[1] 이러한 재정 지원은 로켓 시대를 여는 데 큰 도움이 되었다.

고더드가 시대를 너무 많이 앞서 간 덕분에, 그의 연구는 규제를 받지 않았다. 미국연방항공국(FAA)은 1926년에 형태를 갖추기 시작했지만 1984년이 되어서야 미국연방항공국에 로켓과 상업적 우주여행을 다루는 부서가 만들어졌다.

한편 버트 루탄Burt Rutan은 규제를 참지 못하는 기업가의 기질을 가지고 있었다. 모하비 사막에 있는 외딴 장소를 새로운 로켓 발사지로 선정하는 문제와 관련해 어떻게 미국연방항공국에 접근했느냐는 질문을 받자, 루탄은 "허가해달라고 하는 것보다 용서를 비는 것이 낫다"라고 대답했다. 일생 동안 조종사로 일한 그는 이제 70대 초반이고 심장에 문제가 있다. 그는 가슴에 삽입된 제세동기를 '대기 점화 장치'라고 부른다. 자신의 건강 문제를 언급하면서, 그는 비행기에 탔을 때 조종간을 앞으로 밀고 스틱을 뒤로 당기면 의사의 허가 없이도 이륙할 수 있다는 사실을 발견했다고 말했다.[2] 지금까지 그는 규정 때문에 자신이 하고자 하는 일을 포기한 적이 한 번도 없다.

루탄은 바닥에서부터 우주로 향하는 길을 개척했다. 오리건의 시골에 수도 시설조차 없던 가정에서 자랐다. 그의 부모님은 주말에 어떤 활동도 하면 안 되는 종교 분파에 소속되어 있었다. 스포츠를 할 수 없었던 그는 여덟 살 때 비행기 모형을 만들면서 설계에 대한 직관적인 감각을 발전시켰다. 그는 다음과 같이 회상했다. "나는 키트를 이용한 적이 없다. 목재를 사서 직접 새로운 비행기를 만들었다." 그는 앞마당에서 창의력을 개발한 것이 나중에 자신을 더 나은 엔지니어로 만들었다고 생각하고 있다.

1965년 대학을 졸업한 직후 루탄은 미국 공군의 민간인 비행 시험 엔지니어로 고용되었다. 그가 하는 일은 61번이나 추락한 F4 팬텀 제트 전투기의 안전성 문제를 해결하는 것이었다. 과거 X-15가 추락해 친구 마이크 애덤스Mike Adams가 죽는 것을 목격한 후에는 그에게 X-15의 안전성 문제가 개인적으로도 중요한 일이 되었다.

루탄은 F4가 추락하는 것을 방지하는 회전 회복 시스템을 개발했다. 그가 만든 설계의 대부분은 보조 날개인 카나드를 사용한 것이었다. 주 날개의 앞, 조금 위쪽에 위치한 작은 날개인 카나드는 통제를 쉽게 해 안정성을 높였다. 그는 비행기 뒤쪽에 두 번째 '푸셔' 엔진을 사용하는 것을 좋아했으며, 가벼운 복합재료를 최초로 사용하기도 했다. 서른 살이 되었을 때 그는 '루탄 에어크래프트 팩토리Rutan Aircraft Factory'라는 이름의 회사를 설립했다. 그가 설계한 2인승 비행기는 취미로 비행하는 사람들부터 NASA에 이르기까지 많은 이들이 이용했다. 그의 비행기는 금속 대신에 폼과 파이버글라스를 사용했다.

그의 레크리에이션용 비행기는 효율과 섬세함에서 최고였지만, 루탄은 더 큰 도전을 생각했다. 1982년 그는 새로운 회사인 '스케일드 컴포지트Scaled Composites'를 설립했다. 그리고 30년 동안 비행기 설계의 최전선은 메마른 달 표면을 연상하게 하는 캘리포니아 모하비 사막에 있는 '그의 날개 아래' 있었다.[3]

많은 항공 전문가들이 불가능하다고 생각했던, 재급유 없이 지구를 도는 비행에 보이저가 최초로 성공하면서 루탄은 세계적인 관심을 끌게 되었다.

이 비행은 아주 중요한 한 가지 점에서 로켓으로 궤도에 진입하는 것과 비슷한데, 바로 비행기 무게 대부분이 연료 무게라는 점이다. 새턴 5호 로켓은 발사될 때 90퍼센트가 연료였고, 보이저는 이륙할 때 73퍼센트가 연료였다. 그래서 조종사와 부조종사를 위한 공간도 겨우 확보할 수 있었다. 조종사들이 장시간의 비행을 견뎌내는 능력 역시 이 비행이 성공하는 데 가장 중요한 요소였다.

보이저는 날개까지도 연료가 가득 차 있어, 효과적으로 날아다니는 잠자리 모양의 연료 탱크라고 할 수 있었다. 루탄은 비행기 동체와 날개를 설계할 때 탄소 유리 섬유 복합재료 사이에 종이로 만든 벌집 모양의 구조물을 샌드위치처럼 배치하는 급진적인 방식을 사용했다. 무게는 최대로 줄였다. 공기 역학에서 가장 중요한 것은 양력과 추진력의 비율이다. 이 비율은 높으면 높을수록 좋다. 보이저의 양력 대 추진력 비율은 점보제트기의 17이나 앨버트로스의 20보다 큰 27이었다. 루탄은 모하비 식당에서 동생 딕Dick Rutan과 점심을 먹는 동안 이런 아이디어를 떠올렸고 냅킨에 그려두었다. 그는 자신의 직원들에게 무게 시험을 위해 모든 새로운 부품을 공중에 던져보라고 했다. "만약 땅에 떨어진다면 너무 무거운 것이다."

루탄은 자본의 뒷받침이 없었기 때문에 돈을 덜 들여 비행기를 만들었다. 모든 회사들이 그에게 투자하기를 거절했다. 라스베이거스의 시저스팰리스 호텔 소유자가 그에게 투자할 의사를 보였지만, 자신의 카지노 주차장에서 비행기가 이착륙해야 한다는 조건을 제시했다. 그러나 주차장은 비행기가 이착륙하기에는 너무 좁았다. 한 회사는 날개를 제작하는 데 5만 달러를 요구했다. 결국 루탄의 팀은 수백 달러에 자체적으로 날개를 제작하는 방법을 알아냈다. 풍동 실험을 대신해, 자동차 위에서 비행기 모형을 날렸다. 루탄은 풍동이 그저 이미 알고 있는 것을 이야기해줄 뿐이라고 말했다.

그는 프로젝트를 위해 자신의 돈을 썼다. 1986년 12월 루탄의 동생 딕과 유명한 시험 조종사 척 예거의 딸 지나 예거Jeana Yeager가 이 위험한 비행을 위해 이륙했다. 그들은 9일 후에 3,175킬로그램의 연료 중에서 45킬로그램을 남기고 착륙했다.[4]

다음 도전을 위해 루탄은 조금 더 나은 자금을 확보했다. 이번에는 고고도 비행에 도전하기로 했다. 2010년에 한 인터뷰에서 그는 "우리는 고고도 비행을 더 저렴하게, 더 안전하게 만듦으로써 돌파구를 마련할 수 있을 것이다"라고 말했다.[5] 그는 1961년 작은 캡슐을 타고 우주로 날아갔던 앨런 셰퍼드Alan Shepard가 10년 후 달 위에서 골프를 쳤던 것을 지적했다. 그 10년 동안에는 멈출 줄 모르고 진전이 이루어졌다. 그는 만약 1971년에 어떤 사람이 '2010년대에는 미국인들이 러시아에 돈을 내고 우주에 갈 것'이라고 말했다면 매국노로 취급받았을 것이라고 언급했다.

1990년대 말 루탄은 '안사리 엑스프라이즈Ansari X Prize'에 출연하는 문제를 협의하기 위해 마이크로소프트의 공동 창업자이며 억만장자인 폴 앨런Paul Allen과 만났다. 캘리포니아 재단은 2주 내에 100킬로미터 상공에서 두 번 유인 비행에 성공하는 최초의 단체에 1,000만 달러를 제공하겠다고 발표했다. 루탄은 지상에서 로켓을 발사하는 번거로움을 피하기 위해 대형 비행기를 이용해 로켓을 적당히 높은 고도까지 운반한 다음 나머지는 로켓의 추진력을 이용하도록 했다. 하지만 착륙도 쉽지 않았다. 그는 조종할 수 없는 낙하산을 이용한 하강을 피하고 싶었고, 우주 왕복선이나 소유스 우주선이 사용했던 무거운 단열재의 사용도 원하지 않았다.

그는 자동으로 정확하게 방향을 바로잡는 배드민턴 셔틀콕에서 영감을 받아 놀라운 해결 방안을 떠올렸다. 앨런과 루탄은 동업자가 되었고, 캘리포니아 사막에서 스페이스십원이 형태를 갖추기 시작했다(그림 18). 직관적

첫 우주비행기들

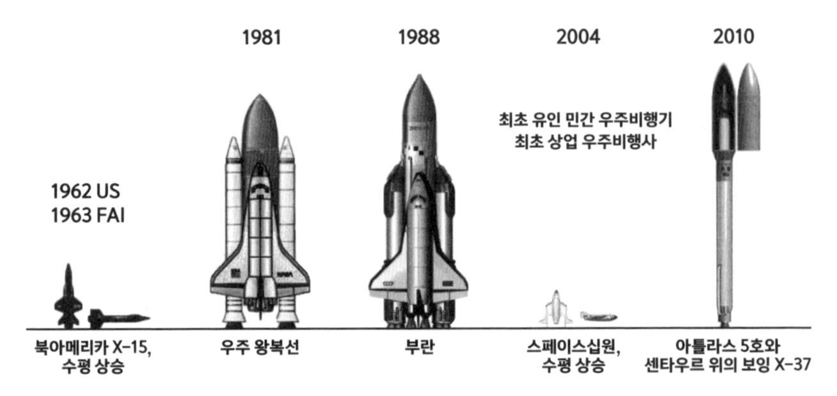

그림 18. 지난 50년 동안의 우주비행기. X-15는 미국 공군의 실험 제트기였으며, 1980년대에는 미국과 소련이 우주 왕복선을 선보였다. 그러나 루탄의 스페이스십원은 우주 가까이까지 비행한 최초의 성공적인 민간 벤처였으며 보잉 X-37은 새로운 로켓 우주 비행기이다.

이고 실천적인 엔지니어의 정신을 가지고 있던 루탄은 탑 꼭대기에서 시제품을 던져서 스페이스십원의 안전성을 시험했다. 2004년 6월에 1만 명의 군중이 루탄의 모선 '화이트 나이트'가 스페이스십원을 하늘로 운반하는 모습을 관람했다.

스페이스십원은 100킬로미터 상공을 비행한 최초의 유인 비행기가 되었다. 그해 9월 스페이스십원은 5일 간격으로 두 번 비행해 '안사리 엑스프라이즈'에서 상금을 받았다. 루탄과 앨런 사이의 사소한 의견충돌로 불편한 분위기가 생기기도 했다. 투자자였던 앨런은 발사할 때 언론인들이 참관하는 것은 좋지만 대중들이 참관하는 것은 반대했다. 그러나 루탄은 다음 세대가 위대한 일을 할 수 있도록 고무하고 싶었다. 그는 관계자들을 설득해 어린이들이 역사적 비행을 참관할 수 있도록 60대의 학교 버스로 어린이들을 실어 날랐다. 아마도 이것이 다음 세대가 우주 사업에 대해 꿈을 갖도록 하는 데 도움이 되었을 것이다.[6]

겸손하고 상냥한 루탄은 우리 시대의 가장 앞선 우주 개척자이다. 그는 400종에 가까운 비행기를 설계했다. 그의 비행기는 수십 개의 기록을 경신했고 그가 설계한 비행기 중 다섯 대는 워싱턴에 있는 스미소니언 항공 우주 박물관에 전시되어 있다. 자급자족에 의존했던 루탄은 2008년 돈이 많은 영국의 억만장자와 협력관계를 맺으면서 우주 개척자로서의 진전을 위한 다음 단계를 시작했다.

언론계 거물

리처드 브랜슨Richard Branson은 어머니에게 많은 것을 빚졌다. 실망스럽게도 그는 난독증을 가지고 있었으며 지나치게 수줍음을 많이 타 어른들과 이야기하기를 싫어하고 늘 어머니의 치맛자락에 매달려 있었다. 이런 그의 습관을 고쳐주기 위해 어머니는 집에서 4.8킬로미터 떨어진 곳에 차를 세우고 내리도록 했다. 겨우 일곱 살이었던 그는 집으로 돌아가는 길을 묻기 위해 낯선 사람과 이야기를 하지 않을 수 없었고, 열 시간이나 걸렸지만 결국 해냈다. 이런 엄한 교육은 성과를 거두어 그는 점점 어른과 스스럼없이 이야기를 나눌 수 있게 되었다.

그 후 그가 스물한 살이었을 때, 감옥에 수감된 그를 구하기 위해 어머니가 나섰다. 브랜슨은 학교를 그만두기 직전에 〈스튜던트〉라는 잡지를 발행하기 시작했고, 이후 우편으로 레코드 주문을 받는 '버진'이라는 이름의 사업도 시작했다. 그는 두 사업 모두를 교회 지하실에서 운영했다. 그러다 1976년 그의 첫 번째 버진 레코드 가게를 런던의 옥스퍼드 가에 열었지만 현금 흐름에 큰 어려움을 겪었다. 은행 융자를 갚기 위해 돈이 필요했던 그는 세금을 피할 목적으로 수출용 레코드를 구매하는 것처럼 서류를 조작했다. 결국 체포되어 하룻밤을 감옥에서 보냈지만, 어머니가 가족이 사는 집을 세놓아 문제를 해결해 기소를 면할 수 있었다. 그는 역경을 딛고 일어난 후 더 노력할 수 있도록 용감해졌다. 그는 자서전에서 "범죄 기록을 가지고 있는 사람이 항공사 설립 허가를 받기란 불가능하다고 할 수는 없을지 몰라도 매우 어려웠을 것이다"라고 말했다.[7]

리처드 찰스 니컬러스 브랜슨 경은 400개 회사로 이루어진 제국의 창업자이자 영국에서 네 번째로 돈이 많은 사람이 되었다. 그는 상대를 편안하게 해주면서도 자기중심적이었고, 겸손하면서도 탐욕스러우며, 매력적이면서도 무모한 사람이었다. 그는 주의력 결핍 및 과잉행동 증후군(ADHD)의 모든 특징을 가지고 있었고, 탐험 유전자를 가지고 있었다.

브랜슨은 레코드를 판매하면서 최초의 경험을 쌓았지만, 꽃에서 꽃으로 날아다니는 나비나 나비 수집가들처럼 일했다. 그는 콘돔(그의 메이트Mates 브랜드는 실패했다)과 우편 주문 신부(그는 어떤 고객도 찾지 못했다)에서부터 술(버진 보드카)와 통속소설(버진 코믹스)에 이르기까지 모든 것에 손을 댔다. 그는 버진 그룹이 느슨한 우산 역할을 하고 각각의 브랜드가 그의 마케팅 재능에 모두 영향을 받는 아주 똑똑한 형태의 브랜드 벤처 자본주의를 진화시켰다. 따라서 각각의 브랜드는 자유롭게 실험하고 실패도 할 수 있었다. 그는 자신의 직관적이고 자유분방한 경영 방식도 브랜드로 만들어서, 《나는 늘 새로운 것에 도전한다Losing My Virginity》라는 제목의 600쪽짜리 자서전에서 이를 설명하기도 했다. 그는 "나는 재무보고서로 내 인생을 복잡하게 만들지 않는다"라고 말하면서 웃었다. 또한 순이익과 총수익의 차이를 모른다고 말했다.[8]

브랜슨은 폭넓은 분야에 흥미가 있었지만 특히 항공과 우주 산업에 혁신이 필요한 시기라고 판단했다. 그래서 이익을 많이 남기는 음악 판매와 레코드 사업이라는 안전한 시장을 떠나, 위험성이 많은 항공 사업을 시작했다. 1984년, 1년 임대한 한 대의 점보제트기를 가지고 버진 애틀랜틱이 시작되었다. 그는 하마터면 시작부터 실패할 뻔했는데, 허가를 받기 위한 시험비행 도중 새가 엔진으로 빨려 들어가는 사고를 겪었기 때문이다. 그에게는 엔진을 교체하는 데 필요한 100만 달러가 없었다. 그는 어렵게 돈을 차입해 며칠 뒤 첫 비행에 성공했다. 첫 비행은 공짜 술과 상반신을 훤히 드러낸 모델들이 동원된 대서양 횡단 파티가 되었다. 그는 사업 홍보에 도움을 주고 '자본주의를 즐길 줄 아는 거친 사내'라는 자신의 명성을 빛나게 해줄 언론인들을 이 비행에 초청했다.

그다음에 그는 영국 정부가 보조하는 영국 항공과 길고 어려운 싸움을 겪어야 했다. 그의 적인 영국 항공이 직원을 가장해 회사 비밀을 캐내거나, 승객 목록을 해킹하거나, 그와 그의 회사에 대한 거짓 소문을 퍼트리는 등 야비한 방법들을 사용한 것이다.[9] 브랜슨은 법에 호소했고 조정을 통해 10억 달러를 보상받았다. 그러나 1990년대 초 점점 오르는 연료비와 불황으로 인해 항공 회사를 운영하는 것이 어려워졌다. 항공사를 유지하기 위해 음악 사업을 팔기로 결정했을 때 그는 가슴이 찢어지는 것 같았다고 말했다.

특유의 성격대로, 그는 어려움을 맞닥뜨렸을 때 더 높은 곳에 도전함으로써 이를 이겨냈다. 전혀 경험이 없는 도전적인 사업, 즉 우주여행에 뛰어든 것이다. 또한 1988년 BBC 어린이 텔레비전 쇼에서 받은 하나의 질문에서 영감을 받아 우주여행을 생각해보게 되었다고 이야기했다.

브랜슨은 2004년 버진 갤럭틱을 설립했고, 스페이스십원의 디자인을 우주관광에 알맞도록 개선하기 위해 버트 루탄에게 의뢰했다. 스페이스십원은 한 사람의 조종사만 탑승했지만 스페이스십투는 두 명의 조종사와 여섯

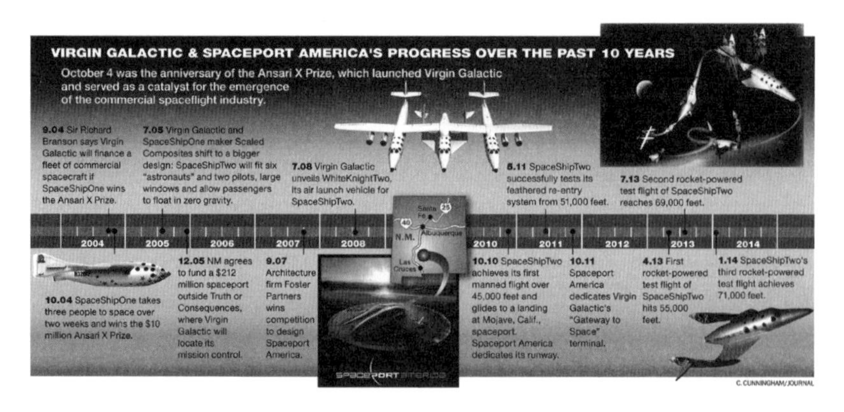

그림 19. 버진 갤럭틱의 연대표. 시작은 버트 루탄이 2014년에 스페이스십원으로 엑스 프라이즈를 받은 것, 그리고 스페이스십투의 발사 설비 설치 장소로 남부 뉴멕시코를 선택한 것이다. 2014년 말, 스페이스십투를 잃는 치명적인 사고로 프로젝트가 잠시 중단되었다.

명의 승객이 탑승할 수 있었다. 수송기인 화이트 나이트 II는 뉴멕시코에 있는 3,048미터 길이의 활주로와 '우주 시대'에 맞는 터미널 건물이 갖춰진 기존 시설에서 이륙할 것이다. 스페이스십투는 고도 1만 5,849미터에서 100킬로미터 상공으로 발사될 것이다. 이 고도에서는 지구의 둥그런 가장자리를 볼 수 있고 하늘은 검은색으로 보일 것이다. 총 비행시간은 두 시간 반이 될 것이며, 궤도의 정점에서 6분 동안 무중력도 경험하게 될 것이다. 버진 갤럭틱은 이런 경험을 하기 위한 비용으로 25만 달러를 책정했다(그림 19).

실제로 고객들이 모여들고 있다. 2013년 말까지 650명이 예약을 위해 8,000만 달러를 예치했다. 좌석을 예약한 사람들 중에는 브래드 피트, 톰 행크스, 케이티 페리, 패리스 힐튼, 그리고 스티븐 호킹도 포함되어 있다. 텔레비전 시리즈 〈스타 트렉〉의 열렬한 팬이었던 브랜슨은 그 시리즈에서처럼 그의 새로운 비행기에도 '엔터프라이즈'라는 이름을 붙였다. 그는 영화 〈스타 트렉〉에서 커크 선장 역을 맡았던 윌리엄 섀트너William Shatner에게 우주여행을 떠나자고 했지만 섀트너가 비행을 두려워해서 거절했다고 전했다. 그러나 섀트너의 이야기는 다르다. 브랜슨이 자신에게 "첫 비행에 참가하기 위해 얼마를 내겠느냐?"고 물었고, 자신은 "내가 탑승해주는 데 얼마를 주겠느냐?"고 대답했다는 것이다.[10]

브랜슨은 화이트 나이트 II가 '늘어나고 있는 미래 우주 조종사들과 새로운 빛으로 세상을 보고 싶어 하는 과학자들'의 꿈을 대표할 것이라고 말했다. 그는 인류가 행성을 넘어 넓은 세계로 진출해 번영해야 한다고 믿고 있다.

그러나 브랜슨이나 루탄과 같은 개척자들에게도 우주 사업은 위험하다. 2007년 루탄의 스케일드 콤포지트 공장에서 폭발사고로 세 명이 죽고 세 명이 부상당했다. 1년 후 루탄은 "최신형 항공기만큼 안전하다고 이야기하는 사람의 말을 믿지 말라"고 말했다. 스페이스십투는 최고 속도가 시속 4,023킬로미터이며 하강할 때 6g의 관성력을 경험한다. 그들은 헬멧이 없는 우주복을 입는데, 91킬로미터 상공에서 우주선 내부의 압력이 떨어진다면 큰 문제가 될 수 있다. 30회가 넘는 시험 비행 중 3회만 초음속에 도달했다. 2014년 초 버진 갤럭틱은 플라스틱을 기반으로 하는 새로운 고체 로켓 연료로 교체하겠다고 발표했다. 당시 최초의 발사는 이미 5년이나 연기되었다.

브랜슨은 절대로 최고 경영자의 자리를 지키고 앉아 있지 않는다. 그는 모든 것을 직접 하는 모험가이다. 1986년 그는 이전의 어떤 사람보다도 빠른 속도로 보트를 타고 대서양을 횡단했다. 다음 해에는 처음으로 열기구를 타고 대서양을 횡단했다. 1991년에는 역시 열기구를 타고 태평양을 횡단해 비행거리와 속도 기록을 경신했다. 스페이스십투가 마침내 첫 비행을 하게 되면, 이미 성인이 된 그의 자녀 홀리와 샘을 여기에 태울 것이다.

우주 미래주의자

"다음 20년 내지 30년 동안에 인류는 지구를 떠나 우주로 진출할 것이다." 피터 디아만디스Peter Diamandis는 민간 우주 산업의 성장을 가로막고 있는 문제가 곧 해결되어 인류가 우주 공간으로 진출하게 될 것이라고 확신한다. NASA의 활동을 규정하는 우주 법률 어디에도 인류의 우주 진출에 대한 내용은 포함되어 있지 않다. 그는 인류의 우주 진출을 다음과 같이 설명했다. "폐어가 바다에서 육지로 기어 나온 이래, 지구 생명체들에게 일어난 최대의 사건이 될 것이다!"[11]

리처드 브랜슨과 마찬가지로 피터 디아만디스도 많은 사업에 손을 댄 사업가였으며 〈스타 트렉〉의 팬이었다. 그는 아주 어려서부터 일에 착수했다. 여덟 살 때 우주 프로그램에 대해 친구들과 가족들을 가르쳤고, 열두 살에는 로켓 설계 경연대회에서 1등을 하기도 했다. MIT 2학년 때는 전국 학생들을 위한 우주 기구를 설립했다.

그는 모두 의사였던 부모님의 소원대로 하버드 의과대학에 진학했지만 우주가 내뿜는 매력이 너무 강했다. 결국 그는 의과대학을 졸업하기 전에 국제 우주 대학에 들어갔다. 이 대학은 3,300명의 졸업생을 배출했으며 프랑스 스트라스부르에 3,000만 달러에 해당하는 캠퍼스 부지를 보유하고 있었다. 또한 그는 소형 인공위성을 발사하는 '인터내셔널 마이크로스페이스'라는 회사를 시작해서 미국 국방부로부터 1억 달러짜리 계약을 따내기도 했다. 그러나 디아만디스는 무리한 계약을 했고 계약을 이행할 수 없어 회사를 팔아버렸다(물론 많은 이익을 남겼다).

1994년 디아만디스는 찰스 린드버그의 비망록인 《세인트 루이스의 정신The Spirit of St. Louis》을 읽고 크게 감명받았다. 1919년 5월 린드버그는 레이먼드 오티그Raymond Orteig라는 이름의 호텔 소유자가 뉴욕과 파리 사이를 직항으로 비행하는 데 2만 5,000달러의 상금을 걸었다는 사실을 알게 되었다. 아홉 팀이 이 상금을 획득하기 위해 총 40만 달러를 썼다. 린드버그는 후원자도 없고 비행 경험도 거의 없는 아웃사이더이자 다크호스였다. 린드버그는 대학을 그만두고 작은 복엽기로 전국을 누비며 여가 비행이나 곡예 비행을 하는 '지방 순회자'로서 20대 초를 보냈다. 1년 동안 육군에서 비행하기도 했고, 또 다른 1년 동안 미국 우편국을 위해 비행하기도 했다. 그는 오티그 상금에 대해 듣고 즉시 흥미를 가지게 되었다.

여섯 명의 유명한 비행사들이 상금을 타기 위해 도전하다가 목숨을 잃었다. 린드버그가 이 경쟁에 뛰어들었을 때 그는 바다를 건너 비행해본 경험이 없었다. 언론은 스물다섯 살의 린드버그를 '바보 비행사'라고 불렀다. 뉴욕과 파리 사이, 그의 영웅적인 비행에는 총 33시간이 걸렸다. 연료를 가득 실은 비행기로 활주로 끝에서 전깃줄을 겨우 피했으며 도중에는 안개 및 얼음과 싸워야 했고, 어두운 비행장에 추측항법으로 착륙해야 했다.[12] 1927년에 린드버그가 상금을 받았을 때에도 비행은 위험한 것이었다. 그러나 열정과 고조된 관심이 산업을 성장시켰다. 상금이 수여되기까지 8년이 걸렸지만 그 후 3년 안에 승객용 비행이 30배 증가했다. 이 상금이 2,500억 달러의 항공 산업을 싹틔웠다.

여기서 디아만디스는 사업 모델을 발견했다. 우주에 가는 비용은 30년 동안 변하지 않았기 때문에 그는 이것을 '장려 상금' 수여 대상으로 결정했다. 디아만디스가 '엑스프라이즈' 계획을 발표했을 때 그에게는 기금 후원자가 없었으며, 이 아이디어를 들은 사람들 대부분은 그를 미쳤다고 생각했다. 그러나 그런 일들은 오히려 그에게 격려가 되었다. 5년 후 그는 안사리 가족을 설득해 상금을 위한 1,000만 달러의 기금을 확보했다. 경쟁은 혁신

그림 20. 엑스 프라이즈와 성장하는 상업적 우주 벤처들 때문에 NASA는 정신을 바짝 차려야 한다. 달 전자 로버의 시제품이 미래 달 기지를 지원하기 위해 설계되었다. 이 로버는 우주비행사 두 명이 2주 동안 먹고 자면서 여행할 수 있어 수천 킬로미터를 여행할 수 있고, 40도 경사도 올라갈 수 있다.

에 박차를 가하게 했다(그림 20). 안사리 가문의 수장이었던 아누셰흐 안사리Anousheh Ansari는 이란에서 태어나 엔지니어 교육을 받은 여성이었다. 그녀는 1979년 혁명 후 미국으로 이주해 여러 개의 통신 업체를 설립했다.

일곱 단체가 상금을 타기 위해 1억 달러를 사용했다. 2004년 버트 루탄이 이 상금을 받는 데 성공했다. 그의 스페이스십원은 스미소니언의 아폴로 11호 위에 전시된 린드버그의 세인트루이스 스피릿 옆에 걸려 있다. 2년 후에 아누셰흐 안사리는 러시아 소유스 우주선을 타고 국제 우주 정거장을 방문해 네 번째 우주 관광객이 되었다.

그 후 엑스프라이즈의 상금은 급격히 늘어났다. 어느 날 디아만디스가 구글에서 강연한 후, 티셔츠를 입은 사람이 다가와 그에게 "점심 한 끼 같이 합시다"라고 말했다. 구글의 CEO 래리 페이지Larry Page였다. 그 후 그는 엑스

프라이즈의 상금을 건강, 에너지, 환경 같은 다양한 분야에서 펼쳐지는 인간의 도전을 포함할 수 있도록 새로운 재단을 시작했다. 이 재단의 이사회에는 래리 페이지 외에도 영화감독 제임스 캐머런James Cameron, 언론계 지도자 아리아나 허핑턴Arianna Huffington, 우주비행사 리처드 개리엇Richard Garriott이 포함되어 있다.

현재 진행되는 경연 중에서 디아만디스가 가장 흥미를 보인 것은 퀄컴 트리코더 엑스프라이즈이다. 이 상은 〈스타 트렉〉의 매코이 박사가 사용했던 의학 장비를 실제로 재현하는 사람이나 단체에 1,000만 달러를 준다. 이 의학 장비는 말을 하거나, 기침을 하거나, 피부를 찌르면 생체 기능을 측정하고 열다섯 가지 위험한 질병을 전문의보다 더 정확하게 진단한다. 실제 트리코더 장비는 개발되지 않았지만 최근에 스마트폰을 이용해 건강 상태를 모니터링하거나 질병을 진단하는 앱이 폭발적으로 늘어났다. 디아만디스는 "궁극적으로 이것은 건강관리의 전 세계적 민주화와 관련되어 있다"라고 말했다. 그리고 그는 우주여행도 마찬가지라고 지적했다. "기술은 규제보다 훨씬 빠르게 진보하고 있다."[13]

유일하게 '실패한' 경연은 아콘 게노믹스 엑스프라이즈였다. 이 상은 게놈당 1,000달러 이하의 비용으로 10일 이내에 100개의 게놈 서열을 정확하게 결정하는 데 주는 상이었다. 이런 기술이 성공할 경우 생명공학 분야에서 전개될 진보에 비하면 장려 상금의 가치는 미미하다고 보아도 될 것이다.[14]

우주비행사들이 경험하는 일들 중에서 가장 흥미로운 것은 무중력 상태이다. 우주에 대한 사람들의 입맛을 돋우기 위해 디아만디스는 포물선 비행을 통해 무중력을 맛볼 수 있게 해 돈을 버는 회사를 설립했다. 콜럼버스의 역사적 항해 500주년이 되고, 부시 정권이 추진했던 '달과 화성 계획'이 실패로 끝난 1992년의 일이었다. 디아만디스는 절대로 정부가 우주 도전의 위험을 감수할 수 있는 민첩함이나 배짱을 가질 수 없다고 생각했다. 더 나쁜 것은 정부가 금지 규정을 이용해 혁신을 무디게 만든다는 것이다. 디아만디스가 그의 아이디어를 미국연방항공국(FAA)에 제시했을 때 그들은 다이빙하는 비행기에 승객들이 좌석벨트도 매지 않고 비행하는 것을 규정상 허가할 수 없다고 했다. 디아만디스가 이런 장애를 극복하고 사람들에게 구토가 나지만 유쾌한 경험을 제공하는 데는 11년이 걸렸다.

그의 가장 저명한 승객은 물리학자 스티븐 호킹이었다. 디아만디스는 엑스프라이즈 재단을 통해 호킹을 만났고, 호킹은 우주에 가고 싶다는 그의 꿈을 이야기했다. 디아만디스는 우주에 가는 것 대신에 무중력 경험을 제안했고 호킹은 그 자리에서 제안을 받아들였다. 그러나 동업자가 말했다. "너 미쳤니? 우리는 그를 죽일 거야!" 게다가 FAA는 "당신은 몸이 멀쩡한 사람들과만 비행하도록 허가받았다"고 말했다. 호킹은 루게릭병을 앓고 있었기 때문에 휠체어를 타고 활동했다. 2007년에야 허가가 나왔고 호킹은 여덟 번의 포물선 다이빙을 하는 동안 마른 몸으로부터 자유로울 수 있었다. 그는 자신의 근육 중 몇 개만 움직일 수 있다. 디아만디스는 그의 얼굴이 '똥 씹으면서 웃는' 모습이었다고 말했다.[15] 비행에 대한 기자 회견에서 호킹은 "나는 인류가 우주로 가지 않으면 미래가 없다고 생각한다. 따라서 우주에 관심을 가지라고 사람들을 격려하고 싶다"라고 말했다.

디아만디스는 빠르게 발전하는 기술이 인류의 문제를 해결해줄 것이라고 믿는 이상주의자이다. 이것은 2008년에 미래주의자 레이 커즈와일Ray Kurzweil과 공동으로 설립한 싱귤래리티 대학Singularity University에 가장 잘 구현되어 있다. 만약 그렇게 많은 성공을 거두지 못했다면 디아만디스는 엉뚱한 이상주의자라고 무시당했을 것이다. 그는 〈뉴욕 타임스〉가 고더드의 목표는 달성될 수 없다고 선언한 후 자신이 했던 말을 강조하곤 했다. "누군가 그것을 성취하기 전까지는 모든 이상이 농담이다. 그러나 일단 성취하고 나면 그것은 진부해진다."[16] 인류의 미래에 대해 디아만디스는 "90억 인간 두뇌가 모든 사람의 생각, 감정, 지식을 알 수 있는 '메타 지성'을 향해 함께 일할 것이다"라고 예측했다.[17]

수송 선구자

일론 머스크Elon Musk는 화성에서 죽기를 원한다. 피터 디아만디스와 마찬가지로 그도 우리의 미래가 우주에 있으며 우리는 우주인이 되어야 한다고 확신하고 있다. 그는 아이작 아시모프Isaac Asimov의 3부작 《파운데이션Foundation》으로부터 영향을 받았지만, 우주에 대한 그의 생각에는 더 어둡고 디스토피아적인 면이 있었다. 우주를 인류 생존 위협에 대처하는 도피처로 생각했기 때문이다. "소행성이나 거대 화산이 우리를 파괴할 수도 있다. 그리고 우리는 공룡도 본 적 없는 위험에 직면할 수도 있고, 인간이 만든 바이러스, 부주의로 만들어진 초소형 블랙홀, 지구 온난화가 가져올 재앙, 또는 아직 알지 못하는 기술이 인류를 멸망시킬 수도 있다. 인간은 수백만 년 동안 진화해왔지만 지난 60년 동안 우리를 멸망시킬 가능성이 있는 핵무기를 만들었다. 조만간 우리는 이 초록색과 푸른색 지구를 벗어나야 한다. 그러지 않으면 멸망할 것이다."[18]

머스크는 인터넷 회사를 시작해 명성을 얻었고 재산을 모았지만 로켓은 그의 혈통에 내재되어 있었다. 아버지가 엔지니어였으므로 머스크는 주변의 여러 가지 기계들이 작동하는 원리에 대한 설명을 듣는 데 익숙했다. 그는 어린아이였을 때부터 로켓을 만들었지만, 그가 자라난 남아프리카에는 만들어진 로켓이 없었기 때문에 약국에 가서 로켓 연료를 만드는 데 필요한 약품을 사서 파이프 안에 넣었다. 20년 후에 그는 민간 우주 산업을 싹 틔우기에 충분한 효율적인 로켓을 제작했다.

어릴 때부터 그는 훗날 최고의 혁신적 사업가가 되는 데 도움이 될 성격적 특징을 보여주었다. 어머니는 그가 아홉 살 때 브리태니커 백과사전 전체를 읽었고, 내용의 많은 부분을 기억했다고 말했다. 또한 공부에만 정신이 팔려 있는 그가 먹을 것을 제대로 먹는지, 매일 양말을 갈아 신는지를 확인해야 했다. 그는 학교 친구의 사소한 실수를 지적해 난처하게 만들었고, 어른이 되어서도 그런 집중력을 지니고 있었다. 머스크는 강철로 만들어진 사람이라는 평판을 들었는데, 그러니 그가 영화 〈아이언 맨〉에서 로버트 다우니 주니어Robert Downey Jr.가 연기한 토니 스타크에게서 영감을 받은 것도 놀랄 일이 아니다. 무기화된 옷을 입고 날아다니던 플레이보이 발명가 말이다.[19]

머스크는 리처드 브랜슨과 많은 면에서 공통점이 있다. 두 사람 모두 관습적인 생각에 도전하고 위험을 기꺼이 감수한 억만장자였다. 두 사람은 또한 다양한 수송 사업에서 큰 자취를 남겼다. 브랜슨은 철도, 항공, 우주 관련 사업을 했던 반면 머스크는 전기자동차, 우주선, 신개념 고속철도와 관련된 사업을 했다. 두 사람 모두 헌신적인 박애주의자였다. 그러나 한 가지 차이점은 있다. 브랜슨은 2013년 에어아시아 사장과의 내기에 져서 퍼스에서 쿠알라룸푸르까지의 자선 비행에서 여자 분장을 한 채 승무원으로 일했지만, 머스크가 내기에 져서 여장을 한다는 것은 상상할 수도 없다.

머스크는 펜실베이니아 대학에서 경영학과 물리학 학위를 받았고, 스탠퍼드의 응용물리학 박사 과정에서 이틀을 보낸 후 사업가적 열망을 추구하기 위해 대학을 떠나기로 했다. 그가 동생과 함께 도시 안내를 신문 산업에 제공하는 웹 소프트웨어 회사를 시작한 것은 방세를 지불하기 위해서였다고 한다. 1999년 그는 3억 700만 달러를 받고 Zip2를 컴팩에 팔았다. 그해에 온라인 재무 서비스를 제공하고 이메일로 자금을 결제하는 회사를 설립했다. 그는 페이팔 브랜드를 만들었고 3년 후에 이를 이베이에 15억 달러를 받고 팔았다. 좋은 아이디어는 전염성이 있다. 옐프Yelp, 유튜브, 링크드인LinkedIn의 창시자들이 모두 페이팔에서 그와 함께 일했던 사람들이다.[20]

머스크는 우주 개척자로서도 두드러졌다. 그는 새로운 기술을 개발하는 데 필요한 기술적 배경을 가지고 있으며, 그의 꿈을 실현할 수 있는 부를 가지고 있었다.

머스크의 성장 속도는 놀라울 정도였다. 2002년부터 해마다 스페이스 엑스, 테슬라 모터스, 솔라시티와 같은 새로운 사업을 시작했다. 솔라시티는 미국에서 가장 큰 태양 에너지 시스템 공급업체로, 이들이 진입한 태양 에너지 시장은 2009년 이후 열 배 성장했다. 또한 솔라시티는 전기 자동차 충전소도 만들어, 필요한 기반시설이 없어서 전기 자동차를 사려고 하지 않는 닭과 달걀의 문제를 해결하는 데 도움을 준다. 머스크는 금요일마다 1,858제곱미터나 되는 벨 에어 저택에서 출발해, 할리우드 파크 자동차 경주장 남쪽에 있는 격납고를 개조해 사용하는 테슬라 모터스의 연구 시설까지 32킬로미터를 직접 운전해 간다. 그는 보통 테슬라의 로드스터를 운전하지만 사실 가장 좋아하는 자동차는 1967년 형 E-타입 재규어이다. 그는 이 자동차가 마치 문제가 많지만 재미있는 여자 친구 같다고 말한다. 테슬라는 9년 동안 로드스터를 겨우 2,500대 팔았지만, 2012년 하이브리드 자동차를 60만 대 이상 판 도요타 같은 '그린' 자동차 시장의 거인을 따라잡을 것이라고 확신하고 있다.

머스크가 출근하는 또 다른 장소는 아이언 맨 복장을 한 실제 크기의 토니 스타크 인형이 고객들을 맞이하는 스페이스 엑스 시설이다. 여기에서는

그림 21. 팰컨 9 로켓은 스페이스엑스가 설계했고, 캘리포니아에서 제작되었다.
팰컨 9의 2단계 로켓은 15톤을 지구 저궤도로 수송할 수 있으며, 5톤을 정지 궤도까지 수송할 수 있다.
스페이스엑스는 페이팔의 설립자로서 많은 돈을 번 남아프리카 출신의 발명가 겸 투자자 일론 머스크가 설립했다.
또한 머스크는 테슬라 모터스 자동차 회사를 세워 지구 여행을 개혁하기도 했다.

팰컨 1호와 팰컨 9호 로켓, 그리고 원뿔 모양의 드래곤 우주선을 개발해 제작하고 있다(그림 21).

사업가의 일생은 급격한 롤러코스터처럼 흘러가기도 한다. 2008년 후반, 일론 머스크는 절망에 가까운 지경에 이르렀다. 최초 세 번의 스페이스 엑스 발사에 실패했고, 테슬라 모터스의 재정상태가 악화되었으며, 솔라시티를 지원하던 은행이 약속을 취소했다. 또한 이혼으로 인해 사람들의 비난을 받았다. 그런데 다음 날 NASA가 국제 우주 정거장과 관련된 10억 달러짜리 계약을 제안했다. 2009년 스페이스 엑스는 지구 궤도에 인공위성을 진입시킨 최초의 민간 회사가 되었고, 2012년에는 우주 정거장과 도킹한 첫 번째 회사가 되었다. 스페이스 엑스는 2017년까지 30억 달러의 주문이 밀려 있었지만 머스크의 삶은 계속 스릴을 만끽했다. 2013년 말에 테슬라와 솔라시티의 이익이 기대에 못 미친다는 보고서가 발표된 후 머스크의 재산 가치는 13억 달러 줄어들었고, 두 번째 부인과도 결별했다.

우리는 우주 사업에 관여하는 사람들이 점점 젊어진다는 것을 볼 수 있다. 루탄은 70대 후반이고, 브랜슨은 70대 초반이며, 디아만디스는 50대 후반이다. 그리고 머스크는 40대이다. 그들은 모두 연결되어 있다. 루탄은 브랜슨을 위해 우주선을 설계하고 있고, 디아만디스가 후원한 단체로부터 엑스프라이즈 상금을 받았다. 머스크는 이 단체의 이사로 일하고 있다.

상업 우주 관광과 관련되어서는 이 지칠 줄 모르는 네 사람이 가장 많이 알려져 있지만, 전통적인 질서를 흔드는 사람들은 또 있다. 빌 스톤Bill Stone은 목성의 위성 중 하나인 유로파에서 미생물 찾는 회사를 시작한 60대의 엔지니어이다. 그는 세상에서 가장 위험하고 접근이 어려운 장소에 대한 탐사를 주도하고 있는 전문적인 동굴 연구가이다. 스톤은 다양한 모험을 하는 동안 동료 스물세 명의 죽음을 목격했다. 그는 유로파의 지도를 작성하고 얼음이 가장 얇은 지점을 찾아낼 목적으로 예정된 유로파 클리퍼 프로젝트Europa Clipper mission에서 사용될 기술을 시험하기 위해 NASA에서 연구비를 지원받고 있다. 다음에는 얼음을 뚫고 들어가는 로봇을 이용해 얼음 아래 바다를 탐사하고 미생물의 흔적을 나타내는 화학성분을 찾아내려는 스톤의 계획이 실행될 것이다. 그는 유로파에서 생명체를 발견하는 것은 과학의 역사에서 가장 중요한 사건이 될 것이라고 생각하고 있다.[21]

스톤과 아까 등장했던 '네 명의 거인'은 연관이 없지만, 어쩌면 유전자적으로 연결되어 있을 수도 있다. 새로운 것을 추구하는 그들의 성격이 유전적 특징인지를 알아보려고 도파민을 조절하는 DRD4 유전자가 7R 변이를 가지고 있는지 확인해본 사람은 아무도 없으니까 말이다. 그러나 케이스 웨스턴 리저브 대학의 스콧 셰인Scott Shane이 이끄는 연구팀은 870쌍의 일란성 쌍둥이를 조사해 사업가가 되는 것과 관련되어 있다고 보이는 유전자를 찾아냈다.[22] 케임브리지 대학의 신경학자 바버라 사하키안Barbara Sahakian은 위험하고 감정적인 의사결정과 사업 성공 사이의 관계를 밝혀냈다. "우리의 발견은 약물치료를 통해 사업능력을 강화할 수 있느냐 하는 의문을 불러일으킨다."[23]

우주 사업가가 되는 특별한 기질이 따로 있는 것은 아니다. 앞에서 설명한 사람들은 모두 다른 장점과 약점을 가지고 있다. 그러나 냉소주의가 팽배하고 많은 사람들이 기술의 발전을 두려워하거나 이것에 당황하는 시대에, 그들은 미래를 발전시킬 능력에 대한 굳건한 믿음을 공유하고 있다.

CHAPTER
6

지평선 너머

달아오르는 우주

여러 해 동안의 침체기가 지나고, 우주가 다시 달아오르고 있다. 지난 수십 년 동안에는 NASA가 우주를 독점하고 있었지만 이제는 우주 관광을 위한 새로운 사업 모델을 만들어내려고 노력하는 민간회사들의 활동을 따라잡기가 어렵게 되었다.

우리는 놀라운 패러다임의 전환을 목격하고 있다. NASA는 국가의 이익을 위해 우주 관련 기술을 연구하고 개발하도록 설립된 기술 연구소였다. 가장 비슷한 사례는 1946년에 설립된 미국 원자력위원회Atomic Energy Commission라고 볼 수 있다. 이 기관은 핵에너지를 평화적으로 이용하도록 규제하고 핵 관련 연구를 군에서 민간으로 이전하기 위해 만들어졌다. 1960년대, 달에 인간을 보내기 위한 경쟁이 벌어지면서 미국의 국제적인 위상을 고취시키는 엔진 역할을 할 NASA를 설립하도록 했지만 그것은 특수한 역사적 사건이었다.[1] 그 후 연방 정부 예산에서 NASA 예산이 차지하는 비율은 5퍼센

그림 22. 국제우주정거장에 도킹할 수 있도록 최초로 상업적으로 개발된 우주선.
2012년 5월 25일 스페이스 엑스 드래곤 캡슐이 우주정거장에 접근했고,
우주정거장의 팔이 이를 붙잡아 도킹에 성공했다.

트에서 0.5퍼센트로 축소되었다. '군-산업 연합'은 아직 많은 영향력을 가지고 있지만 무게중심은 민간 기업으로 옮겨가고 있다. 현재 민간 기업들이 정부 계약을 따내기 위해 경쟁하고 있지만 점차 정부는 항공 산업에서와 마찬가지로 규제하는 역할만을 맡게 될 것이다.

최초로 사람들의 이목을 끈 민간 기업의 성공은 2012년 5월 드래곤 우주선이 국제 우주 정거장에 도킹한 것이었다(그림 22). 드래곤 우주선은 일론 머스크가 먹는 젤리 모양의 캡슐로, 평균 나이 30세의 직원들이 3,000명도 안 되게 모여 일하는 회사에서 만들어졌다. 평균 나이 50세가 넘는 1만 8,000명의 직원과 6만 명의 하청 직원들이 일하는 NASA와 비교하면 이 회사는 피라미라고 할 수 있다.

도킹이 순조롭게 이루어진 것은 아니었다. 드래곤은 첫 번째 정거장 접근을 취소했고, 그다음에는 센서에 문제가 생겼지만 결국 우주비행사 돈 페티트Don Pettit가 로봇 팔을 10미터 뻗어 드래곤 캡슐을 붙잡는 데 성공했다. 휴스턴에 있는 통제본부와 캘리포니아에 있는 스페이스 엑스 센터에서 우레와 같은 박수가 터져 나왔다. 피티트는 "우리가 드래곤의 꼬리를 잡았다"라고 말했다. 다음 날 출입구를 통해 드래곤에 접근해 화물을 검사한 후 그는 "새 차 같은 냄새가 났다"라고 말했다.[2]

2013년 초, 그리고 2014년에 드래곤은 다시 저궤도에 진입했다. 화물을 우주 정거장에 수송할 목적으로 NASA와 맺은 31억 달러짜리 계약에서 12회 우주 비행 중 첫 단계를 완료한 것이었다. 그러다 2013년 9월 처음으로 이 사업에 경쟁자가 등장했다. '오비털 사이언스 코퍼레이션'이 (몇 주 전의 시도가 실패로 끝난 후) 그들의 시그너스Cygnus 캡슐을 우주 정거장에 도킹해, 우주비행사들에게 줄 초콜릿을 비롯한 수백 킬로그램의 화물을 배달하면서 19억 달러짜리 화물 수송 계약을 체결했다.[3]

오비털이 저궤도로 간식이 포함된 보급품을 수송하던 날, 스페이스 엑스는 최초로 팰컨 9호 로켓의 대형 버전을 발사하는 대담한 행동을 취했다. 이 로켓은 캐나다 기상 통신 위성을 성공적으로 궤도에 진입시켰고, 비행 통제사들은 로켓을 재사용해 비용을 줄이는 방법을 시험했다. 그러나 계획대로 실행되지 않았다. 목표는 로켓에 연료를 조금 남겨 재점화한 후 발사대로 날아서 되돌아오는 것이었다. 그러나 다시 출발한 로켓이 회전하면서 로켓 옆으로 연료를 뿌리기 시작했다. 이로 인해 연료가 부족해 추락하고 말았다.

이런 실패에도 불구하고 머스크는 명랑했다. 그는 "이 비행과 그래스호퍼 시험을 통해, 로켓을 회수하기 위한 수수께끼를 풀어줄 해답의 모든 조각을 찾아냈다고 생각한다"라고 말했다.[4] 그래스호퍼는 다리 대신 금속 버팀목을 가지고 있어서 만화에 나오는 로켓처럼 발사대에 착륙할 수 있도록 설계되었다. 2011년과 2013년 사이에 열한 개의 작은 시제품이 여덟 번의 시험 비행을 성공적으로 마쳤고, 2014년 초에는 실제 크기의 팰컨 9호가 시험 비행을 마쳤다. 그래스호퍼는 카르만 라인보다 조금 낮은 지상 90킬로미터 상공을 날아 헬리콥터처럼 정확하게 착륙할 수 있도록 설계되었다.

다른 적극적인 활동가들도 비밀 실험실에서 나올 준비를 마친 유망한 시제품들을 가지고 있기 때문에 일론 머스크는 계속 열심히 뛰어야 한다. 그는 스페이스 엑스가 인공위성 발사와 우주 정거장에 물자를 수송하는 비용을 충당하게 된다면, 이제는 화성으로 관심을 돌리겠다고 말했다.

고고도 관광 사업에서 버진 갤럭틱과 경쟁을 하고 있는 회사는 '엑스코어XCOR'이다. 텍사스에 위치한 이 회사는 조종사 한 명과 유료 승객을 100킬로미터 상공까지 데려간 다음 30분 안에 지상으로 낙하하는 링크스Lynx 로켓 비행기를 개발하고 있다. 엑스코어는 9만 5,000달러나 하는 비행 예약만 300회 가까이 받았다. 하지만 리처드 브랜슨은 염려하지 않을 것이다. 그는 열한 살에서 아흔 살에 이르는 다양한 연령층으로부터 세 배 이상의 예약을 받았기 때문이다.

버진 갤럭틱의 판매 홍보물을 보면 "스페이스십투의 객실은 무중력을 즐기기 위해 충분한 공간을 확보하고 있다"라고 설명하고 있다. 저스틴 비버Justin Bieber, 케이트 윈슬렛Kate Winslet, 레오나르도 디카프리오Leonardo DiCaprio, 톰 크루즈Tom Cruise를 비롯한 많은 저명인사들이 고객 명단에 들어 있다. 패리스 힐튼Paris Hilton은 다가오는 그의 비행을 즐거운 마음으로 기다리고 있다. "제가 돌아오지 못하면 어떻게 하죠? 수 광년과 관련 있는 일이라고 하니, 제가 1만 년 후에 돌아와서 제가 아는 모든 사람들이 죽었으면 어떻게 할까요? 아마 이렇겠죠. '젠장, 이제 처음부터 다시 시작해야 하는군.'"[5] 공상에 잠기는 것은 즐겁다. 그러나 이 여행을 예약한 저명인사들은 계약서의 작은 글씨들까지 조심스럽게 읽어야 할 것이다. 위험은 실제로 있고, 아마 우주 산업이 겨우 유아기를 거치는 동안 죽는 사람이 생길 것이다. 브랜슨은 쇼맨처럼 큰소리를 치지만, 2015년 조종사 한 명의 목숨을 잃으면서 자신의 잘못을 깨달았다.

스페이스 어드벤처Space Adventures는 실적이 있는 유일한 민간 우주 기업이다. 그들은 러시아 우주국과 공동으로 2001년에서 2009년 사이에 일곱 명의 민간인을 국제 우주 정거장에 보냈다. 소유스 우주선의 수용능력이 한정되어 있기 때문에 러시아는 유료 승객 탑승을 보류하고 있지만, 영국 가수이자 슈퍼스타 세라 브라이트먼Sarah Brightman이 탑승하기로 예정되어 있던 2015년부터는 다시 포함시킬 예정이었다. 브라이트먼과 다른 승객들은 2주를 우주에 체류하는 데 4,500만 달러를 지불하기로 되어 있었다(그러나 브라이트먼은 2015년 5월 우주여행 계획을 취소했다). 이는 최초 우주관광객이 지불했던 2,000만 달러에 비하면 많지만, 미국 우주비행사가 러시아 우주선을 이용할 때 러시아가 미국에 요구했던 6,500만 달러보다는 적다.

스페이스 어드벤처는 고고도 비행에도 참여하기를 희망하고 있다. 그들은 2015년부터 상업적인 달 근접 비행에 도전할 야심찬 계획도 가지고 있었다(하지만 아직 실현되지 않았다). 한 익명의 승객이 이 여행을 위해 벌써 1억 5,000만 달러를 지불했으며, 두 번째 좌석을 팔기 위한 협상도 진행 중이다.[7] 발이 넓은 리처드 브랜슨도 달 여행을 고려하지만, 그는 우선 궤도 발사 장치를 갖추고 우주호텔을 지어야 할 것이다.

로버트 비글로Robert Bigelow는 자신이 지구궤도 위에 호텔을 짓는 첫 번째 사람이 될 것이라고 확신한다. 그는 전통에 얽매이지 않는 억만장자로, 버짓 스위트 호텔 체인을 시작했지만 현재는 더 수준이 높은 숙박시설을 마음에 두고 있다. 비글로는 UFO와 기도의 힘은 믿으면서도 빅뱅 이론은 믿지 않는다. 괴팍한 사람이지만 그를 가볍게 여겨서는 안 된다. 그의 회사는 팽창식 인공위성 시제품을 두 개 발사했고, 둘 다 약간 바람이 빠지기는 했지만 아직 궤도 위에 있다.

NASA는 우주 정거장을 위해 이 인공위성을 하나 주문할 정도로 관심을 보였다. 이것은 2016년 스페이스 엑스의 드래곤 로켓을 이용해 배달되었다. 또한 비글로는 330세제곱미터나 되는 커다란 버블을 궤도에 올리기 위해 스페이스 엑스와 같이 일할 계획이다. 이 버블 하나에서 여섯 명이 꽤 안락하게 지낼 수 있다. 이보다 작은 크기인 110세제곱미터 버블을 이용하려면 왕복 비행과 두 달의 체류비를 포함해 5,000만 달러가 필요하다. 광고업체가 1년 동안 이름을 사용하는 비용은 2,500만 달러이다. 이전까지 비글로의 생산품은 모두 발표만 되었을 뿐 실제로 생산된 적은 없었으므로, 2012년 후반에 이 회사가 NASA와 우주 정거장을 위해 팽창식 모듈을 공급하는 1,800만 달러짜리 계약을 체결했다는 소식은 많은 사람을 놀라게 했을 뿐만 아니라 중요한 전환점이 되었다.

이 새로운 우주 경쟁의 다크호스는 '블루 오리진Blue Origin'이다. 아마존 창업자 제프 베조스Jeff Bezos가 설립한 블루 오리진은 고고도 비행에서 궤도 비행으로 점차 접근해가고 있다. 이 회사의 좌우명은 'Gradatim Ferociter'인데, 라틴어로 '한 걸음씩, 격렬하게'라는 뜻이다. 아마존이 온라인 서점에서 거대 유통회사로 발전했으므로 대부분의 전문가들은 블루 오리진이 우주에서 중요한 역할을 할 것으로 기대한다. 그러나 초기에 회사 내부 서류에는 2010년까지 1주일에 1회의 고고도 비행을 예상했는데, 그들도 다른 경쟁자들과 마찬가지로 지나치게 낙관적이었다. 아직도 블루 오리진 웹사이트는 유료 관광객을 위한 최초 비행 날짜를 발표하지 못하고 있다.

억만장자인 베조스와 비글로는 모두 공적인 자리에 나타나기 싫어하는 것으로 유명하다. 블루 오리진에 대한 정보는 놀라우리만치 거의 공개되어 있지 않다. 이 회사는 2000년에 설립되었지만 베조스가 셸컴퍼니를 통해 텍사스에서 빠르게 땅을 매입하기 시작한 2003년이 되어서야 그 존재가 알려졌다. 스페이스 엑스와 마찬가지로 블루 오리진도 재사용이 가능한 수직 이착륙 로켓을 사용할 것이다. 고등학교에서 졸업생 대표로 지명되었을 때, 열여덟 살의 베조스는 "지구 궤도 위에 우주호텔, 놀이 공원, 200만에서 300만 명이 살 수 있는 우주 식민지를 짓고 싶다"라고 말했다.[7] 《스노 크래시Snow Crash》를 비롯한 공상과학 소설들의 저자 닐 스티븐슨Neal Stephenson이 여러 해 동안 블루 오리진에서 시간제로 일했다.

그러나 NASA가 모든 것을 포기하고 민간 회사들에게 배턴을 넘겼다는 뜻은 아니다. 많은 성취를 이루어낸 큰형이 갑자기 젊고 능력 있으며 공격적인 동생들을 가지게 된 것에 비유할 수 있다. NASA는 화물 수송의 많은 부분을 하청업체에 맡기고 있지만,[8] 한정된 예산을 걱정하면서도 야심찬 계획들을 많이 가지고 있다. 이 계획들을 실현하기 위해서는 대형 화물을 우주 궤도에 올릴 수 있는 거대한 로켓이 필요하다. 미국 우주비행사들을 우주 정거장에 올려 보내기 위해 러시아에 요금을 지불하는 것은 NASA는 물론 미국의 자존심을 상하게 하는 일이 틀림없다. 우주 정거장을 다시 건설해 달이나 화성으로 가는 유인 탐사선을 발사하는 것을 목표로 하는 컨스텔레이션 프로그램이 2005년에 발표되었다. 그러나 기술적인 문제와 더불어 일정 지연, 예산 삭감 등의 문제로 인해 컨스텔레이션 프로그램은 어려움에 처했고, 2010년 오바마 대통령이 프로그램을 취소해버렸다.

몇 달 후, 컨스텔레이션의 잔해 속에서 우주 발사 시스템(SLS) 프로젝트가 불사조처럼 태어났다.[9] 이 프로젝트는 컨스텔레이션을 위해 계획되었던 기술의 일부를 재사용하고 많은 하청업체를 그대로 유지했다. 이 일들이 일부 핵심 의회의원 선거구에서 진행되었기 때문에 정략적인 측면이 있다. SLS 프로젝트의 발사용 로켓은 130톤을 지구 궤도에 올릴 수 있도록 향상될 것이며, 새턴 5호 로켓보다 더 강력해질 것이다. 또한 새로 설계된 오리온 우주선은 여섯 명의 우주비행사를 우주로 실어 나를 것이다. 2014년, 오리온은 성공적인 시험 비행을 마쳤다.

잘 차려 입었는데 갈 곳이 없다면 어떨까? NASA의 관리자들은 돈 많이 들고 인상적인 역량을 갖추기 위해서는 확실한 목표가 필요하다는 사실을 잘 알고 있다. 그러나 돈을 지불할 만한 사람들은 더 이상 달만으로는 설득되지 않았고, 화성의 경우 엄청난 비용에 부담스러워했다. 2010년 4월 15일 존슨 우주 센터에서 열린 주요 우주 정책 발표에서 오바마 대통령은 다음과 같이 연설했다. "어떤 사람들은 우선 우리가 달에 다시 가기 위한 시도를 해야 한다고 생각한다는 사실을 저도 알고 있습니다. 그러나 저는 여기서 아주 솔직하게 말해야겠습니다. 우리는 이미 달에 다녀왔습니다."[10]

NASA는 소행성 궤도 변경 미션Asteroid Redirect Mission을 새로운 목표로 제시했다. 갑작스러워 보이는 이 미션은 로봇 우주선을 이용해 작은 소행성을 우주 깊은 곳으로부터 끌어내 달 주위의 안정된 궤도로 이동한 다음 좀 더 자세하게 연구한다는 계획이다.[11] NASA는 개발 단계의 전도유망한 계획을 수없이 많이 가지고 있으므로 이 미션도 NASA가 가진 전략의 핵심으로 불쑥 등장한 것처럼 보였다. 그러나 자문위원회와 선임 행성과학자들은 이 프로젝트에 회의적이었으므로, 예산을 확보하기 위해 힘겨운 싸움에 직면해야 했고 결국 프로젝트가 취소되었다. 그러는 동안 크게 성장한 NASA의 후배들은 점점 더 강력해졌다.

규제의 굴레

우리는 중력으로 지구에 붙잡혀 있다. 그러나 새로 시작되는 우주 산업은 관료체계와 규제에 의해 지구에 붙잡힐 위험에 처해 있다.

2006년 미국 정부는 우주 관광에 관한 120쪽짜리 규정을 발표했다. 여기에는 사전 비행 훈련에서부터 여행객을 위한 의학 표준에 이르기까지, 우주 관광에 관한 모든 것이 포함되어 있다. 우주선을 조종하기 위해서는 FAA의 조종사 자격증을 가지고 있어야 한다는 것이나, 탑승하는 사람들이 우주여행과 관련된 위험을 고지받았다는 서류에 서명해야 한다는 것 등 대부분의 규제는 지키기 그리 어렵지 않다.

그러나 우주 사업을 어렵게 하는 몇몇 규정이 있다.[12] 가장 성가신 규정은 미국의 국제 무기 수출입 규정(ITAR)이다. 로켓을 수출하기 위해서는 탱크나 총의 경우와 마찬가지로 허가를 받아야 한다. 그리고 미국 시민이 아닌 사람이 이와 관련된 작업을 할 때도 허가를 받아야 하고, 심지어는 미국 시민이 아닌 사람에게 보여주기만 할 때도 허가를 받아야 한다. 이런 규정은 실제로 전략적인 중요성이 없는 검출기나 전자 시스템에도 적용되기 때문에 많은 연구에 큰 장애가 된다. 〈이코노미스트〉는 인공위성 기술에 ITAR이 엄격하게 적용되면서 1999년 이후 상업적 인공위성 산업에서 미국의 지분이 반으로 줄어들었다고 추산했다.[13]

버진 갤럭틱도 ITAR 때문에 어려움을 겪었다. 이 회사는 뉴멕시코에 '스페이스포트 아메리카Spaceport America'를 운영하기 시작하면서 국제적인 고객 명단을 확보했다. 수출입 규제 때문에 스페이스십투와 관련된 버진 갤럭틱과 버트 루탄 사이의 거래가 여러 해 지연되었다. 루탄은 FAA와의 협상에 대해 그다지 점잖게 말하지 않았다. "그 과정이 내 프로그램을 거의 망쳐놓았다. 비용도 늘어났고, 우리 시험 조종사의 위험은 키우면서도 관련 있는 다른 사람들의 위험을 줄이지도 못했다. (…) 그리고 안전 문제의 해결 방안을 찾을 기회도 빼앗아갔다."[14] 그리고 ITAR 때문에 우주선의 내부를 볼 수 없는 외국 승객 문제도 심각했다. ITAR에 의하면 미국 시민이 아닌 영국 승객이 표를 사서 스페이스포트에 도착하면 우주선 내부를 볼 수 없도록 안대를 착용하고 우주에 가거나 아니면 집으로 돌아가야 한다. 사업에 전혀 도움이 되지 않는 것이다. 버진 갤럭틱은 승객들에게 우주선 안쪽이 보이지 않도록 설계해 이 문제를 피해갔지만, 아랍에미리트의 아부다비에서 우주선을 발사할 계획을 추진할 때 또 다른 골치 아픈 문제에 직면할 것이다. ITAR에서 아랍에미리트를 '우방'으로 분류하지 않았기 때문이다.

미국에만 이런 문제가 있는 것은 아니다. 우주여행과 관련된 모든 나라는 민간 투자를 장려하려 노력하고 있다. 유럽의 아리안스페이스Arianespace는 인공위성 발사 시장에 참여하는 나라의 절반을 포함하고 있다. 아리안스페이스는 정부 보조금을 많이 받지만 역시 EU의 관료체제로 인해 곤란을 겪고 있다. 러시아 정부는 민간 투자자들에게 RCS 에네르기아RCS Energia의 지분을 대부분 판매했지만 사업가들에게 우호적이지 않은 러시아의 관료체제로 인해 에네르기아는 40년 된 소유스 기술에 갇혀 있어야 했다. 마찬가지로 영국의 규제 환경도 만만치 않아, 버진 갤럭틱은 브랜슨의 모국에서 로켓을 발사할 수 없었다. 하지만 브랜슨은 2014년 5월 FAA가 버진 갤럭틱에게 뉴멕시코에 있는 스페이스포트 아메리카 시설에서 발사하는 것을 허락해주었을 때 기회를 잡았다.

또 다른 문제는 보험이다. 우주 보험은 여행자 보험의 연장이지만 보험회사는 우주여행의 위험을 계산할 수 없다. 로켓은 크게 다른 실패율을 보인다. 인공위성은 일반적으로 다른 인공위성으로 대체하는 비용의 10퍼센트가 보험금이어서 그 금액이 수천만 달러에 달한다. 민간 우주 로켓 발사의 경우 보험금 1억 달러에 보험료는 약 30만 달러인 것으로 알려져 있다. 미국에서는 대형 로켓에 연방 배상의 혜택이 주어진다. 1억 달러에서 30억 달러까지의 손해는 세금으로 배상된다. 보험 문제는 우주 관광 회사로서는 생각하기도 싫은, 사고와 관련된 문제를 다시 생각하게 한다.

사람들이 죽을 것이다.

컬럼비아 사고 조사 보고서에서 인용한 다음 구절을 생각해보자. "수백만 킬로그램의 위험한 추진 연료를 저장하고 연소시키는 기계 위에 사람이 앉아 있는 것에는 큰 위험이 따른다. 유성이 지구 대기권에 들어올 때처럼, 이 기계가 에너지를 열로 바꾸어 궤도 속도를 줄이는 동안 사람들을 그 속에 태워 지구로 귀환하는 것도 똑같이 위험하다."[15]

이 말은 우주 프로그램의 역사 속 스물한 명의 희생자 중 대부분이 포함된 두 번의 우주 왕복선 사고를 설명해준다. 1986년 고체 로켓 부스터의 O링 결함으로 사고가 발생해 챌린저 우주 왕복선이 폭발했다. 2003년에는 보호용 단열 패널이 손상되면서 우주선이 대기권에 재진입할 때 발생한 열이 내부로 침투해 컬럼비아 우주선을 파괴했다.

우주여행은 우리가 상상하는 것만큼은 아니더라도 실제로 위험하다. 재미있는 사실은 FAA가 다른 분야에서 지나친 규제를 한 영향으로 차량 인증에는 무심하다는 것이다. 현재 FAA는 항공기의 경우와 마찬가지로 우주선이 승객을 실어 나를 만큼 안전하다는 것을 증명하지 않아도 민간 우주선을 허가해주는 데 동의했다. 이와 관련된 규정을 인용해보면 다음과 같다. "FAA는 해로운 일이 발생하거나 발생하기 직전까지는 위험이 예상된다고 해도 규제해서는 안 된다." 따라서 안전 기준은 구체적인 문제가 발생했거나 실제 사망률이 높을 때만 적용해야 한다. 반면에 우주 관광객은 미국 정부나 운행자에게 위험에 대항할 것을 요구할 권리를 포기해야 한다. 이것은 이런 문제를 제기한다. 도대체 위험이 얼마나 큰가?

2013년 후반까지 약 540명이 우주에 갔었고 18명이 죽었다. 따라서 사망률은 3.3퍼센트이다. 발사와 재진입 과정에서 승무원들이 죽은 경우를 포함하더라도 비율은 비슷하다. 발사 건수의 대부분을 차지하는 소유스와 우주 왕복선의 사망률은 2퍼센트이다.[16]

통계 수치로 보면 우주여행의 위험성을 더 잘 알 수 있다. 언론에서는 실제보다 덜 심각하게 다루지만, 챌린저와 컬럼비아 우주 왕복선 사고에서 숨진 승무원들은 거의 틀림없이 사고 초기에는 살아 있었고, 지구로 떨어질 때 의식을 가지고 있었다. 자세한 내용을 가리고 있던 비밀의 베일이 벗겨지자 소련에서 발생한 희생자들의 경우도 마찬가지라는 사실이 밝혀졌다. 1967년 소유스가 추락할 때 우주비행사 블라디미르 코마로프Vladimir Komarov는 자신이 죽을 줄 알고 있었고, 초기 경고를 무시했던 엔지니어들에게 격노했다. 1971년 살류트 1호 우주 정거장에서 지구로 귀환하던 도중 우주비행사 세 명이 목숨을 잃었다. 160킬로미터 상공에서 환기 밸브가 파손되어 우주의 진공에 노출되었고 그들은 질식사했다.

위험에 직면했지만 최악의 사고를 피했던 경우도 있었다. 가장 기억할 만한 사건은 아폴로 13호였지만 1965년 러시아 보스호트Voskhod 2호 우주선도 착륙지점을 벗어나 한밤중에 숲이 우거진 황무지에 착륙했다. 이 우주선에 타고 있던 우주비행사 두 명은 밖에서 늑대와 곰이 울부짖는 소리를 들으며 권총을 쥔 채 추위 속에 웅크리고 있었다. 최초 달 착륙 역시 매우 위험한 것이어서 닉슨 대통령은 닐 암스트롱과 버즈 올드린이 좌초할 것에 대비한 연설문을 준비했었다. "평화로운 탐사를 위해 달에 갔던 사람들이 평화롭게 달에서 영면을 취하게 된 것은 운명이라고 할 수 있습니다."[17] 그런 일이 일어났다면 우주 프로그램은 매우 다른 방향으로 전개되었을 것이다.

이러한 사망률을 우리가 별로 심각하게 생각하지 않는 평범한 여행의 위험성과 비교하면 어떨까? 영업용 항공기는 놀라울 정도로 안전하다. 2008년에 1억 6,000만 킬로미터 비행을 통틀어 1.3명이 죽었다. 그것을 일생 동안 비행 도중 죽을 확률로 환산하면 2만 분의 1, 즉 0.005퍼센트이다. 항공시대 초기였던 1938년에는 비행 중 사망할 확률이 열 배 더 높았다. 그러나 운전 도중 사망할 확률은 훨씬 커서, 평생 자동차 사고로 죽을 확률은 84분의 1로 1.1퍼센트이다.

따라서 일생에 한 번 우주여행을 한다고 가정했을 때 우주여행은 비행기를 탈 때보다 400배 더 위험하지만 운전할 때보다는 두 배 더 위험할 뿐이다(그림 23).

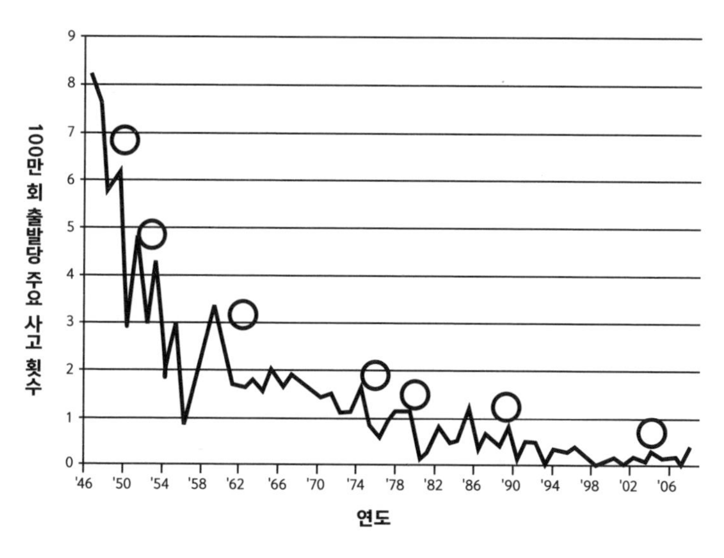

그림 23. 제2차 세계대전 이후 미국 상업 비행의 사고율.
표시된 원은 안정성이 향상된 요인이며 (좌에서부터 우로) 압력을 가한 객실, 전파 통신, 장거리 레이더, 레이더 항법, 자동화, 자동조종, 새로운 대형 제트비행기의 등장이다.

15세기 초, 중국 환관으로 해군 제독이었던 정허Zheng He(정화)는 인도, 아랍, 아프리카로 향한 일곱 번의 항해에 배 320척과 선원 1만 8,000명을 보냈다. 그들의 목표는 신기한 사물과 동물들을 새로 발견하고, 마주치는 문명을 정복해 중국 황제에게 충성을 맹세하도록 복종시키는 것이었다. 그러나 이 방대한 노력은 큰 성공을 거두지 못했다. 중국에서는 누구도 배의 소유가 허용되지 않았고, 외국 무역이 억제되었다. 탐험은 큰 소득 없이 끝났다.

15세기 말, 유럽인들은 중국 함대보다 훨씬 작고 덜 정교한 배들로 탐험을 시작했다. 그들은 정부로부터 약간의 보조를 받았지만 탐험은 대부분 무역과 식민지 확보에 의해 이루어졌다. 식민지에 정착한 이들 중 일부가 자유로운 사업을 포용하고 이전 통치자들의 숨 막히는 지배에서 벗어나도록 자유를 선언함으로써 미국을 세웠다. 바로 이 지점에, 지평선을 넘어 우주로 가는 최선의 방법에 대한 교훈을 발견할 수 있다. 위험을 감수하고, 꿈을 꾸는 사람들의 고삐를 풀어주어라.

로켓으로 돌아가기

관료체제는 사람이 만들었다. 낙관론자라면 이상적인 세상에서는 관료체계가 줄어들거나 없어질 것이라고 상상할 것이다. 그러나 물리학은 좀 더 완강하다. 우주 산업에 뛰어든 신생 기업체들은 로켓 방정식이라는 피할 수 없는 폭군과 마주해야 했다.

우리가 앞에서 살펴본 것처럼, 로켓은 운동량을 만들어내는 기계이다. 노즐을 통해 기체를 빠른 속도로 분사해서 반대 방향으로 추진력을 얻는다. 뉴턴은 물리학을 정의했고, 치올코프스키는 그것을 세 개의 변수를 포함하고 있는 방정식으로 만들었다. 두 개의 변수를 알면 방정식을 이용해 세 번째 변수를 결정할 수 있다. 어떤 빠른 손재주나 놀라운 재능도 이 사실을 바꿀 수 없다.

하나의 변수는 목표에 도달하기 위해 중력에 대항해 일하는 데 필요한 에너지이다. 저궤도에서 이것은 정지 상태로부터 초당 8킬로미터의 속도로 가속하는 데 필요한 에너지에 해당한다. 다른 두 변수는 연료와 관련되어 있다. 연료로부터 얼마나 많은 에너지나 추진력을 얻을 수 있는가 하는 것과 로켓 질량과 연료 질량의 비가 얼마나 되는가 하는 것이다.

로켓의 에너지는 연료를 구성하고 있는 원자가 재배열되면서 방출하는 에너지이다. 따라서 현대 로켓은 화학 반응의 한계 내에서 작동한다. 언젠가는 핵융합 반응을 통해 원자핵이 재배열될 때 방출하는 에너지를 사용할지 모르지만 현재는 화학 반응에만 의존하고 있다. 가장 효율적인 반응은 수소의 연소 또는 산화이다. 수소 연소의 산물은 물이기 때문에 수소는 청정 연료이다. 그러나 수소와 산소 분자는 모두 상온에서 기체이기 때문에 냉각하고 압축해 액체로 만들어야 하는 복잡한 문제를 가지고 있다. 다른 연료와 수소-산소의 연소는 어떤 점이 다른가? 수소-산소는 휘발유나 천연가스보다 킬로그램당 세 배의 에너지를 방출하고, 석탄보다는 다섯 배, 목재보다는 열 배나 되는 에너지를 방출한다. 수소-산소에 근접하는 유일한 연료에는 고도로 정제되고 휘발성이 강한 종류의 등유(RP-1)가 있다.[18]

연료가 결정되면 마지막 변수까지 결정된다. 고체나 등유를 연료로 사용하는 로켓은 95퍼센트가 연료이고, 수소-산소를 연료로 사용하는 로켓은 85퍼센트가 연료여야 한다. 이것은 새턴 5호나 우주 왕복선이 발사될 때 총중량에서 연료가 차지하는 중량을 말한다. 화물 수송기의 연료비율 40퍼센트, 디젤 기관차의 연료비율 7퍼센트, 자동차의 연료비율 4퍼센트, 선박의

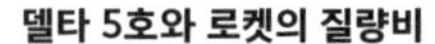

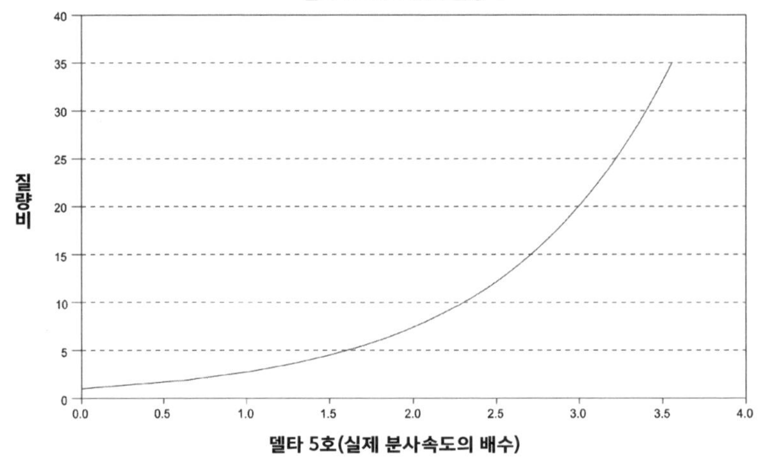

그림 24. 로켓 방정식은 속도(또는 가속도)가 초기 총중량(화물과 연료의 무게)과 마지막 증량(화물 무게)의 비에 따라 어떻게 변하는지를 나타낸다. 궤도에 도달할 수 있는 가속도를 얻기 위해서는 초기 중량의 대부분이 연료여야 한다.

연료비율 3퍼센트와 비교해보자면 우주선은 그저 연료만 운반하고 있는 셈이다. 실제로 로켓에 실리는 화물의 중량은 새턴 5호의 경우 4퍼센트, 우주왕복선의 경우 1퍼센트이다(그림 24).

로켓은 엔진, 노즐, 연료 탱크를 가지고 있다. 그리고 고압 액체 추진제를 빠르고 정확하게 연소장치로 전달하는 수많은 배관을 가지고 있다. 우주선은 스트레스, 진동, 발사 시의 g-포스를 견딜 수 있는 구조물을 가지고 있다. 또한 공기 중에서와 진공 중에서 모두 날 수 있어야 한다. 새턴 5호와 우주 왕복선 발사 장치와 달리 우주선 자체는 재사용이 가능하다. 경량과 강도를 달성하기 위해 우주선은 알루미늄, 티타늄, 마그네슘, 에폭시-탄소 복합재료를 결합해 만든다. 로켓 방정식의 제한은 매우 엄격해 엔지니어가 할 수 있는 여유는 크지 않다. 시험을 하고 모형을 만드는 일은 설계 한계보다 20~30퍼센트의 여유를 두고 진행된다. 시속 120킬로미터에서 폭발하는 자동차를 시속 100킬로미터로 운전한다고 생각해보자.

두 개의 우주 왕복선을 잃은 구조적인 문제에도 불구하고, 여기에 들어간 엔진은 훌륭했으며 로켓이 달성한 최고의 성능을 가지고 있었다. 외부 탱크는 집채만큼 컸다. 이 탱크에는 영하 250도로 냉각되고 4기압으로 압축된 극저온 액체 연료가 채워져 있어서, 이것이 1초에 1.5톤씩 엔진에 전달되었다. 우주 왕복선은 페라리와 마찬가지로 주문 생산되었지만, 비용이 아니라 성능에 좌우된 프로젝트였다. 발사를 다시 준비하는 데는 수천 시간의 인력이 필요했다. 우주비행사들은 수십만 개의 부품이 완전하게 조화를 이루면서 작동하는 정교한 기계에 타고 있다는 사실을 알고 있었다(그림 25). 또한 조금 불편하게 느껴질지 몰라도, 최저가를 써낸 입찰자에 의해 우주선이 만들어졌다는 사실도 알고 있었다. 로켓 기술은 1960년대 이후 크게 발

그림 25. 지금까지 제작된 로켓 엔진 중에서 가장 강력하고 효율이 높은 로켓 엔진.
우주 왕복선의 주 엔진으로 로켓다인Rocketdyne이 제작한 RS-25는 발사 시에 1,860kN의 추진력을 낼 수 있다.
이 엔진은 우주 왕복선의 후손들에도 사용될 것이다.

전하지 않았다. 그러나 로켓을 설계하는 비용을 줄일 수 있는 방법은 있다.

일론 머스크는 로켓을 생각할 때, 마치 물리학자처럼 생각했다. 로켓 연료가 원자를 재배열함으로써 작동하는 것처럼, 로켓 부품을 재배열해 새로운 로켓을 만드는 방법을 생각한 것이다. 그는 로켓 재료의 비용이 완성된 로켓 가격의 2퍼센트라는 사실을 알아냈다. 자동차의 경우는 20~25퍼센트이다. 스페이스 엑스는 지금까지 리벳을 사용하지 않고 용접하는 등의 방법을 통해 재료비를 절감해왔다. 또한 부품 대부분을 비싼 값에 하청을 주는 대신 직접 제작했고, 발사체계에 공통 부품을 많이 사용해 제조 과정을 단순화했다. 그리고 그들은 특허를 출원하지 않았다. 머스크가 중국인들도 요리법을 사용하듯 로켓 제작 방법을 사용하기를 바란다고 말했기 때문이다.[19] 스페이스 엑스는 주문 생산하는 페라리를 만드는 것이 아니라 기성품인 도요타 코롤라를 만들고 있다.

다른 민간 우주 회사들도 비슷한 전략을 따르고 있다. 그들이 어디까지 비용을 절감할 수 있을지 이야기하기는 아직 이르지만 초기 결과는 희망적이다.[20]

우주 기술이 얼마나 효율적인지의 기준은 1킬로그램을 지구 저궤도에 진입시키는 데 소요되는 비용이다. 새턴 5호, 우주 왕복선, 아메리칸 델타 2호, 유럽의 아리안 5호 로켓을 사용해 1킬로그램을 저궤도에 진입시키는 데는 대략 1만 달러가 소요된다. 지금까지 800번이나 발사된, 효율 좋은 소련의 소유스는 1킬로그램당 대략 5,300달러가 소요되며 소유스의 튼튼한 후계자 프로톤-M은 1킬로그램당 약 4,400달러가 소요된다. 중국에서 만드는 창정 로켓의 경제학에 대해서는 그들이 굳게 입을 다물고 있어 자세히 알 수 없지만 소유스의 효율을 앞지르지는 못한다고 알려져 있다. 버진 애틀랜틱은 1인당 25만 달러를 요구하고 있는데, 이것을 보통 성인의 몸무게

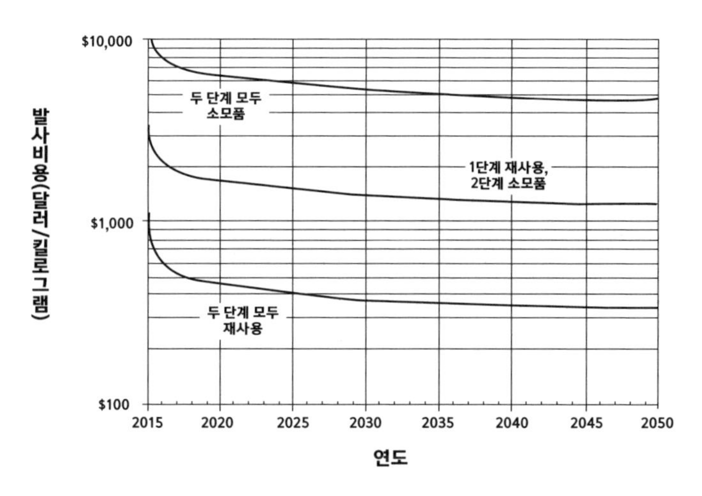

그림 26. 현재 로켓 기술을 근거로 한 예상 발사 비용. 세로축은 로그 스케일이라는 것에 주의하기 바란다. 새턴 5호와 러시아의 프로톤 같은 소모품 로켓은 매우 비싸서, 부분적으로 재사용 가능한 기술을 사용하더라도 1킬로그램당 1,000달러 이하로 낮추기는 어렵다. 전체적으로 재사용 가능한 발사체가 우주여행의 경제를 변환시킬 수 있을 것이다.

로 환산하면 1킬로그램당 3,000달러가 된다. 그러나 이는 고고도 비행일 경우이다. 스페이스 엑스는 더 높은 목표를 가지고 있다. 그들은 자신들의 새로운 팰컨 헤비 로켓이 저궤도 진입 비용을 1킬로그램당 2,200달러까지 낮출 수 있을 것이라고 예상한다(그림 26).

우주에서 살아가기

무중력 상태는 부자연스럽고 불편하다. 승객들에게 무중력 상태를 체험시키는 비행기는 '구토 혜성'이라고 불린다. 우주를 방문한 승객의 반이 어지러움, 구토, 현기증, 두통, 불안감 등이 포함된 멀미를 경험했다. 이런 증상은 2, 3일이면 사라지지만 우주비행사의 10퍼센트는 장기간 계속되는 무기

력증 형태의 우주 질병에 시달리고 있다. 이런 증상은 몸의 정상적인 기능을 저해한다.[21]

이러한 사실은 초기부터 알려졌지만, '적절한 자질'을 가지고 있으리라는 기대를 받았던 우주비행사들은 자신의 증세를 숨기려고 했다. 그러다가 알려져 지상 근무를 한 경우도 있었다. 미국 상원의원 제이크 간Jake Garn은 1985년 우주 왕복선을 타고 우주를 여행한 후 우주 멀미의 정도를 나타내는 기준이 되었다. 우주비행사들은 자신들의 증세를 말할 때 '간 스케일'로 말한다. 간은 전체 비행 동안 기본적인 임무도 수행할 수 없었다. 해양학자이며 NASA 연구원인 로버트 스티븐슨Robert Stevenson은 "제이크 간은 (···) 우주비행사들의 기준점이 되었다. 그는 사람이 겪을 수 있는 우주 멀미의 최대치를 나타낸다. 1간은 멀미로 인해 아무것도 할 수 없는 상태를 나타내며 대부분의 경우 0.1간이면 높은 편에 속한다."[22]

네덜란드 연구원은 우주비행사 훈련을 위해 사용하는 것과 같은 원심력 장치에 사람들을 태운 후, 이 장치를 떠난 다음에 비슷한 증세를 나타내는지를 알아보는 실험을 했다.[23] 이런 실험을 통해 우주 멀미는 무중력 상태로 인한 것이 아니라 다른 중력 상태 때문이라는 것을 알게 되었다. 실제로 우주비행사는 무중력 상태에 노출되는 것이 아니다. 중력은 우주 어느 곳에서나 작용한다. 지구궤도에서는 우주비행사와 '우주선'이 앞으로 진행하는 것과 같은 비율로 자유낙하하고 있다. 따라서 그들은 우주선 안에 떠 있을 수 있게 되는 것이다. 따라서 미소중력microgravity이 좀 더 정확한 용어이다.

미르 우주 정거장 덕분에 러시아는 무중력 상태에서 가장 오래 머문 기록을 가지고 있다. 발레리 폴랴코프Valerie Polyakov는 1980년대에 438일을 미르에 머물렀고 다른 세 명의 우주비행사는 1년 이상을 머물렀다. 세르게이 크리칼레프Sergei Krikalev는 여섯 번 우주에 가서 총 803일을 머물렀다. 이들이 우주에 체류하는 동안의 경험은 우리가 화성에 인간을 보낼 때 일어날 수 있는 일들에 대해 중요한 정보를 제공하고 있다.

이들을 통해 알게 된 전체적인 생리학적 효과를 살펴보면 잠정적인 우주 여행자들에게 어떤 일들이 일어날지를 예상할 수 있다. 중력의 부재는 체형을 변화시킨다. 우주로 가면 키가 5, 6센티미터 더 커진다. 이러한 팽창(그리고 지구로 돌아왔을 때의 수축)은 매우 고통스럽다. 내부 장기는 위쪽으로 쏠리고, 얼굴은 부어오르며, 허리와 다리는 가늘어진다. 그 결과 만화에 등장하는 강한 남자와 같은 모습이 된다. 그러나 이것은 모두 겉으로 보이는 효과에 불과하다. 몸속에서는 맞서 싸울 중력이 없기 때문에 근육은 위축되며 뼈는 가늘어지고 약해진다. 우주비행사들은 이런 효과를 방지하기 위해 하루에 두세 시간씩 운동을 해야 한다. 심장도 약해지고, 혈압 역시 가끔 의식을 잃을 정도로 낮아진다. 우주에서는 면역체계도 약해진다. 체액이 위쪽으로 쏠려 충혈과 두통을 일으킨다. 포도당 내성과 인슐린 민감 지수도 크게 변한다.

그들은 지구 대기의 보호를 받지 않기 때문에 우주 방사선이 낮은 정도의 뇌손상을 유발하고 이는 알츠하이머 발생을 촉진시킬 수 있다. 눈도 어려움을 겪게 된다. 러시아 우주비행사 발렌틴 레베데프Valentin Lebedev는 8개월을 우주에서 보낸 후 백내장에 시달렸고 결국 실명했다. 우주 방사선은 안구에 밝은 불꽃을 만들어 디스코 볼 같은 것이 보이게 한다.[24]

적절한 음식은 물리적 불편을 해소하거나 적어도 의욕을 고취시킨다. 초기 우주비행사들은 조미료를 가미한 반죽을 튜브에 담은 것이나 한 입 크기로 동결 건조된 스낵을 먹었다. 공중에 떠다니는 부스러기나 액체 방울이 정밀한 전자 장비를 망가트릴 수 있기 때문에 모든 방법을 동원해 이를 방지하고 있다. 현재는 상황이 훨씬 좋아졌다. 우주비행사들은 파우치에 든

새우 칵테일, 비프 스트로가노프, 체리 주빌리(바닐라 아이스크림에 체리가 들어간 디저트-옮긴이)를 즐길 수 있다. 우주 음식물의 준비, 밀폐, 멸균, 가열을 위해 NASA가 개발한 많은 기술은 식료품 산업에 응용되고 있으며 전 세계의 게으른 이들이 즐기고 있다. 물을 만들어내는 우주 왕복선의 연료 전지는 궤도 위에서 물로 음식을 재가공해서 발사 중량을 줄이는 부대적인 이익을 창출하고 있다.

궤도를 돌고 있는 우주 정거장에서의 모습은 상당히 친숙하다. 스카이랩 우주비행사들이 발고리를 이용해 '앉을' 수 있는 테이블 주위에 모여든다. 모두 나이프, 포크, 스푼과 플라스틱 밀폐 용기를 자르는 데 사용할 가위를 가지고 있다. 국제 우주 정거장은 8일 주기로 돌아가면서 다른 종류의 음식을 제공하지만, 1년을 그곳에서 생활한다면 이 메뉴에도 지겨워질 것이다. 메뉴의 반은 미국식이고 반은 러시아식이다. 승무원들은 훈련 기간 동안에 다른 나라의 음식을 조사하고 맛본다. 다른 나라에서 온 사람들이 우주 정거장에 머물게 되면서 버거와 보르시치(러시아식 수프-옮긴이)로 가득하던 메뉴가 점차 다양해졌다.[25]

우주비행사들은 세 번 식사하고 때때로 간식을 먹는다. 한밤중에 간식을 먹기 위해서는 여러 이유로 착륙이 지연될 경우에 대비해 가져온 예비 식품을 찾아내야 한다. 다른 사람의 음식을 빼앗아 먹는 것은 심각한 도발이다. 모든 우주비행사의 음식은 기호에 따라 주문 생산되어 여러 가지 색깔의 점으로 누구의 것인지 표시되어 있다. 그러나 비행하다 보면 이들이 뒤섞인다. 이렇게 음식물 종류가 제한되어 있다 보니 영양소를 조화롭게 섭취하기도 어렵다. 비타민 D는 꼭 보충해주는데, 이것의 생산을 도와줄 햇빛이 없고 부족하면 지나친 뼈의 손실을 가져올 수 있기 때문이다. 평소에 섭취하는 것보다 철분의 양은 줄이는데, 우주비행사들은 평소처럼 철분을 흡수할 만큼 충분한 적혈구를 만들지 않기 때문이다. 열량은 같은 수준으로 유지한다.

들어간 것은 밖으로 나와야 한다. 폐쇄된 공간인 우주선이나 우주 정거장에서 배설물은 가장 큰 문제이다. NASA는 우주비행사들에게 배설물을 지름 5센티미터 정도의 입구를 통해 내보내는 방법을 가르치는 '포지셔널 트레이너positional trainer'라는 것을 사용하게 한다. 그것을 사용하는 동안에 아래에서 위쪽에 있는 비디오를 바라본다. 먼 과거에는 기저귀를 사용했지만, 우주 화장실에 문제가 생겼을 때 우주비행사들은 좀 더 원시적인 방법을 사용하기도 했다. 2008년 국제 우주 정거장의 변기가 고장 났다. 텔레비전 풍자가 스티븐 콜버트Stephen Colbert는 자신의 쇼에서 '봉지 모양의 수집 장치'라는 것을 보여주어 NASA에 굴욕을 안겨주었다. NASA가 다음 세대 변기를 위한 명칭을 공모하자, 콜버트는 시청자들에게 적극 참여해서 NASA 웹사이트를 마비시켜 버리라고 부추겼다. 그가 이겼다. 그러나 NASA는 꽁무니를 빼고 계획을 변경해 변기 이름을 '콜버트'로 붙이기를 거부하고 '트랭킬리티Tranquility'로 지었다.[26]

우주에 갔던 수백 명에게, 그 경험은 물리적 어려움을 능가했다. 쥘 베른의 《80일간의 세계일주》에 나오는 주인공 필리어스 포그가 80일 걸렸던 것을 90분 만에 횡단하고, 검은 하늘을 배경으로 휘어진 지구의 가장자리를 보면서 지평선 너머를 곁눈질 할 수 있다는 것은 위대한 경험이 틀림없다. 그리고 그것은 단지 우주의 가장자리일 뿐이다. 그 너머에 있는 수없이 많은 매력적인 세상이 우리를 부르고 있다.

CHAPTER
7

수많은 행성

창백한 푸른 점

우주비행사들이 겪는 어려움에서 알 수 있듯, 우리는 우리 환경에 완전히 적응했다. 지구는 장갑처럼 우리에게 잘 들어맞는다. 중력, 낮과 밤의 길이, 공기의 성분, 기후가 모두 우리 편이다. 인류는 기술의 도움 없이도 수만 년 동안 지구상에서 살아왔다.

그렇다면 우리는 지구를 떠나는 것에 대해서 지구 환경으로부터 무엇을 배울 수 있을까?

지구는 우리가 험난한 물리적 환경에서도 적응하고 살아갈 수 있음을 보여준다. 이 책의 앞부분에서 이미 살펴보았듯, 인류는 아프리카로부터 전 세계로 퍼져 중동 지방의 메마른 사막이나 시베리아의 얼어붙은 툰드라와 같이 생존에 비우호적인 많은 환경에 적응했다. 오늘날에도 이 초기 항해자의 후손들이 거친 장소에 정착지를 건설하고 있다. 가장 덥고, 가장 높고, 가장 건조하고, 가장 추운 곳에서 살아가고 있는 사람들의 강인함을 생각해보자.

아메리카 원주민인 팀비샤Timbisha족은 1,000년이 넘는 세월 동안 모하비 사막에 있는 퍼니스 크릭Furnace Creek 부근에 살았다. 1840년대 골드러시가 한창일 때 캘리포니아로 향하던 사람들은 이곳을 '죽음의 계곡'이라고 불렀다. 퍼니스 크릭은 여름에 기온이 57도까지 올라가는 황폐한 땅이다. 그러나 지난 세기에 전통적인 생활 방식이 쇠퇴하기 전까지 이 땅은 팀비샤족이 필요로 하는 모든 것을 제공했다. 이 종족은 야생 열매와 과일을 수확하기 위해 계절 여행을 했고, 잣과 메스키트 콩을 주로 먹었으며 도마뱀과 토끼로 식단을 보충했다.[1]

여기서 수천 킬로미터 남쪽으로 내려가면, 페루 안데스산맥의 5,100미터 고지에 아직도 원주민들이 살아가고 있다. 그들은 현재 유목 생활을 포기하고 금광에서 고된 노동을 하고 있다. 익숙해지지 않는 두통을 비롯한 고산병 증세가 나타나기에 충분한 고도이다. 라 린코나다La Rinconada의 광부들은 광산 옆에 살기 때문에 수은 중독으로 고통받고 있다. 그들은 임금을 받지 않는 대신, 매달 말에 자신들이 어깨로 나를 수 있을 만큼의 광석을 가져가도록 허락받는다. 인간이 겪는 가장 큰 모욕은 땅으로부터가 아니라 인간으로부터 오는 법이다.

안데스산맥을 따라 계속 내려가면 칠레 아타카마 사막의 거주자들이 비가 한 번도 내린 적이 없는 곳에서 살아가고 있다. 어떤 강바닥은 10만 년 이상 말라 있었다. 과학자들은 미래 화성 탐사에 사용될 장비를 시험하기 위해 이곳의 메마른 땅을 찾아온다. 이곳에서 발견된 가장 오래된 미라는 비슷한 이집트 유물보다 수천 년이나 오래되었다. 약 2만 명의 아타카메뇨스Atacameños 족이 자신들의 큰자 어는 사라졌지만 아직도 그곳에서 살아가고 있다. 그들은 라마 목축을 하고 있으며 옥수수를 재배해서 달빛에 발효시켜 먹는다. 그들은 카나베리로 시럽과 잼을 만들어 먹고 몸을 치료하는 데도 쓴다. 그들 중 일부는 아직도 남반구에서의 동지인 6월 21일에 동물을 제물로 바치기 위해 리칸카부르Licancabur 화산에 오른다. 희생 의식에서는 칼을 양이나 염소의 가슴에 꽂고, 아직 뛰고 있는 심장을 꺼내 해가 뜰 때 위로 높이 쳐든다.[2]

시베리아의 오이먀콘Oymyakon은 지구상에서 사람이 살고 있는 지역 중 가장 춥다. 여기서는 펜의 잉크가 얼어붙고, 쇠젓가락이 얼굴에 붙으며, 침을 뱉으면 땅에 떨어지기 전에 얼어붙는다. 한밤중에는 새가 하늘에서 떨어지기도 하고, 영구동토층이 녹았다 다시 어는 과정에 관이 땅 밖으로 나오기도 한다. 에벤키Evenki 족은 마을을 이루지 않고 순록을 키우는 유목 생활을 더 좋아한다. 그들은 순록 떼를 쫓아다니기 위해 매일 텐트를 쳤다가 접고, 썰매를 타고 울퉁불퉁한 지역과 눈밭 위를 달려 하루에 32킬로미터 이상 이동한다. 돼지기름이 그들의 주식이며, 순록이 죽으면 그들은 모든 부위를 먹는다. 저녁이 되면 자작나무 가지를 깎아서 만든 창을 이용해 늑대들로부터 순록 떼를 보호한다. 에벤키 족의 고대 조상들 중 일부가 육지로 연결되어 있던 베링 해협을 건너 최초의 미국인이 되었다.[3]

수천 년 동안 우리는 혹독한 환경에 물리적으로, 그리고 유전적으로 적응했다. 북극이나 그 근처 지역에서 여러 세대를 살아온 사람들은 따뜻한 열대지방에 사는 사람들보다 몸집이 크다. 몸집이 크면 열을 많이 발생하고, 몸무게에 비해 피부 면적이 작아 방출되는 열도 적다. 키가 크고 팔다리가 길며 마른 체형을 가진 동부 아프리카의 마사이족과, 키가 작고 땅딸막한 북극 가까이의 이누이트족 사이의 차이도 이 원리로 설명할 수 있다. 체지방 저장량이나 기본적인 신진대사 비율에서도 비슷한 차이를 보인다. 고도가 높은 지방에 사는 사람들의 적응 메커니즘에는 헤모글로빈 생성을 증가시키는 것(페루와 볼리비아의 높은 산골짜기의 원주민), 그리고 넓은 동맥과 모세혈관을 이용해 더 많은 산소를 근육에 전달하는 것(네팔과 티베트의 원주민)도 포함된다.

기술 없이는 지구의 가장 높은 지점과 가장 낮은 지점에 사람이 살 수 없다. 지금까지 160명의 서양 등산가들이 산소 없이 8,000미터가 넘는 에베레스트를 등반했다(산소의 도움을 받아 등반한 사람까지 합하면 5,000명이 넘는다). 그리고 장비 없이 잠수할 수 있는 깊이는 125미터이다. 기술의 도움을 받으면 이 한계는 훨씬 깊어진다. 앨런 유스터스Alan Eustace는 고압 방호복을 입고 3만 8,968미터까지 잠수했으며 영화감독 제임스 캐머런James Cameron은 딥씨 챌린저DeepSea Challenger 잠수함을 이용해 마리아나 해구의 바닥인 1만 908미터까지 잠수했다. 이 모든 것은 일시적인 실험이었으며 모험가들을 위험에 노출시켰지만 잠시 동안만이었다.

블레즈 파스칼Blaise Pascal은 1669년 출간한《팡세Pensées》에 "모든 인류의 문제는 방에 혼자 조용히 앉아 있는 인간의 무능력에 기인한다"라고 썼다. 우리는 방랑객이다. 우리는 사회적 상호작용을 필요로 한다. 우리는 자극을 열망한다. 지구라는 피난처를 떠난다면 우리는 살아가는 데 필요한 모든 조건을 만족시키기가 어렵다. 우주에 가게 되면 인류는 한정된 감각 환경 안에 갇히게 되고 '종족'의 다수와 정상적인 상호작용을 할 수 없게 된다.

보이저 1호는 발사 후 12년이 지난 1990년에 60억 킬로미터 떨어진 태양계 가장자리에서 뒤를 돌아보면서 사진을 찍었다. 검은 바다 같은 우주 한가운데 떠 있는 푸른색 작은 점처럼 보이는 지구의 모습에는 '창백한 푸른 점'이라는 이름이 붙었다(그림 27).

칼 세이건은 이 사진을 요청했고, 1994년에 쓴 그의 책《창백한 푸른 점》에서 이에 대해 회고했다.

그림 27. 60억 킬로미터 떨어진 곳에서 본 지구. '창백한 푸른 점'이라는 이름은 1990년 보이저 우주선이 지구를 돌아본 후에 칼 세이건이 지었다. 우리가 우주여행을 한다면 지구와 같이 생명체가 살아갈 수 있는 행성을 만나기 위해서는 아주 먼 거리를 여행하는 모험을 해야 할 것이다(흰 줄은 카메라의 광학적 효과로 인한 것이다).

이 점을 다시 생각해보자. 그것은 여기이다. 그것은 우리들의 고향이다. 그것은 우리들이다. 그 위에서 우리가 사랑하는 모든 사람들, 우리가 알고 있는 모든 사람들, 우리가 들은 적이 있는 모든 사람들, 예전에 있었던 모든 사람들이 각자의 인생을 살아가고 있다. 우리의 기쁨과 고통, 확신에 찬 수천 가지 종교들, 이념들, 경제적 신조들이 그곳에 있으며, 모든 사냥꾼들과 약탈자들, 모든 영웅들과 겁쟁이들, 모든 문명의 창조자들과 파괴자들, 모든 왕들과 농민들, 모든 사랑하는 젊은 남녀들, 모든 아버지들과 어머니들, 희망에 찬 어린이들, 발명가와 탐험가들, 모든 윤리 교사들, 모든 부패한 정치가들, 모든 '슈퍼스타', 모든 '뛰어난 지도자들', 역사에 있었던 모든 성인들과 죄인들이 그곳에 살았거나 살고 있다. 햇살에 매달려 있는 먼지로 이루어진 작은 점 위에.[4]

서식 가능한 장소들

지구상의 생명체들은 생각할 수 있는 모든 생태 환경에 침투해 있다. 인간은 온도, 압력, 공기의 화학적 조성 등에서 '골디락스 존Goldilocks Zone(거주가 가능한 구역)'이 필요하다. 그러나 미생물은 그다지 제한적이지 않다. 미생물은 끓는점보다 높은 온도나 어는점보다 낮은 온도, 해수면 기압의 10분의 1밖에 안 되는 낮은 기압 상태에서 100배가 넘는 높은 기압 상태에 이르기까지, 그리고 배수관 청소 세제 같은 강염기성에서 전지에 사용되는 전해액의 강산성에 이르기까지, 다양한 조건에서 번성할 수 있다. 높은 고도에 있는 성층권에서도, 깊은 바다나 화산의 분화구에서도 생명체가 발견된다.

이런 미생물들을 통틀어 극한환경생물이라고 부른다. 생명체들은 극한환경생물들에게나 정상이라고 할 수 있는 불리한 조건에도 빠르게 적응한다. 우리 같은 거대한 포유동물이 이렇게 불리한 조건에 취약하다는 점이 오히려 특이하다.[5]

극한환경생물이 모두 미생물은 아니다. 완보동물은 여덟 개의 다리와 작은 뇌, 내장 기관과 하나의 생식선을 가지고 있는 동물로 시침핀 머리보다 조금 더 크다. 다른 이름으로 '물곰'이라고도 부르는 완보동물은 끓는점보다 높은 온도를 견딜 수 있고, 절대온도 1도보다 낮은 온도에서도 살아남을 수 있으며 가장 깊은 해구에서보다 높은 압력과 우주의 진공, 그리고 다른 동물이 견딜 수 있는 것보다 1,000배 더 강한 복사선을 견딜 수 있다.[6] 완보동물이 극한 상황을 견뎌내는 가장 좋은 전략은 휴면상태를 이용하는 것이다. 완보동물은 신진대사를 거의 정지 수준까지 감소시키고, 몸에 포함된 물을 3퍼센트 이하로 감소시킬 수 있다. 그러다가 물이 더해지면 다시 살아난다.[7] 완보동물은 우주에서 살아남는 방법을 우리에게 가르쳐주고 있다.

인류가 지구 밖으로 나갈 때 가장 핵심적인 문제는 거주 적합성이다. 우리는 살아가는 데 필요한 조건을 갖춘 밀폐된 우주선 안에 갇힌 채 정상적인 생활을 하면서 장기간 여행할 수도 있을 것이다. 그러나 그런 환경에서 오랫동안 살아가기 위해서는 어마어마한 양의 에너지와 물자, 비용이 필요할 것이다. 만약 멀리 떨어진 그곳에서 에너지를 확보할 수 있고, 생명체에게 필요한 원료를 그곳에서 추출할 수 있다면 생존이 훨씬 쉬워질 것이다.

지구상의 생명체는 다양하지만 통일되어 있다. 코끼리와 나비, 버섯 포자는 모두 같은 형태의 유전자를 가지고 있고, 모두 약 40억 년 전에 하나의 공통 조상으로부터 유래했다. 유전정보의 발현과 변이가 놀랍도록 다양한 생명체와 복잡한 기능을 만들어냈다. 지구는 우리가 아는 선에서 생명체를 가진 유일한 장소일 뿐이다. 생명체의 한 예라고 할 수 있는 지구 생명체를 조사해서 알게 된 정보만을 가지고 생명체에 필요한 서식환경을 모두 규정할 수는 없다. 지구에서는 생명체가 자연선택에 의해 진화해 모든 물리적 환경의 거의 '모든 층을 채우고' 있다. 따라서 외계 행성에서도 생명체가 모든 물리적 환경을 채우고 있을 것이라고 생각하고 싶은 유혹을 느낀다. 그러나 이것은 어디까지나 가정이다. 지구에서 생명체가 어떻게 시작되었는지 알아내거나 지구 밖에서 다른 생명체를 찾아내기 전까지는 생물학이라는 것도 그저 요행에 지나지 않을지 모른다.

새로 생겨나고 있는 학문 분야인 우주생물학은 지구에서 생명체가 어떻게 시작되었는지, 생명체가 있을 만한 다른 곳은 어디인지, 그런 장소들 중에 실제로 생명체를 포함하는 곳이 있는지와 같은 것들을 이해하려고 노력한다. 하지만 기대치를 결정할 수 있는 생명활동에 대한 '일반적인 이론'을 알아내지 못하면 천체생물학은 전체적으로 경험적인 학문에 머물고 말 것이다. 우주에 우리가 유일한 존재인지를 알아내기 위해 우리는 앞을 바라보아야 한다.

우리가 아는 한 생명활동을 위한 최소한의 필요조건은 탄소, 물, 에너지이다. 탄소는 생명체를 구성하는 복잡한 분자의 기본적인 구성요소이다. 유기화학은 탄소 원자의 다양한 결합 방법에 의존한다. 물은 화학반응을 촉진시키고 복잡한 구조를 만드는 좋은 매질이며 모든 지구 생명체의 주성분이다. 딱정벌레는 40퍼센트가 물이고, 해파리는 99퍼센트가 물이다. 탄소와 물은 우주에 풍부하게 존재하기 때문에 생명체를 위한 필수 물질이라고 해도 생명체가 존재하는 데 큰 제한이 되지는 않을 것이다. 세 번째 요소는 에너지이다. 인류는 태양에 의존하는 먹이사슬의 정점에 있지만 그렇다고 해서 모든 생명체가 태양과 같은 별의 에너지를 필요로 한다는 뜻은 아니다. 일부 지구 미생물은 화산 배출구에서 나오는 열을 이용해 살아가거나 암석 안에 들어 있는 천연 방사성 원소에서 나오는 열을 이용해 살아간다. 이 경우 에너지의 기원은 지구이다.

미생물과 인간에게 생존 가능성은 전혀 다른 의미이다. 미생물은 기본적인 유기물과 물, 지역적 에너지원을 가지고 있는 장소면 충분하다. 대형 포유동물의 경우는 훨씬 까다롭다. 온도, 서식지, 기후가 적당해야 하고 일교차나 계절적 변화가 너무 크면 안 되기 때문에 행성의 자전과 공전 속도가 적당해야 한다. 그리고 생리작용이 수용액에 의해 조절되기 때문에 안정적인 물의 공급이 필수적이다. 전통적으로 우주생물학에서 서식 가능 지역은 행성 표면에 액체 상태의 물이 존재할 수 있을 정도로 별에서 적당하게 떨어져 있는 지역으로 정의하고 있다.[8]

우리는 앞으로 수십 년 안에 태양계 대부분 지역을 방문할 수도 있겠지만, 생명체를 찾아내기 위해서는 조건이 아주 나쁘지 않은 목적지를 찾아내야 한다. 태양계 내에서 어디가 서식 가능 지역이고 어디가 아닐까?

달과 수성은 공기를 잡아두기에 너무 작고 지질학적으로는 죽은 천체이다. 표면은 운석의 충돌로 가루가 되어 있고, 우주광선이 강하게 내리쬐고 있어서 미생물조차도 살아갈 수 없다. 금성은 크기나 질량은 지구와 쌍둥이라고 할 수 있지만 과거에 있었던 활발한 화산 활동으로 너무 많은 이산화탄소가 공기 중으로 방출되어 폭주온실효과가 일어났다. 그 결과 대기의 밀도는 우리가 숨 쉬는 공기의 밀도보다 100배 더 높다. 대기의 온도는 납을 녹일 정도로 높으며 아세틸렌과 황산 같은 독성 물질이 많이 포함되어 있다. 따라서 판정 결과는 생명체가 없는 험악한 장소이다.

태양계 바깥쪽으로 향하면 화성에 도착한다. 이 붉은 행성은 전통적인 서식 가능 지역 가장자리에 위치해 있다. 표면에 물이 존재하기에는 너무 춥고, 대기의 밀도는 너무 낮아 물 한 컵을 표면에 놓으면 1초 안에 증발해버릴 것이다. 그러나 지하에 물이 있을 것이라는 간접적인 증거가 있다. 지하에서는 암석에 포함된 방사성 원소가 내는 열과 암석의 압력으로 인해 물이 액체 상태로 존재할 수 있기 때문이다. 화성은 이 지하 오아시스에 미생물을 가지고 있을 가능성이 있다.[9] 이런 이유로 화성은 미래 탐사선이나 로버가 가장 선호하는 목적지가 될 수 있다.

기체 행성들은 오랫동안 완전히 죽은 행성이라고 생각되었다. 목성, 토성, 천왕성, 해왕성은 태양에서 지구 사이 거리의 5~40배 멀리 떨어져 있어 서식 가능 지역을 멀리 벗어난다. 그러나 1980년대에 보이저 탐사선이 목성의 위성 유로파가 바다와 얼음으로 덮여 있는 '물 세상'이라는 것을 발견해 사람들을 놀라게 했다(그림 28). 최근에는 카시니 탐사선이 토성의 거대 위성 타이탄을 자세히 조사했다. 타이탄은 호수, 강의 삼각주, 구름, 두터운 질소로 이루어진 대기를 가지고 있다. 타이탄은 기분 나쁠 정도로 지구와 비슷하지만 구성 성분은 다르다. 호수는 에탄, 메탄, 암모니아로 이루어졌다. 카

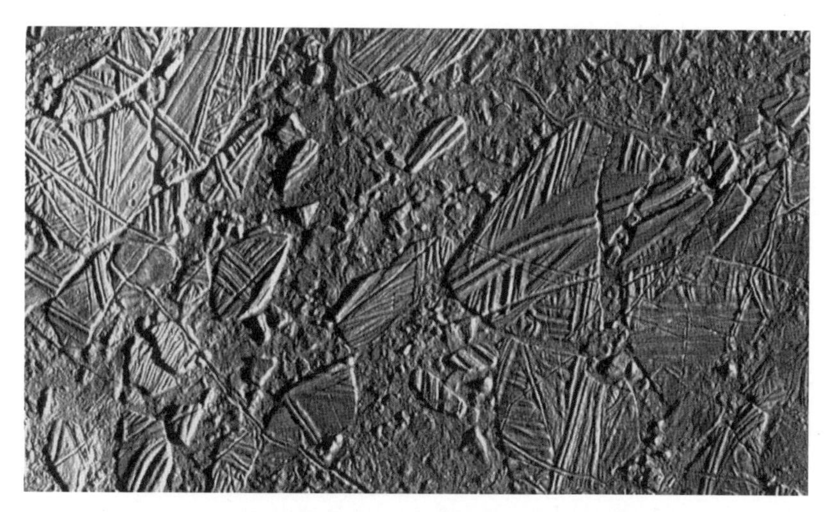

그림 28. 유로파는 전통적인 서식 가능 지역 바깥에 있는 목성의 큰 위성이다.
그러나 이 위성은 생명을 위한 모든 요소를 다 가지고 있다.
이 사진에 보이는 얼음 밑에는 수 킬로미터 깊이의 바다가 있고, 암석으로 된 내부로부터 열이 흘러들고 있다.

시니가 토성의 위성 엔켈라두스Enceladus의 표면에서 얼음 결정을 공중으로 분출하는 간헐천을 발견한 것도 더욱 놀라운 일이다. 로드아일랜드 주(미국에서 가장 작은 주-옮긴이)보다 크지 않은 위성인 엔켈라두스는 지하에 물을 가지고 있어 생명체에 필요한 모든 요소를 갖추고 있다. 태양계의 위성들 중에는 커다란 생명체는 모르지만 미생물이라면 살아갈 만한, 서식 가능한 '지점'들이 10여 개 정도 될 것으로 추정된다.[10]

우리가 태양계에 대해 알고 있는 것들은 지구 너머에 있는 생명체에 대한 생각의 기초가 된다. 우리 행성은 서식 가능한 세상으로 비할 데 없이 좋은 장소이지만, 우리는 '골디락스 존' 너머에도 생명체가 존재할 것이라고 확신하고 있다.

저 너머의 세상

만약 우리가 계속 우주여행 기술을 열심히 발전시킨다면, 언젠가는 별로 여행하는 능력을 가지게 될 것이다. 태양계 밖으로 '뻗어 나가'거나 아니면 태양계 너머에 있는 세상을 단순히 궁금해한다고 해도 우리는 우리 행성의 안전한 항구에서 벗어나 먼 우주로 모험을 떠나야 한다. 별들 사이는 거의 완전한 진공이다. 이곳은 각설탕 하나의 부피에 원자가 하나 들어 있는 정도로 밀도가 낮아 우리가 숨 쉬고 있는 공기보다 3,000조 배 더 희박하며, 온도는 절대영도보다 조금 높은 영하 270도이다. 수십 년 전까지만 해도 우리는 태양계 밖에 있는 다른 안전한 항구에 대해서 상상만 했다. 그러나 현재 우리는 그런 곳이 실제로 존재한다는 것을 알고 있다.

외계 행성을 처음 발견한 망원경은 구경이 2미터도 안 되는 작은 것이어서 세계 50대 망원경 목록에 들지 못했다. 이 망원경은 선명한 별 사진을 찍기에 충분할 정도로 높은 곳에 설치되어 있지 않았고, 검은 하늘을 볼 수 있을 정도로 제네바에서 충분히 멀리 떨어져 있지도 않은 그저 그런 곳에 있었다. 이 망원경으로 이중성(쌍성)이 서로 돌면서 한 별을 가려서 식을 일으키는 동안에 별빛의 세기 변화를 측정해 이중성의 성질을 조사하는 프로젝트를 수행했다.

그러나 천문학자 미셸 마요르Michel Mayor와 디디에 쿠엘로Didier Queloz는 밝은 별인 페가수스자리 51번 별의 광도 그래프를 보고 깜짝 놀랐다. 이 별은 이중성에 속해 있지 않았다. 대신 4일에 한 바퀴씩 이 별을 돌고 있는, 목성 질량의 반 정도 되는 질량을 가진 행성을 거느리고 있었다. 이 기체 행성은 목성이 태양을 공전하는 것보다 20배 빠르게 이 별을 공전하고 있었다. 수세기 동안의 상상과 수십 년 동안의 탐사 후에 이 스위스 팀이 태양계 밖에서 처음으로 행성을 찾아낸 것이다.[11] 그들은 아마 이 발견으로 미래에 노벨상을 받을 것이다.

1995년 마요르와 쿠엘로의 발견으로 인해 과학의 새로운 분야가 시작되었다. 외계 태양계, 또는 외계 행성에 대한 연구가 폭발적으로 늘어난 것이다.[12]

외계 행성의 발견은 기술의 한계를 넓혔다. 목성은 태양빛의 1억분의 1만 반사한다. 따라서 멀리 있는 목성은 엄청나게 밝은 별 가까이에 깃들어 있는 희미한 점으로 보일 것이다. 외계 행성의 실제 사진을 찍는 것은 매우 어려운 일이어서 지난 10년 동안 노력한 끝에 겨우 실제 사진을 찍는 데 성공했다. 마요르와 쿠엘로는 간접적인 방법을 사용해 행성을 찾아냈는데, 보이지 않는 행성이 중심별과 벌이는 줄다리기에 의해 만들어지는 주기적인 별빛의 변화를 측정하는 방식이었다. 행성이 별을 돌 때 중심별도 정지해 있는 것이 아니라 공통의 질량 중심을 돌게 된다. 예를 들어, 멀리서 보면 목성이 공전 주기인 12년마다 한 바퀴씩 태양의 가장자리를 중심으로 태양을 돌게 만든다. 행성은 별을 진동하도록 만들고 이런 별의 운동은 빛의 도플러 효과를 이용해 측정할 수 있다. 고해상도의 분광기는 1,000만분의 1만큼 파장이 변하는 아주 약한 신호를 분석해낸다.[13] 도플러 효과를 이용하면 외계 행성의 질량, 공전 주기를 알 수 있고, 이런 정보를 케플러 법칙에 적용하면 별과 행성 사이의 거리를 알 수 있으며 따라서 행성의 온도도 알아낼 수 있다.

마요르와 쿠엘로의 발견이 놀라운 이유는 거대한 기체 행성들의 경우 공전 주기가 수십 년 될 정도로 별에서 멀리 떨어져 있을 것으로 생각했기 때문이다. 다른 행성 사냥꾼들은 행성의 흔적을 발견하려면 여러 해 동안 데이터를 수집해야 한다고 생각했었다. 아무도 어떻게 별 가까이에 거대한 행성이 형성될 수 있는지 이해하지 못했다.

1995년 이후 외계 행성을 찾는 연구가 크게 늘어났다. 그들은 기술을 발전시켜 관측 가능 한계를 목성 크기의 질량에서 해왕성 크기로, 현재는 지구 질량 정도로 크게 넓혔다. 대략 여섯 개의 태양 비슷한 별 중 하나는 그 주위에 행성을 가지고 있고, 많은 경우 여러 개의 행성을 가지고 있다.[14] 예를 들면 지구로부터 130광년 떨어져 있는, 태양 같은 별 HD10180은 일곱 개의 확인된 행성을 가지고 있고, 두 개의 확인되지 않은 행성을 가지고 있어 우리 태양계만큼이나 많은 가족을 거느리고 있다(그림 29).

목성 같은 거대 기체 행성이 별에 매우 가깝게 존재하는 경우인 '뜨거운 목성hot Jupiters'의 첫 발견은 수수께끼였으며 코페르니쿠스의 원리(지구는 특별하지 않다)가 깨졌을지도 모른다는 뜻이었다. 만약 암석으로 이루어진 작은 행성들이 태양 가까이 있고 기체로 이루어진 거대 행성들이 멀리 떨어져 있

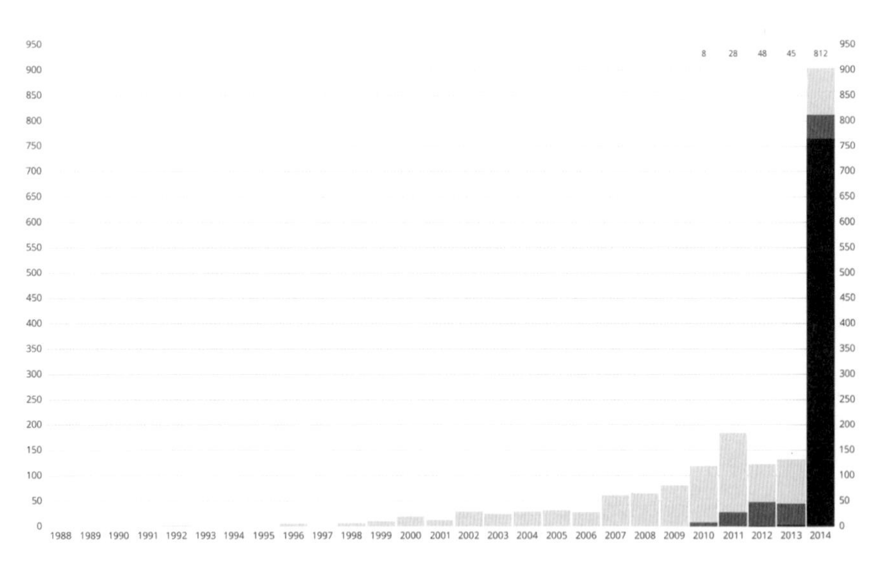

그림 29. NASA의 케플러 망원경에 의해 최근에 발견된 외계행성들의 수.
가장 옅은 회색은 도플러 효과만을 이용하여 발견된 행성들을 나타내고,
중간 회색과 가장 짙은 회색은 케플러 망원경으로 한 번 또는 여러 번 행성통과가 확인된 것을 나타낸다.

는 우리 태양계의 구조가 일반적인 것이 아니라면 어떨까? 이론가들은 충분한 기체가 존재하지 않는데도 어떻게 별 가까이에서 거대한 행성이 형성될 수 있는지 설명하지 못하고 있다.

해답은 행성들이 항상 먼 궤도에만 머물러 있는 건 아니라는 데 있다. 중력으로 인해 행성들은 태양 주위를 계속 돌고 있지만 행성들에는 궤도를 불안정하게 만드는 다른 작은 힘들도 작용해 운동을 재배열하고, 별 가까이 다가가도록 하며, 때로는 행성계 바깥쪽으로 멀어지게 만들기도 한다. 마요르와 쿠엘로가 발견한 것과 같은 뜨거운 목성은 먼 곳에서 형성되어 안쪽으로 이동한 후 조석 작용으로 고정된 궤도에 정착한 것으로 보인다. 별에서 멀리 떨어져 있는 기체로 이루어진 커다란 행성들이 발견되었다. 그리고 모든 기체로 이루어진 행성들은 적어도 하나 이상의 지구형 행성을 동반하고 있다. 성간 공간에는 자유롭게 떠돌아다니는 '방랑자'라고 불리는 행성들이 많이 있을 것으로 보인다. 2013년 말까지 확인된 외계 행성은 1,000개가 넘는다.

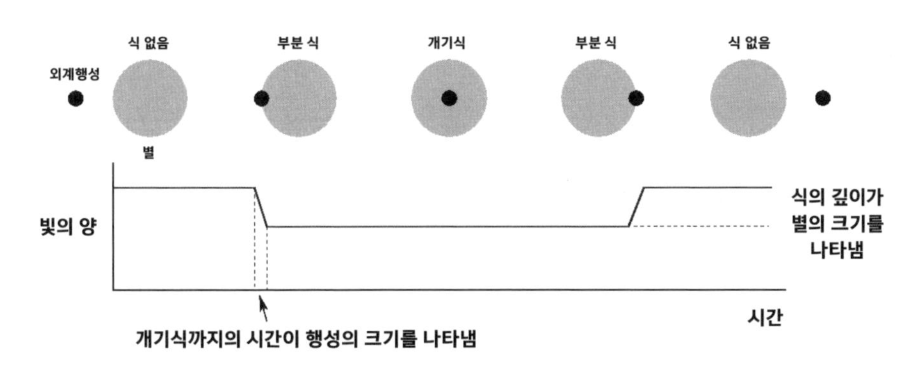

그림 30. 대부분의 생존 가능한 외계행성들은 행성통과 방법으로 발견되었다. 행성통과는 행성이 별의 앞을 통과하면서 별빛을 조금 어둡게 만드는 것을 말한다. 지구보다 작은 행성은 이 방법으로 발견할 수 있다.

지난 10년 동안에는 외계 행성을 발견하는 데 두 번째 방법이 사용되었다. 행성계의 공전면이 시선 방향에 가깝다면 외계 행성이 별 앞을 지나가면서 부분적으로 식을 일으켜 일시적으로 별의 밝기가 조금 어두워질 것이다. 어두워지는 정도는 별의 단면적과 행성 단면적의 비에 의해 결정된다. 목성이 태양 앞을 지나가는 경우에는 밝기가 1퍼센트 어두워지고, 지구가 태양 앞을 지나가는 경우에는 0.01퍼센트 어두워진다(그림 30).

외계 행성의 수가 늘어나자 탐사 목표가 외계 행성을 찾는 것에서 외계 행성의 물리적 특성을 알아내는 것으로 바뀌었다. 도플러 방법은 질량에 대한 정보를 알려주고, 행성 통과는 크기에 대한 정보를 알려준다. 따라서 두 관측결과를 종합하면 평균 밀도를 알 수 있다. 이것은 기체 행성과 암석 행성을 구별하는 데 사용된다. 하지만 밀도에 관한 자료만 해석하는 것으로는 잘못된 결론을 이끌어낼지도 모른다. 자연은 상상력이 풍부해 대부분이 금속으로 이루어진 행성도 있을 수 있고, 암석으로만 이루어진 행성도 있을 수 있으며, 탄소로만 이루어진 행성뿐만 아니라 물이나 얼음만으로 이루어진 행성도 있을 수 있다. 관측된 증거에 의하면 이러한 다양한 가능성 가운데서도 일부 행성은 우리의 고향인 지구와 비슷하다.

지구 쌍둥이 찾기

NASA의 케플러 인공위성 설계자들은 이것을 '가장 지루한 미션'이라고 불렀다. 망원경의 구경은 티 테이블 정도 크기인 1미터로, 아마추어 천문가들이 사용하는 망원경의 구경보다 작다. 이 망원경은 하늘의 한 부분에서 한 번에 14만 5,000개의 별을 바라보면서 6초마다 이 별들의 밝기를 측정한다. 이 지루한 미션이 창백한 푸른 점과 매우 비슷한 행성, 어쩌면 지구 2.0이라고 부르게 될지도 모르는 행성을 곧 발견할 것으로 보인다.

케플러의 목표는 우리 은하 내의 우리 이웃에서 지구와 비슷한 행성을 찾아내는 것이다. 케플러의 전략은 놀라운 정확성과 뚝심이다.[15] 정확성이 요구되는 이유는 지구 크기의 행성이 태양 크기의 별 앞을 통과하는 경우 일시적으로 별빛이 0.01퍼센트 어두워지기 때문이다. 케플러 망원경으로 관측하는 별들의 밝기는 맨눈으로 관측하는 것보다 100배는 더 어둡기 때문에, 이런 정확도에 도달하는 것은 매우 어렵다. 케플러는 별빛이 어두워지는 것이 잡음이나 기계의 결함 때문이 아니라는 것을 확인하기 위해 행성 통과를 여러 번 측정해야 한다. 뚝심이 필요한 이유는 행성계가 임의의 방향을 향하고 있어서 식을 관측할 수 있는 방향을 향하는 행성계 수가 적기 때문이다. 별을 돌고 있는 215개의 지구 중 하나만 이쪽을 향하고 있다. 만약 모든 행성계 중 10퍼센트에 지구가 존재한다면 수십 개의 지구를 발견하기 위해서는 10만 개의 별을 관측해야 한다. 건초 더미에서 바늘을 찾는 것과 같다.

케플러는 2009년에 발사되었고, 빛에 대한 감도가 설계 목표에 미치지 못했지만 곧 지구 크기의 행성을 찾기 시작했다. 찾아내기에 가장 쉬운 외계 행성은 뚜렷한 식이 빠르게 반복 관측되며 빠르게 공전하고 있는 커다란 행성이다. 도플러 방법을 이용하는 경우에도 마찬가지이다. 케플러는 처음 몇 달 동안 여러 개의 뜨거운 목성을 찾아냈다. 그러나 프로젝트가 진행되면서 큰 궤도를 돌고 있는 작은 행성들이 발견되었다. 2013년에 우주선을 목표에 고정해주는 네 개의 반응 바퀴 중 두 번째 바퀴가 망가지는 사고로 프로젝트 수행이 어렵게 되었다. 놀랍도록 성공적인 프로젝트의 씁쓸한 결말이었지만, 과학자들은 케플러 망원경이 4년 동안 수집한 자료를 여러 해 동안 계속 분석할 것이고, 감지 한계 가까이 있는 지구 크기의 행성을 찾아낼 것이다.[16] 2014년 4월까지 케플러 망원경은 1,770개의 확인된 외계 행성과 2,400개의 외계 행성 후보자를 찾아냈다. 이들 중 대부분은 확인될 것으로 보인다.[17] 이 외계 행성들의 대부분은 거대 지구이거나 지구보다 더 큰 행성들이지만 지구보다 작은 행성도 있다.

케플러 망원경으로 관측한 50만 개의 별들 중에서, 과학자들은 그중 3분의 1에 해당하는 태양과 비슷한 별들에 초점을 맞추었다. 태양보다 큰 별은 대개 변광성이고 복사선이 강할 뿐만 아니라 일생이 짧아서, 주변에 있는 행성에 복잡한 생명체가 진화할 시간이 없기 때문에 서식 가능성 측면에서 보면 좋은 목표가 될 수 없다. 질량이 아주 작은 별들을 살펴보자면, 태양과 비슷한 별에 비해 그 수가 훨씬 더 많은 적색왜성이 있다. 적색왜성은 서식 가능 영역이 좁아서 행성이 그 안에 존재할 확률이 작지만, 많은 수가 낮은 확률을 상쇄한다. 다시 말해 적색왜성의 서식 가능 지역은 크기는 작지만 수가 많다. 조심스럽게 계산해보면 희미한 적색왜성과 관련된 서식 가능 지역이 태양과 같은 별 주변의 서식 가능 지역보다 더 많다는 결론을 얻을 수 있다. 천문학자들은 태양 크기의 3분의 1에서 10분의 1밖에 안 되는 적색왜성들의 행성 통과를 관측하기 시작했다.

케플러가 수집한 데이터는 우리 은하에 존재하는 외계 행성의 수를 추산하는 데 사용되었다. 태양 같은 별과 적색왜성 주변의 서식 가능 지역에 존재하는 지구 크기의 행성들의 수는 대략 4,000억 개 정도로 추정된다. 이중 25퍼센트는 태양 같은 별 주위를 돌고 있다. 이런 통계적 수치는 확률적으로 보아 가장 가까운 그런 행성이 단 12광년 이내에 있을 것이라는 사실을 말해주고 있다.[18]

생명활동에 적당한 골디락스 존을 찾는 연구를 하던 천문학자들은 다양한 형태의 외계 행성들을 발견했다. 메튜셀라Methuselah는 1만 2,400광년 떨어져 있는 외계 행성으로 지구보다 세 배 더 오래된 행성이다. 빅뱅 후 10억 년 이내에 별들이 행성을 형성하기에 충분할 정도의 무거운 원소와 '모래'를 만들었다는 것이 놀랍다. 게자리 55번 별은 슈퍼지구를 거느리고 있는데, 이 행성은 매우 뜨겁고 밀도가 높아 표면에 탄소가 다이아몬드 상태로 존재한다. 이 다이아몬드를 전부 지구로 가져온다면 그 가격은 3달러에 10의 30승만큼 곱한 금액이 될 것이다. GJ 504b는 별로부터의 거리가 태양에서 해왕성까지의 거리보다 더 멀리 떨어져 있는 목성 크기의 행성이다. 이 행성은 모든 것이 얼어 있지만 중력에 의해 수축하고 있어서 붉은 핑크색으로 빛난다. 그런가 하면 암흑 속에서 펄서(눈에 보이지는 않지만 짧고 규칙적인 전파를 방출하는 천체-옮긴이) 주위를 두 시간마다 한 번씩 돌고 있는 행성도 있다. TrES-2B는 신비할 정도로 검은 행성이다. 석탄이나 잉크보다도 더 검다. 대기 중의 어떤 성분이 대기에 도달하는 별빛의 99퍼센트를 흡수하는지는 알려져 있지 않다. GJ 1214b는 지구의 바다보다 수십 배 깊은 바다로 완전히 둘러싸여 있는 물 세상이다. 마지막으로 Wasp 18b는 궤도가 줄어들면서 별로 떨어지고 있다. 이 행성은 우주의 시간에서 보면 한순간이라고 할 수 있는 100만 년 이내에 마지막 죽음의 나선으로 들어갈 것이다.[19]

서식 가능성은 기본적으로 별로부터의 거리에 따라 달라진다. 그러나 대기 중에 포함된 이산화탄소나 메탄과 같은 온실기체 때문에 생기는 온실효과에 따라서도 달라진다. 역학적인 지질학적 활동이 생명활동에 필요한 동력을 제공할 가능성이 있기 때문에 지각 판의 이동 역시 중요하다. 지구의 초기 바다에서 지각 판의 이동이 유발한 화학반응이 생화학적 반응을 유지하는 데 중요했던 것으로 생각된다. 큰 계절적 변화를 피하기 위해서는 적절한 궤도 이심률과 기울기도 필요하다. 그러나 이러한 한계들은 생명체를 위한 적당한 조건을 가지고 있는 거대 지구나 아주 작은 행성, 위성이 충분히 비집고 들어갈 정도로 느슨하다.

흥미로운 것은 지구 2.0을 찾아낼 가장 좋은 후보는 태양에서 가장 가까이 있는 별일지 모른다는 것이다. 2012년에 유럽 남부 천문대의 연구원들은 지구보다 질량이 20퍼센트 더 큰 행성이 알파 센타우리 B를 돌고 있는 것을 발견했다고 주장해 사람들을 놀라게 했다(그림 31). 알파 센타우리 B는 지구로부터 단 4.37광년 떨어져 있어 태양과 비슷한 가장 가까운 별이다. 이 행성을 발견한 팀은 1995년에 페가수스자리 51번 별의 외계 행성을 최초로 발견한 마요르와 쿠엘로 그룹에 속해 있었다. 그들은 도플러 방법의 한계를 넓혀 페가수스자리 51번 별의 운동을 초속 50미터 대신에 초속 0.5미터까지 측정하려고 시도하는 과정에서 이 행성을 발견했다. 다른 그룹에서는 이

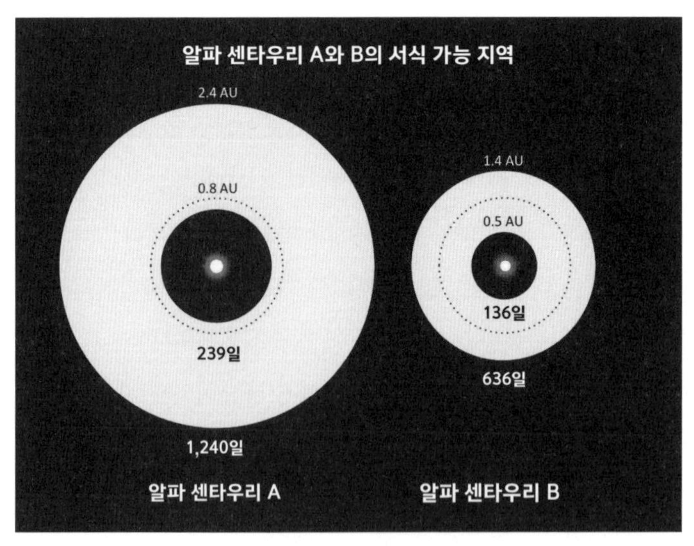

그림 31. 알파 센타우리 A와 B의 생존 가능 지역이 흰색 고리로 나타나 있다.
B 부근에서 발견된 외계 행성은 별에 너무 가까이 있어 서식 가능하기 어렵겠지만 그런 세계가 발견될 가능성도 있다.
비교하기 위해 지구 궤도를 점선으로 나타냈다.

발견에 의문을 제기하고 있어 아직 확실하지는 않다.[20]

그러나 알파 센타우리 B를 도는 행성이 실제로 존재한다고 해도, 이 지구형 행성은 서식 가능하지 않다. 이 행성은 희미한 적색왜성으로부터 지구와 태양 사이의 거리보다 25배 더 가까이 있으면서 조석작용으로 공전주기가 3일인 궤도에 정착해 있다. 좀 더 멀리 있는 지구형 행성의 가능성도 배제할 수는 없다. 그러나 그런 행성들은 가능한 최고의 행성 탐사 장비를 사용한다고 해도 탐지로 발견할 수 있는 한계 아래 있다. 앞으로 몇 년 지나면 장비들이 이런 행성을 찾아낼 수 있을 정도로 정밀해질 것이다.

만약 가까운 곳에 또 다른 지구가 있다면 우리는 이 지구의 상태를 알아내고 생명체가 살아갈 수 있는지를 밝혀내기 위해 많은 노력을 기울일 것이다. 그리고 그런 지구들이 서식 가능하다는 것이 밝혀진다면 탐사를 위해 로봇 탐사선을 보내고, 사람을 보내는 다음 단계로 나가고 싶은 유혹을 느끼지 않을까?

PART III 미래

내 심장은 팔딱거리고 피부는 끈적거린다. 도망치지 않기 위해 내가 할 수 있는 것은 이뿐이다. 물론 달아날 곳도 없다. 조세피나는 부드럽게 내 어깨에 손을 얹는다. 나는 깊게 숨을 쉬고 평정심을 찾으려 애쓴다.

몇 분 전 우리는 우주 정거장에서 방주 1로 이동했다. 나는 푸른색과 흰색의 얼음 위에서 스케이트를 타는 기분으로 발밑에 있는 지구 슬라이드를 보았다. 방주가 다가오자 크기 감각이 없어졌다. 방주 표면은 검은색이었고 이음새가 없었으며 빛을 반사하지 않았다. 우리가 다음에 머물 고향에는 허브도 없고 여가 시설도 없을지 모른다. 방주는 최첨단 석관이었다.

기밀 출입구를 통과하면서 나는 이 석관의 질량이 어느 정도인지 짐작해 보았다. 방주의 베릴륨과 카르빈 합판은 우주복사선과 콩알 크기의 유성체까지 막아낼 수 있도록 설계되었다. 내부에는 부드러운 빛과 안도감을 주는 음성이 우리를 안내해주면서 주의사항과 생명 보호 장치에 대해 설명했다. 그러나 내가 생각할 수 있는 것은 내 앞에서 한 점으로 사라지는 좁고 긴 복도와, 내가 둥둥 떠서 지나가는 양쪽에 쌓인 반투명의 상자들뿐이었다. 냉동인간들, 그 아래 있는 사람들이 우리를 부른다. 우리는 죽음의 가장자리까지 갔다가 1세기가 지난 후 새로운 세상을 탐험하기 위해 의식을 회복할 것이다.

무모하고, 비현실적이기까지 한 일이다. 그러나 이런 것이 내가 공황발작을 느끼는 이유는 아니었다. 타협의 여지가 없는 방주 때문이었다. 방주는 실용적이고, 아무런 장식이 없는 스파르타식 구조물이다. 방주는 인간 화물을 우주의 냉혹한 환경으로부터 보호한다는 단 한 가지만을 염두에 두고 설계되었다. 더욱 긍정적인 어조로 이야기를 마치며, 안내 로봇은 표면 아래 있는 포트로 들어가기 전에 먹고 쉴 수 있는 공동 구역으로 우리를 안내했다.

나는 조세피나와 함께 있고 싶었지만 감독관이 모든 것을 결정했다. 방주를 배정하는 일은 제비뽑기로 결정되었다. 조세피나는 1번 방주에 배정되었고 나는 2번 방주에 배정되었다. 우주 정거장에서 집중하기가 점점 더 어려워졌다. 우리를 바쁘게 만들기 위해 설계된 모든 일들이 의미 없어 보였다. 더 많은 탈퇴자와 방출자가 생겨났다. 참가자 교체가 매우 빈번해 우리는 스위스의 근처 호수에 두 번째 '그림자' 아카데미가 있는 것이 아닌가 하는 생각을 했다. 감독관들의 입장에서 보면 많은 대기자들을 준비해 우주 정거장 안에서 자연 선택을 통해 적절한 대원을 선발함으로써 임무 성공 가능성을 높이는 것은 매우 적절하다.

니나, 핀타, 산타 마리아. 오래전부터 운명을 알 수 없는 광활한 우주의 바다로 보내진 작은 배들이다.

우리는 귀중한 마지막 한 시간을 허브에서 보냈다. 방주 1은 태양 돛을 펼칠 준비를 마무리하고 있었다. 얇은 막이 1제곱킬로미터의 넓이로 펼쳐졌다. 돛의 크기에 비하면, 우주선은 은색 카펫 위에 놓여 있는 목탄 막대처럼 작아 보였다. 태양 돛이 태양풍을 이용해 태양계 가장자리까지 방주를 가속하고, 그다음에는 우주에서 포획한 수소의 핵융합 반응을 통해 목적지까지 가는 추진력을 얻을 것이다. 그녀는 "안녕, 또 봐"라고 말하지만 우리 모두 울고 있다.

방주 1은 다음 날 아침에 출발했다. 나는 공부하느라고 바빴다. 개척자 생활의 어려움을 극복하기 위해서는 배워야 할 것이 많다. 나는 잘 하고 있었다. 나는 주로 혼자 지냈다. 나는 집중하고 있었다. 그래서 어느 날 저녁 식사 때 확성기에서 방주 1에 사고가 생겼다는 소식을 들려주었을 때 그다지 주의를 기울이지 않았다. 방주 신경망의 오류 정정 프로그램을 교묘히 피해간 설계 결함 때문이었다. 생명 유지 절차가 위태로워졌다. 기이한 사고여서 누구도 시뮬레이션에서 그것을 본 적이 없었다. 프로젝트 사무실의 판단에 의하면 방주 1은 모든 승무원과 함께 침몰할 것이다.

멍했다. 나는 그런 상태로 몇 주일을 보냈다. 왜 감독관이 나를 끌어내지 않는지 알 수 없었다. 그럴 만한 이유가 있었을 것이다. 다른 많은 사람들도 비슷하게 나쁜 상태에 있었을 수도 있다. 나는 점차 바닥에서 빠져 나와 훈련과 사회생활에 참여했다. 나는 결연해졌다. 위로 가는 것 외에는 다른 갈 곳이 없었다. 그렇게 결국 지금 나는 여기 있다.

방주 2가 발사되기 위해 자세를 잡는다. 방주 3도 몇 달 안에 따라올 것이다. 태양 돛은 투명하기 때문에 아무런 장애도 없이 태양 빛이 통과할 수 있다. 명령에 따라 약한 전류가 흐르면 얇은 막의 극성이 바뀌어 돛이 불투명해질 것이다. 그리고 아버지를 죽게 한 뉴턴의 법칙이 나를 집으로부터 멀리 밀어낼 것이다. 우주 정거장을 떠나기 위해 기밀 출입구에서 차례를 기다리면서 우리는 모두 기쁨으로 가득 찬 기대감을 경험한다. 우리는 흥분으로 들떠서 웃고 떠든다.

입구가 소리를 내면서 닫히자 나는 약간의 공포를 느낀다. 그런 다음 클램프가 허리와 발목을 조이는 것을 별 생각 없이 바라본다. 바늘이 내려와 꽂히고, 정맥주사가 피를 글리세롤로 대체하기 시작하자 나는 아주 작은 고통을 느낀다. 질소 통풍구가 열리자 입구가 흰색으로 얼어붙는다. 마음속에는 한 가지 생각뿐이다. 나는 존재한다.

CHAPTER
8

다음 우주 경쟁

중국이 움직인다

완후가 살아 있었다면 자랑스러워했을 것이다. 2013년 말, 중국은 옥토끼(위투Yutu) 탐사선을 실은 로켓을 달에 보내 무지개만에 착륙시켰다. 감상적인 이름에도 불구하고 옥토끼는 바퀴가 여섯 개 달린 로버이며 여러 가지 일을 할 수 있고 장인의 솜씨로 만들어졌다. 그리고 무지개만은 메마른 화산 평원이다(그림 32). 옥토끼의 달 착륙은 새로운 초강대국을 위한 중요한 이정표가 될 것이다. 이것은 37년 만에 이루어진 달 연착륙이었다.

최초의 우주 경쟁은 20세기 대부분에 그림자를 드리웠던 경쟁자들 사이에서 벌어졌다. 이들은 세계를 자본주의와 공산주의로 나누고, 지시와 통제 경제로 자유 시장을 땅속으로 처박았다. 궤도 비행은 세계를 핵전쟁 직전까지 몰고 갔던 엄청나게 비싼 무기 경쟁의 부산물이었다. 이제 우주여행이 정부에 의해 주도되고, 군의 요구에 의해 채색되던 시대는 지나갔을까?

아직 아니다. 어쩌면 우리는 지금 새로운 우주경쟁의 증인이 되고 있는

그림 32. 중국은 소련과 미국에 이어 바퀴 달린 로버를 달에 착륙시킨 세 번째 국가이다.
옥토끼 로버는 2013년 12월 달에 도달했다. 이 로버는 플루토늄을 연료로 하는 원자로를 가지고 있다.

지도 모른다.

현재 진행되고 있는 국제 우주 활동을 간단히 정리해보자. 2013년, 20년 만에 처음으로 전 세계 우주 프로그램의 총 예산이 줄어들었다. 미국의 예산 삭감이 새로 등장하는 우주 강국들의 투자 증가분을 상쇄했기 때문이다.[1] 미국은 720억 달러에 달하는 총 투자금액 중 반 이상을 맡고 있다. 그러나 2009년 정점을 이루었던 475억 달러에서 20퍼센트 줄어든 금액이다. 러시아는 늘어나는 석유 수입을 이용해 우주 프로그램에 많은 돈을 쏟아 부었다. 미국을 제외하면 러시아가 우주 프로그램에 100억 달러 이상을 쓴 유일한 국가이다. 중국은 여덟 번째를 차지하고 있지만 빠르게 증가하고 있으며 GDP와 비교해볼 때 아직 투자가 작은 편이다. 이것은 곧 중국이 우주에서 더 큰 발걸음을 내디딜 능력이 있다는 뜻이다.

중국은 빠르게 성장하는 강대국으로, 5년 안에 (구매력으로 환산한) 1인당 GDP가 미국을 추월할 것으로 예상된다. 중국은 물가와 서비스 요금이

싸서 위안화로 더 많은 물품과 서비스를 살 수 있기 때문에 구매력을 비교하는 것이 합리적이다. 중국이 우주에 투자하는 예산은 경제성장률에 비례해서 증가했는데, 지난 20년 동안 중국의 경제성장률은 매년 평균 10퍼센트를 기록한다. 이것은 지난 20년 동안 인플레이션을 감안한 우주 예산이 제자리에 머물러 있거나 오히려 줄어든 유럽과 미국의 경우와 극적인 대조를 이룬다.[2]

우주 리그에서 8위라는 중국의 순위는 잘못되었다. 자동차의 백미러를 통해 보는 물체가 보이는 것보다 실제로 더 가까이 있는 현상과 비슷하다. 중국이 어떻게 현재 위치에 오르게 되었는지 알아보자.

중국 우주 프로그램의 아버지는 첸쉐썬Qian Xuesen이다. 마오쩌둥이 대장정(국민 정부군에게 패배해 퇴각한 사건으로, 그의 공산당 장악을 공고하게 해주었다)을 시작하던 시기, 첸은 공부를 하기 위해 상하이를 떠나 MIT로 갔다. 후에 첸은 칼텍에서 유명한 로켓 과학자 테오도르 폰 카르만Theodor Von Kármán을 도와 제트 추진 연구소를 설립하는 일을 했다. 첸과 폰 카르만은 제2차 세계대전이 끝난 후 독일로 가서 베르너 폰 브라운과 다른 나치 로켓 과학자들을 미국으로 데려오는 '페이퍼 클립 작전'을 조정하는 일을 도왔다. 첸은 미국에서 로켓 추진에 관한 가장 뛰어난 학자가 되었다.

그러다 정치가 개입하기 시작했다. 1950년, 한국 땅은 남한을 지원하는 미국을 주축으로 한 UN군과 북한을 지원하는 중국, 소련 사이의 피비린내 나는 전쟁터가 되었다. 마오는 세계 강대국들이 자신을 존중하지 않는다고 생각했고, 핵 억제력만이 중화인민공화국의 안전을 보장할 수 있을 것이라고 확신했다. 반면에 미국에서는 공산주의에 대한 두려움을 의미하는 '적색 공포'가 전국을 휩쓸고 있었다. 첸쉐썬은 기밀 취급 허가를 빼앗기고 자택에 연금되었다. 1955년 그는 한국 전쟁 동안 붙잡힌 미국 조종사들과 교환되어 미국을 떠날 수 있었다. 마오는 매우 기뻐했으며, 첸을 영웅으로 대접하고 중국 유도 미사일 프로그램의 책임자로 임명했다.[3]

그러나 당시 중국은 가난한 나라여서 진전이 매우 느렸다. 중국은 소련의 전문가와 하드웨어의 도움을 받았다. 그러나 1960년 마오는 소련이 공산주의와 이념의 순수성을 훼손했다고 비난하고 독자 노선을 택했다. 문화혁명의 혼란과 불확실성이 모든 과학과 기술 활동을 침체시켰다. 그 결과 중국은 미국보다 20년 늦은 1966년에 최초로 유도 미사일을 발사했고, 소련이 스푸트니크를 발사하고 25년 후인 1970년에야 첫 번째 인공위성을 발사했다. 1990년대 중반에는 커다란 어려움을 겪었다. 1995년에는 창정 2E 로켓이 발사 직후 폭발해 여섯 명이 죽고 스무 명이 부상당했다. 일 년 후에는 창정 3B 로켓이 발사되고 22초 만에 폭발한 후 인근 마을에 추락해 200명 이상이 죽었다.

그러나 인내 속에서 많은 투자를 이어간 것이 효과를 나타내기 시작했다. 명나라 관리 완후가 자신을 재로 만들어버린 47개 로켓에 불을 붙인 후 500년이 지나고, 중국은 자신들의 발사체를 이용해 인간을 궤도에 올려놓은 세 번째 나라가 되었다. 양 리웨이Yang Liwei는 타이코넛taikonaut(미국의 아스트로넛astronaut이나 소련의 코스모넛cosmonaut처럼 순수하게 중국 우주비행사들을 지칭하기 위해 만든 영어 단어)이라고 불렸다. 그 후 중국은 계속적으로 상향 곡선을 그렸다. 2013년까지 열 명의 타이코넛이 다섯 번의 발사를 통해 지구 궤도를 비행했다. 지난 4년 동안 중국은 연 평균 스무 개의 우주선을 발사했다. 대부분은 통신위성을 궤도에 진입시키는, 일상적이지만 필수적인 임무를 띠고 있었다.

중국은 역사에서 자신들이 어떤 위치를 차지하고 있는지 그리고 다른 나라들이 중국을 어떻게 인식하고 있는지를 정확하게 알고 있다. 그들은 또한 기념비적인 사건을 좋아한다. 따라서 관영 언론은 선저우 10호를 크게 선전했다. 중국 최초 유인 인공위성이 지구 궤도를 돌고 난 후 10년이 지난 2013년에 발사된 이 인공위성에는 두 번째 여성 타이코넛인 왕 야핑Wang Yaping이 탑승하고 있었다. 왕 야핑은 중국의 어린 학생들을 위한 생방송 물리 강의에서 "UFO는 못 봤어요"라고 농담했다. 우주 프로그램의 홍보 면에서 보자면, 이 강의는 국제 우주 정거장에서 기타를 치면서 데이비드 보위David Bowie의 〈별난 우주Space Oddity〉를 부른 캐나다의 우주비행사 크리스 해드필드Chris Hadfield의 노력과 비교할 수 있다.[4] 선저우 10호는 중국 자체 우주 정거장의 선구자라고 할 수 있는 모듈과의 도킹 능력도 시험했다.

왕 야핑은 가볍게 접근했지만 중국 우주비행사들의 일반적인 성향은 열정적이고 애국적이다. 선저우 10호가 발사될 때 시진핑 주석은 승무원들에게 "당신들은 모든 중국인을 자랑스럽게 했다. 당신들의 임무는 영광스럽고 성스럽다"라고 말했다. 이에 대해 선장 셰 하이성Xie Haisheng은 "우리는 명령에 복종하고, 지시에 순응하며, 지속적으로 묵묵히 주의 깊게 일해 선저우 10호의 임무를 완벽하게 완수할 것입니다"라고 답했다. 왕 야핑도 메시지를 전했다. 공군과의 낙하산 훈련을 하는 동안 그녀는 "저희는 훈련을 받고 돌아오는 길에 〈영웅은 절대로 죽지 않는다〉라는 감동적인 노래를 부르면서 모두 울었습니다"라고 말했다.[5]

모든 것이 순조롭지는 않았다. 창어 3호 달 탐사선은 지구 밖 천체에 연착륙한 첫 번째 중국 우주선이었지만 옥토끼 로버가 달 위를 100미터 정도 이동하고 나서 기계고장으로 움직이지 못했다. 엔지니어들이 14일이나 계속되는 혹독한 달의 밤을 제대로 대비하지 못했던 것이다. 기계 문제가 아니라, 부품들이 '동상'에 걸려서 발생한 전기고장이었다고 발표되었다. 2014년 중반에 옥토끼 로버는 제한된 데이터를 보내왔지만 제대로 된 데이터는 아니었다.

2017년까지 중국은 달에 로켓을 보내고 달 표본을 채취해 지구로 가져올 예정이다(2020년 현재 위투 2호가 달 뒷면에 착륙하는 데 성공했다). 중국은 새턴 5호보다 강력한 달 탐사 로켓을 위한 계획을 수립하고 있다.[6] 국제 우주 정거장의 임무가 완료되어 바다로 추락하게 되는 2020년까지 중국은 자체 우주 정거장을 발사할 수 있을 것이다. 그때쯤이면 미국이 달에 사람을 보내는 노력을 포기한 뒤 50년이 지난 시점에 타이코넛을 달에 착륙시킬 수 있을 것이다. 중국인들은 많은 우주 기술을 처음 개발하지 않아도 되는 이익을 누렸다. 러시아는 현금 부족에 시달렸던 1990년대에 자신들의 기술을 중국에 팔았다. 중국은 그 기술을 분석해 복제해냈다. 그 결과 선저우는 소련의 소유스 캡슐과 닮았고 옥토끼 로버는 루노코드 로버Lunokhod rover와 닮았다. 그러나 현재는 기술 혁신을 통해 앞서 나가고 있다. 창정 로켓은 중국 고유의 것이며, 빠르게 러시아 로켓을 추월하고 있다.

중국 우주 프로그램 종사자들의 평균 연령은 NASA 직원 평균 연령의 절반인 27세이다. 이 젊은 층이 경험을 축적하게 되면 10년 안에 중국은 가공할 경쟁자가 될 것이다. 모두 미국 관리들이 반가워할 만한 일들이 아니다.

중국의 우주 개발 동기에 대한 의심이 미국 정계에 팽배해 있다. NASA 직원들은 중국 국적을 가진 사람들과 함께 일하는 것이 금지되었고, 의회는 중국인이 특별 허가 없이 NASA 시설을 방문할 수 없도록 했다. 국제 우주 정거장 프로젝트를 공동으로 추진하던 많은 나라들이 중국을 적으로 취급하지 말고 협력자로 받아들여야 한다고 주장했지만, 미국은 국제 우주 정거장 프로젝트에서 중국을 배제했다. 미국의 의회의원들은 2007년 중국이 인공위성 대응 시험을 통해 역사상 가장 큰 우주 부스러기 구름을 만든 것에 분노했다. 역설적이지만 미국 우주 산업을 침체시킨 ITAR은 '비우호적인' 국가가 기술을 군사적 목적에 사용하는 것을 방지하기 위해 제정되었지만, 중국을 제지하는 데는 별다른 효력을 발휘하지 못했다. 중국은 원하는 것이 있으면 대부분 자신들이 만들었고, 만들 수 없는 것은 다른 나라로부터 사들였기 때문이다.

중국의 우주 프로그램은 부분적으로 1960년대 미국이 해온 예를 따른 것과 건강한 예산 지원, 외골수적인 목표의식으로 인해 성장할 수 있었다. 그리고 중국은 정부가 엄격하게 통제하고 있는 사회여서 인민 해방군이 우주 프로그램에 큰 영향력을 가지고 있다. 중국은 물의를 일으킨 2007년의 시험 이후 인공위성 대응 역량을 계속적으로 개발해왔으며, 군사용과 민간용으로 사용될 자체 GPS 인공위성 네트워크를 보유하는 데까지 곧 다다를 것이다. 2014년 4월 시진핑 주석은 공군에 항공과 우주 역량의 통합을 촉진시키라고 명령했다. 중국은 자체 우주비행기도 개발하고 있다.[7] 이 '비밀 프로젝트'는 '신성한 용' 또는 '선롱'으로 불린다.

우주의 군사화를 걱정하는 사람들에게는, 중국의 저주라고 알려져 있는 이 말이 생각날 것이다. "재미있는 시대에 살기 바랍니다."

법률의 가장자리

데니스 호프Dennis M. Hope는 태양계의 대군주이다. 네바다 주에 사는 65세의 호프는 1995년 이래 천체 재산이 그의 유일한 수입원이다. 그는 달의 땅 240만 제곱킬로미터를 팔았고, 화성의 땅 120만 제곱킬로미터를 팔았으며 수성, 금성, 이오의 땅 48만 제곱킬로미터도 팔았다. 그의 고객은 193개국에 분포해 있으며, 가장 어린 갓난아기에서부터 가장 나이가 많은 97세까지 모든 연령대에 걸쳐 있다. 힐튼과 메리어트 호텔 체인은 우주 토지의 구획들을 구입했다. 가장 큰 구획은 대륙 크기로 값은 1,333만 1,000달러이지만(아직 팔리지는 않았다), 그는 8제곱킬로미터 크기의 구획 여러 개를 판매했다. 4,046제곱미터의 가격은 19.99달러이다(여기에 '달 세금' 1.51달러, 그리고 소유증명서 취급 및 우송요금 10달러가 더해진다.) 그는 50만이 넘는 고객을 확보하고 있다.[8]

당연히 그는 협잡꾼이고 외계 부동산 판매는 국제법에 의해 금지되어 있는 것이 아닐까? 글쎄… 꼭 그렇지는 않다. 호프는 이혼 절차를 밟고 있었고 돈이 필요했다. 어느 날 창밖을 내다보던 그에게 달이 보였고, 머릿속에 '저건 엄청나게 큰 주인 없는 땅이잖아'라는 생각이 스쳤다. 그는 도서관에서 1967년에 제정된 우주 조약 2조를 찾아내 읽어보았고 어떤 나라도 위성에 대해 통치권을 주장하거나 지배할 수 없다고 해석했다. 이 조약은 개인의 재산권에 대해 언급하고 있지 않기 때문에 호프는 기회가 있다고 생각했다. 그는 태양계 모든 행성과 위성의 소유권을 주장하고, 앞으로 외계 땅을 분할해 팔겠다는 내용의 쪽지를 UN에 보냈다. 아무런 답을 듣지 못한 그는 마음대로 영업을 시작했다.[9]

그렇다면 우주 물체의 법적 상태는 무엇일까?

의회 입법을 통해 NASA가 설립되던 1958년, UN은 후속 협정을 관장하기 위해 우주공간평화이용 위원회를 구성했다.[10] 우주 법률의 주춧돌은 1967년에 발효된 우주 조약이다. 이 조약에는 우주 탐험에서 주도적 역할을 하는 모든 국가를 포함해 100개국이 서명했다. 이 조약은 냉전의 긴장 속에서 어떤 나라도 지구 궤도나 먼 우주, 또는 달을 비롯한 모든 천체에 핵무기나 대량 파괴 무기를 배치하지 못하도록 하기 위해 조인되었다. 이 조약에 의하면 어떤 나라도 달이나 다른 천체의 소유권이나 관할권을 주장하지 못한다. 물체를 궤도에 진입시키거나 우주로 발사한 국가는 그 물체를 소유하지만 이 물체로 인한 손해에 대해 책임져야 한다. 이 조약에 포함되어 있는 유토피아적인 이상은 우주가 '인류의 공통 유산'이라는 것이다.

우주 조약의 후속 조약이 1979년에 체결된 달 조약이다. 이 조약에는 열다섯 개 국가만 서명했다. 재미있는 사실은 달에 간 적이 있거나 달에 갈 준비를 하는 나라는 이 조약에 서명하지 않았다는 것이다. 미국이 달 조약에 서명하지 않은 이유 중 하나는 달이나 달의 자원이 어떤 종류의 주권국가나 개인의 소유권 주장의 대상이 될 수 없다는 6조 조항 때문이다.[11] 이 조약은 모호하게 정의된 '국제 정부'에 의해 자원의 채취와 배당이 통제되어야 한다고 규정하고 있다.

이 문제는 최근 NASA가 소행성을 잡아 달 궤도에 진입시키려는 계획을 수립하면서 논란이 되고 있다. 소행성 재배치 계획이 성공한다면 광물자원이 될 수 있는 소행성을 실제로 채광할 수 있을 정도로 가까운 거리로 옮겨오게 된다. 우주 조약에 의해 다른 나라가 미국 암석에 어떤 권리를 주장할 수는 없겠지만, 만약 암석이 부서지거나 위험이 된다면 어떻게 할까? 책임 문제는 시험을 거친 적이 없다. 게다가 조약이 맺어진 후 시간이 많이 흘렀고, 미래 우주 시나리오를 다룰 장치가 없다.[12]

지난 50년 동안 미국의 우주 정책은 서로 다른 두 방향에서 줄다리기를 하고 있다. 한쪽에는 명백한 사명의 개념을 확장해 미국 서부 개척 정신을 우주에 적용하자는 것이다. 개척자 정신은 우주 정책에서 많은 역할을 했다. '하이 프런티어High Frontier'라는 변호 단체는 미국 정부가 19세기 정착법과 제임스타운의 정착 모델을 달에 식민지를 건설하는 데 응용해야 한다고 주장한다. 이 단체의 지도자는 우주 조약에 대해 "UN은 그저 미국혁명 시기의 조지 왕처럼 굴면서 모든 사람에게 원하는 일을 시킬 수 있다고 생각한다"라고 말했다.[13] 이런 비유를 따른다면 달이나 화성에 식민지를 건설하자고 주장하는 사람들은 UN의 관할 하에 식민지를 개척하지만, 식민지가 영국 법률의 지배를 반대한 것처럼 결국에는 UN을 배반할 것이다.

비록 미국이 더 이상 우주 탐험에서 우월적 지위를 유지하고 있지는 않지만, 전 NASA 국장 마이클 그리핀Michael Griffin은 지구를 떠난 사람들의 수가 지구 위에 살고 있는 사람들의 수보다 많아질 때 "(…) 우리는 그들의 문화가 서양 문화이길 바란다. 왜냐하면 서양 문화가 인류 역사상 가장 훌륭한 문화이기 때문이다"라고 말했다. 고위 정부 공직자로서는 놀랄 만한 신식민주의적 발언이다. 그는 아마도 마하트마 간디Mahatma Gandhi의 반박을 몰랐던 것 같다. 서구 문명을 어떻게 생각하느냐고 물었을 때 간디는 "그렇게 하는 것도 좋은 생각이겠네요"라고 말했다고 전해진다. 이보다 1년 전에 엑스프라이즈 재단 이사장 피터 디아만디스는 "태양계는 거대한 식료품 상점과 같다. 여기에는 우리가 원하는 것은 무엇이든 있다. (…) 무한해 보이는 태양계의 에너지와 광물 자원이 지구의 자원 부족을 해결할 것이다"라고 말했다.[14] 이것은 공리주의를 가장한 소유욕이다. 즉 그것이 그곳에 있고 우리가 그것을 원한다면, 우리는 그것을 가질 것이라는 뜻이다.

우주 정착의 두 번째 이론은 황무지 비유를 이용한다. 이 이론에서는 환경 보호와 보존의 가치를 우주 탐험에 적용한다. 우주 산업과 벤처 자본가들은 우주를 국립공원처럼 보호 지역으로 지정해버린다면 우주 개발을 시작하기도 전에 상업적 우주 벤처를 짓눌러버릴 것이라고 주장한다. 상업이 우주로 확장되기 전까지 이러한 법적인 문제는 어디까지나 가설에 불과해 해결될 수 없지만, 첫 번째 상업 우주비행이 시작되면 이 문제에 대한 토론이 활발해질 것이다. 기회주의자였던 데니스 호프는 달을 소유하기 전에 복화술사였는데, 그는 자신의 인형이 그에게 중요한 것을 가르쳐주었다고 말했다. "웃고 있기만 하다면 말하고 싶은 것은 무엇이든지 말할 수 있다."

하늘로 가는 계단

지구 궤도는 더 넓은 세상을 탐험하기 위한 훌륭한 발판이다. 현재로서는 국제 우주 정거장이 그다지 환영받지 못할지 모르지만, 로켓이나 주거 시설 같은 커다란 부품을 조립하거나 작동시키는 무중력 설비에 대한 아이디어 자체가 잘못된 것은 아니었다. 에너지 비용의 대부분은 지상 400킬로미터에 있는 저궤도로 올라가는 데 소모된다. 지구 궤도에서 달 표면으로 가는 데는 75퍼센트의 에너지가 더 소모된다. 화성의 표면까지 가는 데는 저궤도로 올라갈 때 필요한 에너지의 두 배가 필요한데, 화성은 달보다 최소 140배는 더 멀리 떨어져 있다.

일론 머스크를 비롯한 다른 우주 사업가들은 로켓 방정식을 비틀어 최대한 활용하고 있다. 그러나 만약 우리가 이 방정식을 쓸모없는 것으로 만들어버린다면 어떻게 될까?

우주 엘리베이터가 바로 그렇게 하려고 한다. 로켓은 복잡하고 위험하며 비효율적이다. 연료가 고체이든 액체이든, 로켓이 발사될 때는 간신히 통제되는 폭발적 화학반응을 이용한다. 용접이나 밸브, 스위치 결함이 재앙을 불러올 수 있다. 러시아의 중요 발사대에서는 카운트다운을 하지 않는다. 안전하다고 생각되는 곳에 서서 결과를 기다린다. 로켓 공학은 원자와 분자 안에 있는 전자들의 재배열에 바탕을 두고 있다. 로켓의 화학적 에너지원은 내연기관보다 세 배 더 효율이 높고, 난로에 석탄을 때는 것보다는 다섯 배 효율이 높다. 지구 궤도에 어떤 것을 올리는 데는 적어도 1,000만 달러가 소요된다. 중력은 우주로 물건을 올리려는 우리의 노력을 비웃고 있다.

이런 문제의 놀라운 해결 방안은 지구 표면으로부터 우주에 있는 평형추까지 10만 킬로미터나 뻗어가는 강하고 가벼운 케이블을 이용하는 방법이다. 태양 에너지를 이용하는 엘리베이터가 오늘날 로켓 발사에 드는 것보다 훨씬 적은 비용으로 사람과 화물을 우주로 날라다 줄 것이다.

이 아이디어의 기원은 성경이다. 기원전 1450년에 기록된 성경을 보면 모세가 벽돌과 모르타르를 이용해 하늘까지 탑을 쌓으려고 노력했던 고대 문화에 대해 언급하고 있다. 이 탑은 바빌론에 위치해 있었기 때문에 바벨탑이라고 불렸다. 창세기 후반에는 야곱과 그의 사다리 이야기가 있다. 그 후 사람들은 하늘로 올라가는 계단을 꿈꿔왔다.

우주 엘리베이터에 대한 현대적 개념은 콘스탄틴 치올코프스키가 처음 제안했다. 에펠탑 건축에 고무되어 있던 그는 정지 궤도에 도달할 수 있는 높이 3만 5,790킬로미터나 되는 구조물을 상상했다. 정지 궤도에서는 공전주기가 지구의 자전주기와 같아서, 이 궤도에서 지구를 돌고 있는 물체는 지상에서 볼 때 한 점에 고정되어 있는 것처럼 보인다. 이 높이의 탑 위에서 물체를 떨어뜨리면 이 물체는 궤도 위에서 지구를 돌게 된다. 그러나 어떤 재료도 그런 구조물의 압력을 견딜 수는 없다. 따라서 치올코프스키의 아이디어는 시들해졌다. 1959년에 또 다른 러시아 과학자 유리 아르추타노프Yuri Artsutanov가 좀 더 실행 가능한 아이디어를 제안했다. 그는 정지 궤도에 있는 인공위성에서 케이블을 내리면서 동시에 평형추를 지구로부터 멀어지는 쪽으로 보내 힘이 균형을 이루도록 해 케이블이 지구 표면의 같은 장소에 떠 있도록 하는 아이디어를 제안했다. 우주 엘리베이터는 압축이나 휘어짐이 없이 팽팽하게 유지될 수 있다(그림 33).

이것은 물리학이다. 우주 엘리베이터 케이블은 지구와 함께 돈다. 따라서 이 케이블에 붙어 있는 모든 물체에는 중력과 함께 반대 방향으로 원심력이 작용한다. 줄에 물체를 매달고 머리 위에서 돌릴 때 물체에 바깥쪽으로 작용하는 힘을 생각해보라. 줄에 매달려 있는 물체는 평형추와 같은 역할을 해 줄을 팽팽하게 유지하도록 한다. 물체가 높이 올라가면 올라갈수록 지구의 중력은 작아지고 위쪽으로 작용하는 원심력은 더 강해진다. 따라서 아래로 향하는 중력이 작아지는 효과가 생긴다. 정지 궤도에서는 위쪽으로 향하는 원심력이 아래쪽으로 작용하는 중력과 정확하게 균형을 이룬다.

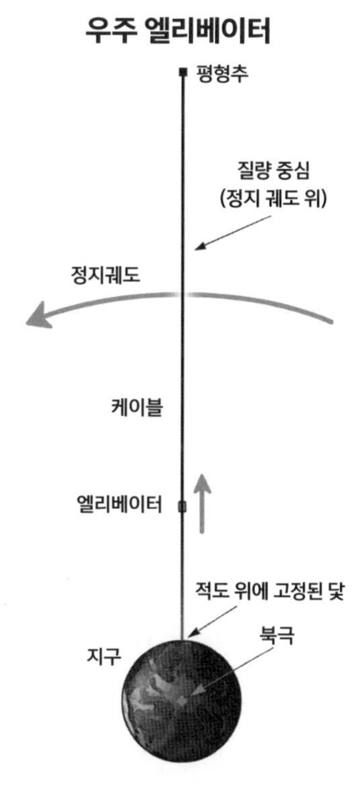

그림 33. 우주 엘리베이터는 지구 적도에 고정되어 우주로 연결된 케이블을 가지고 있다. 공중에 있는 평형추는 질량 중심이 정지 궤도 위에 있도록 해준다. 원심력이 케이블을 팽팽하게 지탱해준다.

우주 엘리베이터는 1960년대와 1970년대에 여러 번 다시 제안되었다. 그리고 아서 클라크Arthur C. Clarke가 1979년에 발표한 소설《낙원의 샘The Fountains of Paradise》에서 다루어지기도 했다.[15] 그는 케이블이 정지 궤도에서 가장 굵고 끝으로 내려올수록 가늘어지도록 만들어, 같은 단면적에 가해지는 무게가 같도록 만들어야 한다는 것을 알아냈다. 이것은 케이블이 모든 점에서 위아래로 가해지는 무게를 지탱할 수 있어야 하기 때문이다. 가장 큰 장력이 가해지는 지점은 정지 궤도 높이이다. 그는 또한 케이블의 아래쪽이 완성되려면 평형추는 달까지 거리의 반에 가까운 14만 4,000킬로미터까지 연장돼야 한다는 것도 알아냈다. 불행하게도 이 문제를 다룬 엔지니어들은 알려진 어떤 물질로도 이 일을 해낼 수 없다는 사실도 알아냈다.

우주 엘리베이터에 사용될 재료의 특성은 인장 강도와 밀도를 이용해 나타낼 수 있다. 좀 더 유용한 특성은 자체 무게에 의해 끊어지기 전까지의 최대 길이이다. 천연 유기 물질부터 생각해볼 수 있다. 《잭과 콩나무》의 잭이 타고 올라갔던 콩 줄기는 큰 압력을 견딜 수 없기 때문에 수 킬로미터 이상 올라가는 것은 무리이다. 로프에 사용되는 천연 섬유는 좋은 인장강도를 가지고 있지만 5~7킬로미터까지 올라갈 수 있을 뿐이다. 교량에 사용되는 강철 케이블은 25~30킬로미터까지 올라갈 수 있다. 교량의 건설이나 다른 토목공학 프로젝트를 통해 잘 알려진 사실이다. 거미줄은 밀도가 강철의 6분의 1밖에 안 되는 단백질로 이루어졌지만 강철과 같은 인장강도를 가지고 있어 100킬로미터까지 올라갈 수 있는데, 매우 인상적이기는 하지만 아직 지구 저궤도에 도달하기에는 적당하지 않다. 케블라나 자일론과 같은 합성 섬유는 300~400킬로미터까지 올라갈 수 있어 국제 우주 정거장에 도달할 수 있지만 평형추를 더 높은 우주로 보낼 수는 없다. 엘리베이터 운행자의 꿈은 전통적인 재료로는 실현할 수 없어 보였다.[16]

그러다 1990년대, 나노기술이 등장했다. 물질을 원자나 분자 수준에서 다룰 수 있는 능력은 새로운 기술을 가능하게 했고, 놀라운 응용 잠재력을 보여주었다. 가장 흥미 있는 물질들 몇몇은 순수하게 탄소 원자로 만들어진다. 풀러렌은 구나 관, 또는 다른 형태의 탄소 분자이다. 풀러렌이라는 이름은 건축자이자 설계자 벅민스터 풀러Buckminster Fuller를 기념한 것인데, 60개의 탄소 원자로 만들어진 이 새로운 분자 '버키볼'이 마치 풀러가 설계한 측지 돔처럼 아주 작은 구 모양의 새장 형태였기 때문이다. 버키볼이 분류된 후 과학자들은 서로 연결된 탄소 원자들이 지름 100만 분의 1미터 정도의 원통 모양을 이루고 있는 탄소 나노튜브를 만드는 방법을 알아냈다. 탄소 나노튜브는 안정적인 분자로 열과 전기 전도율이 높다.

그러나 우주 엔지니어들을 흥분시킨 것은 역학적 성질이었다. 이 작은 튜브는 티타늄보다 50배 강하다. 이론적 한계로는 이보다 다섯 배 더 강하다. 탄소는 주기율표에서 여섯 번째로 가벼운 원소이므로 쓸모없는 무게가 거의 없다. 낮은 밀도에 비해 안정성과 강도 특성도 매우 좋다. 가장 긴 나노튜브는 수 센티미터 정도 되지만 만약 우리가 기술적으로 10억 배 더 크게 만들 수 있다면 우주까지 닿는 탄소 케이블을 만들 수 있을 것이다.[17]

물론 우리는 아직 그런 기술을 가지고 있지 않다. 소설가 아서 클라크는 강의가 끝난 후에 언제 우주 엘리베이터가 실현되겠느냐》는 질문을 받았다. 그는 "그 아이디어에 웃음을 터뜨리는 사람이 없어지고 나서 50년 정도 후가 아닐까요?"라고 대답했다.

재료 과학자들은 탄소나노튜브가 실제로 충분히 강한지에 대해 동의하지 않는다. 그리고 탄소나노튜브로 리본이나 로프를 만드는 기술은 아직 시도해본 적이 없다. 만약 육각형 결합이 지나치게 잡아당겨지면 여성용 스타킹의 올이 풀리듯이 구조가 갑자기 파괴될 수도 있다. 우주 엘리베이터와 같은 긴 구조는 불안정성, 갑작스러운 움직임, 진동에 노출된다. 더구나 올라가는 사람이나 엘리베이터 자체가 코리올리 힘(또는 코리올리 효과)에 의해 흔들리는 문제가 생길 수도 있다. 코리올리 힘은 북반구와 남반구에서 태풍 같은 기상 현상이 반대방향으로 회전하는 원인을 제공하는 것으로 널리 알려져 있다. 적도로부터 남쪽이나 북쪽으로 비행하면 비행속도가 일정한데도 땅이 더 느린 속도로 움직인다. 따라서 지구 표면에서 보았을 때는 방향이 바뀌는 것처럼 보인다. 우주 엘리베이터 케이블을 올라가는 사람에게는 모든 점에서 위쪽으로 올라갈수록 속도가 느려진다. 이것은 케이블을 꺾거나 옆으로 잡아당기게 될 수 있다. 하강할 때는 이 효과가 반대 방향으로 작용한다. 실제로 이 코리올리 힘이 케이블이 올라가는 속도에 한계를 설정한다.

마지막으로 운석과 엘리베이터가 지나가는 길목에서 지구를 돌고 있는 6,000톤의 우주 쓰레기에 의한 위험이 존재한다. 그리고 테러리스트들에게 손쉬운 대형 표적이 될 수도 있다. 하나의 엘리베이터는 그다지 효율적이지 못하다. 적어도 하나는 올라가고 하나는 내려와야 하고, 심한 진동을 피하기 위해 속도는 시속 160킬로미터 정도로 유지해야 할 것이다. 따라서 이 여행은 여러 주가 걸릴 것이다.

우주 엘리베이터 낙관론자들은 포기하지 않는다. 최근 발견된 탄소 동소체인 카르빈은 탄소나노튜브의 기반이 되는 그래핀보다 더 강하다.[18] 탄소를 '첨가'해 파손 위험을 줄일 수도 있을 것이다. 2013년 국제 우주 항공학 아카데미는 우주 엘리베이터의 자세한 설계를 연구한 뒤 350쪽짜리 보고서를 제출했다.[19] 적절한 재료가 아직 문제이다. 그러나 이 보고서는 2035년까지 우주 엘리베이터가 20톤의 화물 여러 개를 운송하고 있을 것으로 추정하고 있다. 우주 엘리베이터는 전략적 중요성이 있으므로 국제적 동의를 얻는 것이 문제가 될 수도 있다. 테러리스트로부터 보호하는 것 역시 해결해야 할 문제이다.

우주 엘리베이터의 설치비용은 100억 달러에서 500억 달러 사이가 될 것이다. 이는 국제 우주 정거장 건설에 드는 비용보다 훨씬 작다. 우주 엘리베이터를 이용하면 지구 저궤도로 물체를 올리는 데 필요한 비용이 킬로그램당 100달러로 낮아져, 로켓을 이용할 때의 20분의 1이 될 것이다. 우주 엘리베이터로 인해 등장할 새로운 경제활동이 우주 엘리베이터의 비용 문제를 쉽게 해결할 수도 있을 것이다.

우주 붐

우주여행의 역사는 실현되지 못한 약속으로 가득 차 있다. 돈 많고 담대한 사람들이 우주가 그저 텅 빈 공간 이상일 것이라고 생각한 근거는 무엇일까? 냉철한 경제학자들이 이 문제에 대해 연구해보았으며 그들의 주장을 뒷받침할 자료도 많다.

이윤을 추구하는 우주 사업은 이미 어디에나 있으며 일상생활의 일부분이 되었다. 익숙하지 않은 곳에서 길을 찾기 위해 스마트폰을 이용할 때마다 또는 위성 안테나를 이용해 텔레비전을 시청할 때마다 우리는 상업적 우주 기술을 이용하고 있다. 이 모든 것은 10대 청소년의 평균 몸무게 정도에 비치볼 정도 크기인 인공위성으로부터 시작되었다. 텔스타는 1962년 NASA가 발사했지만 AT&T, 벨 연구소, 영국우체국, 프랑스텔레콤이 대서양을 건너 텔레비전 신호, 전화, 팩스 영상을 전송할 목적으로 발사 비용을 지불했다. 이것이 지구 원격 통신 산업의 탄생이었다.

GPS는 주머니에 들어 있는 우주 산업의 가장 좋은 예이다. 우리는 지구 어디에서나, 어떤 기후에서도 우리가 있는 장소와 시간을 알기 위해 스마트폰을 사용한다. GPS가 작동하기 위해서는 네 대 이상의 GPS 위성에 방해받지 않고 접속할 수 있어야 한다. GPS는 1960년대 미국 국방성이 개발해 처음에는 24대의 인공위성으로 운영되었다. 군은 밀수업자, 테러리스트, 또는 미국의 적대적인 국가가 사용할 것을 염려해 이 시스템에 민간이 접속하는 것을 반대했다. 그러나 1996년 클린턴 대통령이 31대의 인공위성을 운영하는 현대의 시스템으로 개선하는 것을 승인했고, 무료로 전 세계에 GPS 기술을 제공하도록 했다. 2011년 연구 결과에 의하면 GPS기술은 미국에서 300만 개의 일자리를 제공했고, 매년 1조 달러의 경제적 이익을 창출하고

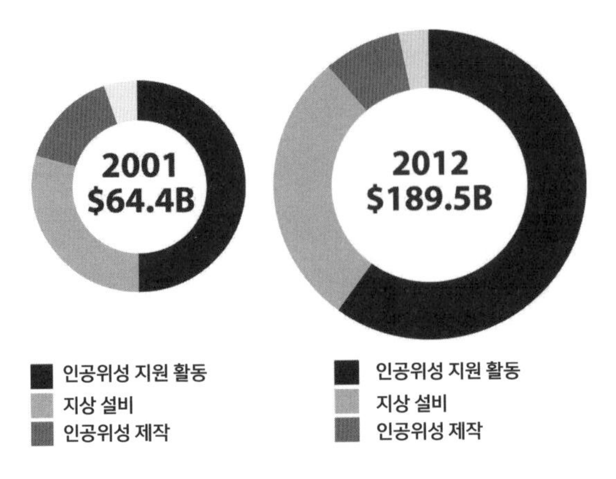

그림 34. 우주 사업의 주 수입원은 인공위성 발사이다. 2001년부터 2012년 사이에 인공위성 발사 관련 수입은 세 배로 늘어났다. 이것에 비해 우주 관광은 아직 '피라미'에 불과하다. 그러나 안전하고 재사용 가능한 비행체가 개발된다면 상황이 달라질 것이다.

있다.[20]

인공위성을 발사하는 것은 큰 사업이다. FAA는 상업 우주 수송의 경제적 효과에 대한 보고서를 발표했다. 21세기 첫 10년 동안에 우주 수송의 규모는 640억 달러에서 1조 900억 달러로 성장했고, 이와 관련된 일자리도 50만 개에서 100만 개로 늘어났다. 여행과 관광은 세 배 더 커졌고, 항공 사업은 여섯 배 더 커졌다. 우주 수송 사업은 국제적 사업이다. 상업적 목적으로 발사된 인공위성 중 미국에서 만들어진 것은 반도 안 된다(그림 34).[21]

우주 관광의 경제적 가능성을 추정하기는 어렵다. 우주 관광 역량은 그다지 인상적이지 않고, 규모나 장기적인 미래가 확실하지 않다. 소수의 부자들이 우주 정거장으로 여행 가기 위해 2,000만 달러를 예치했다. 그리고 우주 이상주의자들은 시장 규모가 커지면 가격이 내릴 것이고 수요도 늘어날 것이라고 믿고 있다. 그러나 끔찍한 최후로 이어질지도 모르는 레크리에이션으로 뛰어드는 위험을 사람들이 얼마나 감수하려 할 것인지에 대해서는 예측하기 어려운 변수가 있다.

현재까지 이루어진 가장 좋은 시장조사는 우주 관광에 참여한 적이 없는 우주 항공 자문 회사 퓨트론 코퍼레이션Futron Corporation이 한 것이다. 그들은 2,000만 달러라는 지구 저궤도 여행의 가격이 20년 후에 500만 달러로 낮아질 것이고 총수입은 3억 달러로 늘어날 것이라고 예상했다. 고고도 비행의 경우에는 10만 달러인 현재의 가격이 20년 후에 5만 달러로 내려가고 총수입은 연간 10억 달러에 이를 것으로 전망했다.[22]

일반인을 상대로 한 조사에 따르면 산업화된 나라에서는 그 결과가 거의 같다. 우주의 유혹에는 국경이 없다. 저궤도로의 짧은 여행 비용이 1만 달러 정도라면 약 100만 명이 여행에 참여해 100억 달러의 연간 총수입을 올릴 수 있을 것이다. 재미있는 점은 이 금액이 미국에서 영화관이 벌어들이는 총수입과 같다는 것이다. 적은 금액은 아니지만 지난해 전통적 형태의 관광에 소비된 1조 4,000억 달러에 비하면 소액에 불과하다(그림 35).

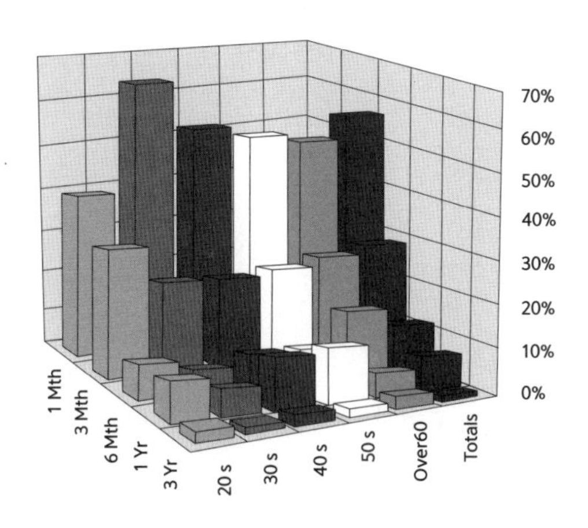

그림 35. 미국과 캐나다에서 사람들이 자신의 수입 중 얼마를 우주여행에 사용할 것인지를 1995년부터 시장조사했는데, 나이에 따라 결과가 다르다. 응답자의 3분의 1은 우주여행에 관심이 없었다.
이 결과는 우주관광 수입의 모델을 만드는 데 사용될 수 있을 것이다.

소행성 채광을 고려하면 숫자는 훨씬 커지지만 불확실성도 증가한다.[23] 지구 자원은 한정되어 있고 안티몬, 코발트, 갈륨, 금, 인듐, 망간, 니켈, 몰리브데넘, 백금, 텅스텐과 같이 현대 산업을 위해 꼭 필요한 많은 원소들의 개발은 늘어나고 있다. 이러한 전략적으로 중요한 광물의 대부분은 지구의 접근 가능한 지역에서라면 50년 안에 고갈될 수 있다. 이런 성분들은 지각이 식은 직후인 45억 년 전, 비처럼 쏟아진 소행성을 통해 지구에 보태졌다. 만약 우리가 이런 것들을 더 원한다면 우주로 나가 더 많은 소행성을 포획해야 할 것이다.

우주 채광은 유아기에 있고 비용은 엄청나게 많이 든다. 오시리스-렉스OSIRIS-REx는 소행성 연구와 샘플 채취 프로젝트이다. 2016년에 발사되어 2021년에 소행성 101955 베누(이집트 신화에 나오는 새의 이름을 따서 명명되었다)의 샘플 2킬로그램을 채취해 돌아올 예정이다. 이 프로젝트에는 8억 달러가 소요되는데, 채광 목적이라면 비싸겠지만 이 프로젝트의 목표는 45억 년 전의 원래 물질을 회수해 태양계의 형성과정을 밝혀내는 것이다.[24] 우리가 알아보았던 것처럼 NASA는 커다란 거실 크기 정도의 소행성을 먼 우주에서 끌어내 달 주위를 돌게 할 계획을 가지고 있다. 경비가 30억 달러에 이르는 이 프로젝트는 의회에 의해 보류되어 있어 실현되지 않을 수도 있다.

이러한 시도는 실용적인 채광 활동을 위한 작은 시작이다. 그러나 엄청난 비용에도 불구하고 잠재적인 수익성은 눈이 튀어나올 정도로 크다. 믿을 만한 경제 모델이 만들어진 것이다.[25] 1997년 과학자들은 지름 1.6킬로미터 정도의 금속 소행성이 20조 톤의 귀금속과 산업용 금속을 가지고 있다고 추정하고 있다. 엑스 프라이즈를 주도하고 있으며, 2012년 우주 채광 회사인 플래니터리 리소시스Planetary Resources를 설립한 피터 디아만디스는 지름이 30미터 정도인 작은 소행성의 경우에도 500억 달러에 달하는 백금을 포함하고 있을 것으로 추정했다. 그는 2020년까지 소행성에서 구한 물을 이용해 로켓 연료로 사용되는 액체 수소와 액체 산소를 만드는 우주 연료 보급소를 만들고 싶어 한다.

전문가들은 회의적이다. 우주 자원의 시장 가격과, 어려운 채광 작업을 거쳐 광물을 지구로 가져왔을 때의 실제 가격 사이에는 큰 차이가 있을 수 있다. 또한 투기꾼들이 많은 자금을 날리면서 배웠던 것처럼 물품의 매점매석은 가격 기반을 무너뜨릴 수 있다.

CHAPTER
9

우리의 다음 고향

디딤돌

달, 화성, 그리고 그 너머. 달은 깡충, 화성은 펄쩍, 그 외 태양계 천체들과 별 세계는 큰 점프 너머에 있다. 우리가 지구 너머에 영구 정착지를 건설하려고 한다면 시작하기에 가장 좋은 장소는 달이다.

인류가 달에 첫발을 내디딘 후 40년 동안 거의 잊고 있었지만, NASA는 원래 1980년까지 달 기지를 건설하겠다는 야심찬 달 탐사 계획을 가지고 있었다. 여섯 번의 아폴로 달 탐사 기간 동안 달 표면에서 보낸 시간은 1일에서 3일로 늘어났고, 우주복은 달 위에서 일곱 시간 동안 걷는 것이 가능할 정도로 개선되었으며, 전기로 작동하는 로버도 도입되었다. 첫 번째 유인 아폴로 비행을 준비하던 1968년, NASA는 달 기지를 연구할 연구 그룹을 만들었다. 다른 착륙 지점에서 세 번 정도의 탐험 임무를 수행한 후 NASA는 영구 달 기지를 준비하기 위해 한 곳에 여섯 번 이상의 탐사 팀을 보낼 예정이었다.[1] 달 기지 연구 그룹은 열두 명의 우주비행사들로 구성된 '국제

그림 36. 예술가가 그린 달 기지. 주거지를 건설하고 공급하는 데 필요한 대부분의 재료는 달 토양에서 추출하거나 채광할 수 있을 것이다. 새로운 기술 없이도 가능하다.

과학 달 관측소'를 설립하는 것이 NASA의 주요 목표라고 규정한 보고서를 작성했다(그림 36).

이 보고서의 주요 내용은 미래 기지의 핵심 부분을 구성할 새로운 하드웨어 개발에 관한 것이었다. 무게가 3,175킬로그램인 새로운 달 착륙 모듈에는 표면에 착륙시킬 하강 장치는 있었지만 상승 장치는 없었다. 화물 중 가장 무거운 것은 두 사람이 2주 동안 집으로 사용할 수 있는 1톤짜리 쉼터였다. 그리고 달 표면에 배치할 두 개의 개인용 분사 추진 장치와 우주비행사나 휴스턴의 비행 통제관이 조종할 수 있는 로버 또는 사륜차도 준비해둘 예정이었다. 달로 보낼 화물에는 토양에서 유용한 성분을 추출하는 시험을 할 태양 난로와 다리가 하나 달린 망원경, 생물학 연구 장비, 다양한 연구실 장비들이 포함될 예정이었다. NASA의 자문 기관은 달 기지를 짓는 기초 공사를 위해 아폴로 프로그램 예산에 10억 달러를 더 책정할 것을 요구했다.

위대한 아이디어였지만, 이것은 냉정한 현실 정치의 톱날 속으로 던져지고 말았다. NASA의 예산은 달 착륙을 위한 개발의 열기가 한창이던 1965년에 52억 5,000만 달러, 즉 연방정부 예산의 5퍼센트에 달해 최고점을 찍었다. 존슨 대통령은 든든한 NASA 지원자였지만, 1967년 베트남 전쟁 비용이 250억 달러로 치솟자 의회는 예산을 절감할 곳을 찾기 시작했다. 일반인들도 닐 암스트롱의 역사적 발걸음이 가져온 행복감에서 벗어나면서 점차 관심이 시들해졌고, 우리는 NASA의 예산이 급격히 감소하는 것을 지켜보아야 했다.

2009년에 전략적 국제 연구 센터(CSIS)는 달 기지의 비용을 추산해보았다. 그들은 대형 로켓이 존재할 것으로 가정했지만 적어도 세 나라는 그런 능력을 가지고 있으니 상당히 가능성 있는 가정이었다. 또한 개발 비용을 350억 달러로 추정했는데 이는 국제 우주 정거장에 드는 비용 1조 100억 달러에 비해 훨씬 적다. 만약 이 비용을 10년 동안 나누어 투자한다면 우주왕복선을 운영하는 데 필요한 예산보다도 많지 않다. 기지 운영을 위해서는 매년 74억 달러가 소요될 것으로 추정했다. 운영 비용의 반은 현지 자원을 전혀 이용하지 않는다고 가정하고 1인당 4톤의 보급품을 지구에서 달로 보내는 데 소요된다. 물을 비롯한 자원을 효과적으로 재사용한다고 가정했을 때 우주비행사가 하루에 기본적으로 필요로 하는 것은 음수용 또는 조리용으로 사용될 물 2.5리터(2.4킬로그램), 산소 0.8킬로그램, 건조된 식품 1.8킬로그램이다. 다른 중요한 필수품은 태양열 형태의 에너지이다.[2]

가능한 많은 것을 자급자족할 수 있다면 달 기지는 훨씬 더 실현가능해질 것이다. 1990년대에 탐사선이 물의 증거를 보내 왔을 때 사람들은 매우 흥분했는데, 달은 황폐하고 메마르며 운석에 의해 분쇄된 암석과 모래가 널려 있는 곳이라고 생각하고 있었기 때문이다. 2010년 인도의 인공위성이 달의 북극 부근, 영원히 햇빛이 비추지 않는 크레이터 지역에서 얼음을 발견했다. 이 발견은 달이 수 미터나 되는 두께의 거의 순수한 얼음판 상태로 이루어진 물 6조 톤을 포함하고 있음을 보여주는 연구결과로 이어졌다.[3] 달 기지를 위한 또 다른 핵심 요소는 숨 쉬는 데 사용할 산소이다. 달의 토양 또는 표토의 성분은 질량 기준 40퍼센트에서 45퍼센트가 산소이다. 간단한 화학반응을 이용해, 태양 에너지로 달 토양 1킬로그램을 절대 온도 2,500도까지 가열해 숨 쉬는 데 사용할 산소 100그램을 방출시킬 수 있다. 또한 물은 로켓 연료의 주성분인 산소와 수소로 분리될 수도 있다.

주거를 위한 재료도 현지에서 만들어낼 수 있다. 달 토양은 규산과 철을 포함한 광물의 혼합물이어서 초단파에 사용되는 유리와 비슷한 고체로 융합시킬 수 있다. 매우 간단한 기술로도 달 표면의 먼지를 단단한 세라믹 벽돌로 바꾸어 놓을 수 있다(그림 37). 유럽 우주국은 한 시간당 3미터의 울타리용 블록을 만들어낼 수 있는 3D 프린터를 개발하고 있다. 이것을 이용한다면 1주일 안에 주거 시설을 완성할 수 있을 것이다.[4]

그림 37. 부풀릴 수 있는 돔과 3D 프린터 개념을 바탕으로 한 달 기지의 그림. 조립이 끝난 후에 부풀린 돔은 사람들을 방사선과 운석 충돌로부터 보호하기 위해 3D 프린터를 이용해 만든 달 토양으로 덮일 것이다.

물과 공기 그리고 건축 자재를 현지에서 조달한다면 달 기지 건설비용은 크게 줄어들 것이다. 기지를 건설하는 데 필요한 모든 기술이 실험실에서 시험을 거치고 있다. 여기에는 우주 엘리베이터의 경우에서 등장한 것과 같이 단순한 추정이나 희망사항은 포함되어 있지 않다.

결국 가장 중요한 것은 위치, 위치, 위치이다. 집을 살 때와 마찬가지로 달에 기지를 건설할 때도 위치가 가장 중요하다. 최고의 지점은 극지방 가까이 있는 커다란 크레이터 가장자리의 높은 산이다. 이런 곳은 풍부한 얼음에 가깝고 고도가 높아 항상 빛을 받을 수 있어 많은 태양 에너지를 이용할 수 있을 것이다. 위도가 낮은 곳에서는 극단적인 온도 변화와 싸워야 하고 354일 계속되는 달의 긴 밤을 견뎌내야 할 것이다. 그러나 오래전 현무암 용암이 달에 흐를 때 만들어진 터널을 이용할 수도 있을 것이다. 용암 동굴의 너비는 300미터나 되고 영하 20도의 안정적인 온도를 유지하고 있을 것이며, 우주 복사선과 운석으로부터 우리를 보호해줄 수 있을 것이다.[5]

달 기지의 가장 중요한 역할은 지구와 화성, 그리고 그보다 먼 우주 사이의 중간 기착지이다. 달에서는 중력이 낮고 자전속도도 느리므로 현재 가능한 재료로도 우주 엘리베이터를 건설할 수 있을 것이다. M5라고 부르는 벌집 형태의 섬유는 케블라보다 가볍고 강해서 너비가 3센티미터이고 두께가 0.02센티미터인 리본이 달 표면에서 2,000킬로그램을 지탱할 수 있으며, 하나의 무게가 600킬로그램인 엘리베이터 100대를 같은 간격으로 리본에 매달아서 지탱할 수 있다. 우리는 지금 바로 달 엘리베이터를 건설할 수도 있다.[6] 앞에서 이야기한 350억 달러의 개발 비용은 우주 엘리베이터를 가정하지 않은 금액이다. 우주 엘리베이터는 이 비용을 20퍼센트에서 30퍼센트 감소시킬 것이다.

유로파에서 생명체를 찾아내려는 계획으로 우리가 앞에서 만난 적이 있는 빌 스톤은 달의 물을 로켓 연료에 사용되는 수소와 산소로 분리하는 기술을 시험하는 섀클턴 에너지 회사Shackleton Energy Company를 설립했다. 그는 달에서 연료를 생산하면 태양계를 여행하는 비용이 크게 줄어들 것이라고 생각하고 있다. 그가 건설할 달 기지에는 NASA 직원들 같은 사람은 필요없다. 그는 무모한 시도를 좋아하는 사람들을 원한다. 최초의 승무원들은 집으로 돌아오는 여행을 위한 연료를 스스로 생산해야 할 것이다.

이런 모든 잠재력으로 인해 달 탐험의 오랜 정체기는 곧 끝날 것이라고 예상할 수 있다. 2014년 초에 중국의 옥토끼 로버가 '비의 바다Mare Imbrium' 북쪽 지역에 있는 무지개만에 도착했고, 민간 부분에서도 관심을 보이고 있다. 2007년에는 구글의 '루나 엑스 프라이즈'가 제정되었다. 이 상금은 달에 로봇을 착륙시켜 표면을 500미터 지나가면서 선명한 사진과 비디오를 전송해 오도록 하는 팀에게 3,000만 달러의 대상을 수여한다. 열여덟 개 팀이 이 경쟁에 참여했고, 마감일을 여러 번 연기하며 진행했으나 결국 2018년 우승자 없이 종료되었다.[7] 인도와 일본은 2030년까지 달 기지를 건설할 계획을 가지고 있고, 유럽과 미국은 망설이고 있지만 서로 협력해 비슷한 기간 내에 기지를 건설할 것이다.

한편 우주 광산 사업가들은 헬륨의 동위원소이자 핵융합 원자로의 핵심 연료로 사용되는 헬륨-3에 관심을 보이고 있다. 지구에서는 헬륨-3이 매우 희귀하지만 수십억 년 동안 태양풍에 의해 만들어진 달 토양에는 헬륨-3이 풍부하게 포함되어 있다. 21세기 중반을 지나 석탄, 천연가스, 석유가 고갈되기 시작할 때면 핵융합이 미래 에너지원이 될 것이다.[9] 핵융합은 방사성 물질을 방출하지 않고 적은 연료로 많은 에너지를 생산할 수 있는 청정 에너지원이다. 그러나 핵융합 반응을 성공시키는 것은 그야말로 도전에 가깝다. 유럽과 미국은 매년 10억 달러를 투자하고 있지만 몇 분의 1초 이상 에너지 생산을 지속시키는 데 성공하지 못하고 있다.

대부분의 핵융합 연구는 수소의 두 동위원소인 중수소와 삼중수소를 생산하고 이들을 이용해 헬륨을 만들어내는 것과 관련된 기술을 개발하는 것이다. 가장 큰 기술적 어려움은 알려진 어떤 금속의 용융점보다도 훨씬 높은 온도인 수백만 도에서 이루어지는 핵융합 반응을 유지하는 것이다. 헬륨-3의 핵융합은 더 높은 온도를 필요로 한다. 그러나 이 핵융합 반응은 생산되는 에너지의 대부분을 쉽게 동력으로 전환할 수 있는 하전 입자의 형태로 방출한다는 장점이 있다. 냉정하게 평가하면 달이 우리를 에너지 과소비로부터 구원해주지는 못할 것이다. 헬륨-3과 관련해 검증되지 않은 기술 영역 세 가지가 있다. 달에서 헬륨-3을 모으는 기술, 모은 것을 지구로 가져오는 기술, 가져온 헬륨-3을 핵융합 반응에 사용하는 기술이다.

우리가 달에 다시 간다면, 아마 지구를 떠나 살아가는 방법을 배우기 위해 갈 수 있는 가장 손쉽고 가까운 장소라는 단순한 이유 때문일 것이다. 다른 나라가 달에 식민지를 건설하기 시작한다면 미국인들의 무관심도 바뀔 것이다. 앞에서 살펴본 것처럼 중국은 멀리 앞날을 내다보고 우주에 상당한 투자를 하고 있다. 2014년 초에 인민일보는 창어 3호가 수행한 달 미션의 부책임자였던 장유화Zhang Yuhua가 "미래에 달 기지를 건설한 후에 우리는 달에서 에너지 탐사를 수행하고, 산업 제품과 농산품을 생산할 기지를 건설하고 진공 환경을 의약품 생산에 이용할 것입니다"라고 한 말을 인용했다.[10] 그녀는 이런 말도 덧붙였다. "저는 10년 안에 인류가 실제로 다른 행성에 살 수 있게 될 것이라고 믿습니다."

화성의 유혹

우리의 상상 속 화성에서는 어떤 일이 벌어져 왔는가? 신화에서는 이 붉은 행성이 불길하고 위협적인 존재로 취급되었다. 바빌로니아의 천문학자들은 화성의 붉은색과 하늘에서 뒤로 가는 이상한 운동에 대한 기록을 남겼다. 그들은 화성을 역병과 전염병, 재앙을 불러오는 지하의 신 네르갈이라고 불렀다. 고대 그리스인들은 화성을 올림포스의 12신 중 하나로 제우스와 헤라의 아들인 아레스와 연관시켰다. 아레스는 난폭하고 짓궂으며 전쟁을 즐겼던 신이다. 동생 아타네는 아레스를 '분노의 화신, 악마의 작품, 두 얼굴을 가진 거짓말쟁이'라고 불렀다. 그리스인들은 아레스를 숭배하지 않았으며 어떤 신성한 장소도 그의 이름으로 건축되지 않았다. 아레스는 공포와 두려움의 신 데이모스, 포보스와 함께 다니던 전쟁터에서 기억되었다. 그의 이미지는 로마 때에 다소 완화되었는데, 로마인들이 아레스를 전쟁의 신인 동시에 농사의 신으로 만들었기 때문이다.

네덜란드의 천문학자 크리스티안 하위헌스Christiaan Huygens는 1659년에 최초로 화성 지도를 그렸고, 사후에 출판된 《코스모테오로스Cosmotheoros》에서 화성의 밝은 점들은 물과 얼음의 증거라고 주장했다. 그는 또한 화성에 지적인 생명체가 살고 있을 것이라고 생각했다. 1세기 후 윌리엄 허셜William Herschel은 화성에도 지구와 마찬가지로 계절의 변화가 있다는 것을 보여주었고, 극지방의 얼음이 생명체를 유지해줄 수 있을 것이라고 생각했다. 19세기 중반에 대형 망원경이 화성의 선명한 영상을 만들어냈다. 일부 천문학자들은 어둡게 보이는 부분은 아마도 식물에 의한 것이고, 표면에 보이는 줄무늬나 긴 흔적은 인공 구조물일지도 모른다고 생각했다.

퍼시벌 로웰은 이를 전혀 의심하지 않았다. 보스턴 출신의 상인이며 뛰어난 아마추어 천문가였던 그는 자신의 재산을 애리조나 북부의 어두운 미개발 지역에 새로운 망원경을 건설하는 데 사용했다. 그는 1894년 화성이 지구에 접근하는 시점에 맞추어 망원경을 완성하기 위해 서둘렀다. 로웰은 자신이 화성에서 본 지형이 운하라고 확신했다. 그는 죽어가는 화성 문명이 극지방으로부터 적도 지역으로 물을 끌어오기 위해 노력하고 있다고 생각했다. 그는 자신의 주장을 지지하는 책 여러 권을 썼고, 모두 선풍적인 인기를 끌었다.

몇 년 후에 H. G. 웰스가 로웰이 쓴 작품의 내용을 그의 공상과학소설 《우주전쟁The War of the Worlds》에 사용했다. 이 소설은 곧 고전이 되었다. 이 소설에서 화성은 다시 한 번 악의 소굴이 되었다. "(…) 우주의 만을 가로질러 거대하고, 침착하고, 자비심이 없는 지적인 생명체가 우리 행성을 질투심 가득한 눈으로 응시하고 있었다. 그리고 느리지만 확실하게 우리에 대항할 계획을 세웠다."[11]

20세기 초에는 과학과 팝송 문화 덕분에 화성에 대한 시각이 다양해졌다. 에드거 버로스Edgar Rice Burroughs는 1912년에 연재한 〈화성의 달 아래서Under The Moons of Mars〉를 5년 후에 책으로 출판할 때 《화성의 공주A Princess of Mars》라는 제목을 붙였다. 소설 속에서 남북전쟁에 참전했던 존 카터는 신비하게도 네 개의 팔을 가진 외계인과 난폭한 괴물, 밝은 옷을 입은 공주들이 살고 있는 화성에 도착하게 된다. 카터는 약한 중력을 이용해 영웅적인 힘을 발휘했고 마침내 화성의 공주를 차지했다. 버로스는 화성 이야기를 열 권 더 썼다. 그의 무시무시한 판타지는 소설가 아서 클라크와 레이 브래드버리Ray Bradbury에게 영감을 주어 거대한 화성 과학 소설의 전통을 출발시켰다. 1938년 오슨 웰스Orson Welles는 《우주전쟁》을 라디오 쇼로 다시 다루었는데, 너무 실제 같았던 생방송 쇼 때문에 뉴욕 지역에 살고 있던 수만 명의 사람들이 공포에 휩싸였다. 많은 사람들이 화성인들의 침입에 대비하기 위해 집을 버리고 떠났다.

한편 자연선택에 의한 진화론의 공동 발견자인 앨프리드 월리스Alfred Wallace는 얼어붙은 화성에 액체 상태의 물이 있을 수 없다고 주장하고 퍼시벌 로웰을 비난했다. 20세기 중반에 원격 감지 장치의 개발로 이 논쟁은 더욱 격렬해졌다. 1965년 마리너 4호가 화성 표면에 1만 킬로미터까지 접근해 크레이터가 흩어져 있는 메마르고 생명의 흔적이 없는 평원의 영상을 보내오자 마침내 화성을 향한 열기가 식었다. 쌍둥이 바이킹 착륙선이 1976년에 이런 화성의 모습을 다시 확인했다.

그 후 진자의 추는 다시 중간으로 갔다. 화성 표면에는 액체 상태의 물이 없다. 화성 표면에 물 한 컵을 놓아두면 수초 안에 증발될 것이다. 화성 표면의 평균 기온은 영하 60도 정도인데 이 온도에서 물이 얼지 않고 증발하는 이유는 공기가 매우 희박해 진공에 가깝기 때문이다. 화성의 표면 토양에는 생명체가 살 수 없다. 대기가 희박해 미소 운석들이 충돌할 수 있고, 자외선과 우주 복사선에 의해 살균되기 때문이다. 그러나 화성 궤도를 도는 관측 위성들은 침식 지형과 강의 삼각주, 과거에 있었던 얕은 바다의 증거를 풍부하게 찾아냈다. 이런 지형 위에 생긴 크레이터들은 30억 년 전에 화성은 따뜻했고 물이 많았으며 대기층이 두터웠다는 사실을 말해준다. 용감무쌍한 몇몇 로버들(1997년 통카 장난감 크기의 소저너 호Sojourner, 1993년 시작된 어린이 장난감 자동차 크기의 쌍둥이 로버 스피릿Spirit과 오퍼튜니티Opportunity, 최근 화성을 방문한 SUV 크기의 큐리오시티Curiosity 등등)이 이러한 화성의 모습을 좀 더 생생하게 전해주었다. 이 로버들은 물이 있어야만 만들어질 수 있는 암석 표본을 채취했다.[12]

화성에 간 우주비행사들이 표면에서 액체 상태의 물을 발견할 수는 없겠지만 착륙지점을 잘 선택하면 필요한 물을 구할 수도 있을 것이다. 화성을 돌고 있는 우주선의 분광기는 고위도 지역에서 먼지와 암석으로 감추어져 있던 상당한 크기의 얼음을 찾아냈다. 얼음이 녹는다면, 그리고 녹은 물을 보호해줄 대기가 있다면, 이 물은 발목 정도의 높이로 화성을 잠기게 할 수 있을 것이다. 화성에서는 지하에 있는 대수층으로부터 일시적으로 분출된 물에 의해 패인 물길을 가진 골짜기의 증거도 발견되었다. 화성의 지하에는 위로부터의 압력과 내부에서 방사성 원소가 내는 열로 인해 액체 상태의 물이 존재할 수 있다(그림 38). 식민지를 개척하려는 사람들 사이에서 얼마나 화성 땅을 깊이 파야 물에 도달할 수 있느냐에 대해 열띤 논쟁이 벌어지고 있지만, 어쩌면 10미터 내지 20미터로 충분할지도 모른다.[13]

인간과 비슷한 화성인이나 우화에 등장하는 영웅은 아니라고 해도, 화성에는 과거는 물론 현재에도 미생물이 존재할 수 있다. 이 붉은 행성은 대기와 높은 온도, 지하의 물로 인해 달보다 훨씬 거주에 적당한 행성이다. 화성은 우리에게 어서 방문하라고, 그리고 어쩌면 머무르라고 손짓하고 있다.

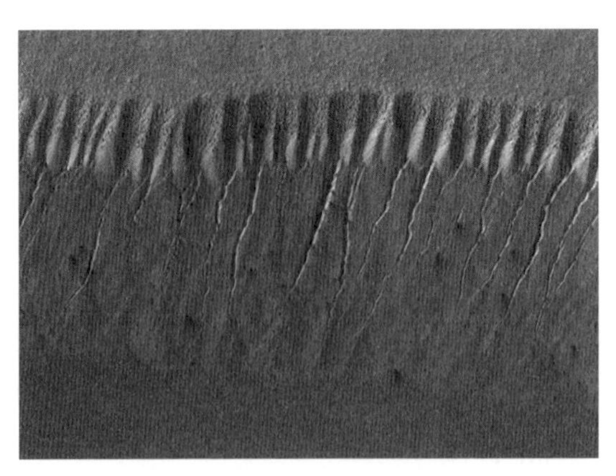

그림 38. 화성 급경사면에 있는 날카로운 V자 형태의 도랑은 액체 상태의 물이 흘렀던 강력한 증거이다.
이 물은 압력에 의해 액체 상태로 보존되어 있던 지점인, 경사면 위에서부터 3분의 1 높이에서 흘러나온 것으로 보인다.

식민지 건설

로버트 주브린Robert Zubrin은 절대로 믿음을 버리지 않았다. 핵공학으로 박사학위를 받고, 200편 이상의 전공 논문을 발표한 주브린은 30년 동안 화성 인간 탐험의 확고한 옹호자였다. 그는 하이브리드 로켓 비행기, 합성 연료 제조, 자석 항해, 염수 원자로, 그리고 세 사람이 두는 체스의 특허를 가지고 있다.

그러나 그의 진정한 열정은 화성에 있다. 그는 '자급자족함으로써' 또는 공기나 토양에서 가능한 많은 자원을 확보함으로써 화성 미션의 비용과 복잡성을 낮출 수 있다고 생각한다. 그의 아이디어는 NASA의 '디자인 레퍼런스 미션'에 채택될 만큼 강력했지만, NASA의 지지부진한 진전과 무기력한 정부의 지원에 실망한 그는 1998년에 옹호자들의 모임인 화성 협회Mars Society를 결성했다. 그는 화성에 가는 것을 다룬 여러 권의 책을 썼다.[14] 편도 여행을 통해 비용을 줄이는 문제에 대한 질문을 받고, 주브린은 "인생은 편도 여행입니다. 그리고 그런 인생을 살아가는 한 방법이 화성에 가서 새로운 인류 문명을 시작하는 것입니다"라고 대답했다.[15]

화성은 인간 탐험의 도전적인 목표이다. 에너지 때문은 아니다. 화성에 가는 에너지 비용은 달에 가는 에너지 비용보다 겨우 10퍼센트 정도 더 클 뿐이다. 문제는 거리이다. 에너지 효율적인 궤도를 따라 비행할 경우 가는 데만 아홉 달이 걸린다. 좀 더 많은 에너지를 사용하면 여행 기간을 일곱 달에서 여섯 달까지 줄일 수 있다. 달에 가는 데 1주일이 걸리는 것과 비교하면 상당히 멀다. 승무원의 수가 적다고 해도 2년 동안의 생필품을 수송하는 비용은 엄청나다.

베르너 폰 브라운은 1950년대에 처음으로 화성 미션에 대해 기술적 연구를 한 사람이지만, 그 미션은 가망 없이 거대했다. 1,000대의 새턴 5호 로켓을 이용해 지구 궤도 위에 열 개의 우주선으로 이루어진 함대를 만들고 그곳에서 70명의 우주비행사를 화성으로 보내는 것이었다. 그는 규모를 줄인 수정안을 리처드 닉슨 대통령에게 제출했지만 우주 왕복선에게 밀려났다. 전 NASA 국장 토머스 페인Thomas Paine은 다음 단계를 시도했다. 어쩌면 〈스타트렉〉을 너무 많이 본 것일지도 모르겠으나, 그는 달을 정복해 산업화하는 것을 목표로 했다. 핵 우주 예인선을 이용해 지구 궤도에 우주 정거장 함대를 발사하고, 매년 수십 대의 인공위성을 화성에 보내 화성 궤도에 우주 정거장을 구축해 식민지를 지원하도록 했다. 레이건 행정부는 이 보고서를 선반에 처박아버렸다.

2014년 미국 국립 연구 회의는 의회의 요구에 따라 화성 유인비행을 다시 검토했다. 국립 연구 회의는 286쪽짜리 보고서를 작성해, NASA가 지속 가능하지 않고 안전하지 않은 전략을 가지고 있으며 이러한 전략으로는 미국이 가까운 장래에 인간을 화성에 착륙시키기는 불가능하다고 결론지었다.[16] 또한 현재의 예산으로는 이 세기의 절반이 지나기 전에 그런 일이 일어날 수 없다고 언급했다. 그러면서 이 보고서는 애초에 왜 우리가 우주로 사람을 보내야 하는가에 대한 철학적인 문제를 제기했으며, 순수하게 실용적이고 경제적인 이익만으로는 비용을 정당화할 수 없지만 우주 개척에 대한 열망이 그것을 가치 있는 것으로 만들지 모른다고 했다.

분명 도전해야만 하는 좋은 이유와 강한 의지가 있어야 한다. 화성은 결코 호락호락하지 않으니 말이다.

화성 여행을 위험하게 하는 요소 중 하나는 우주 복사선이다. 지구에서는 대기와 자기장이 우주 복사선과 태양 플레어로부터 우리를 보호해준다. 큐리오시티 로버가 화성을 향해 가고 있을 때 과학자들은 방사선 감지기의

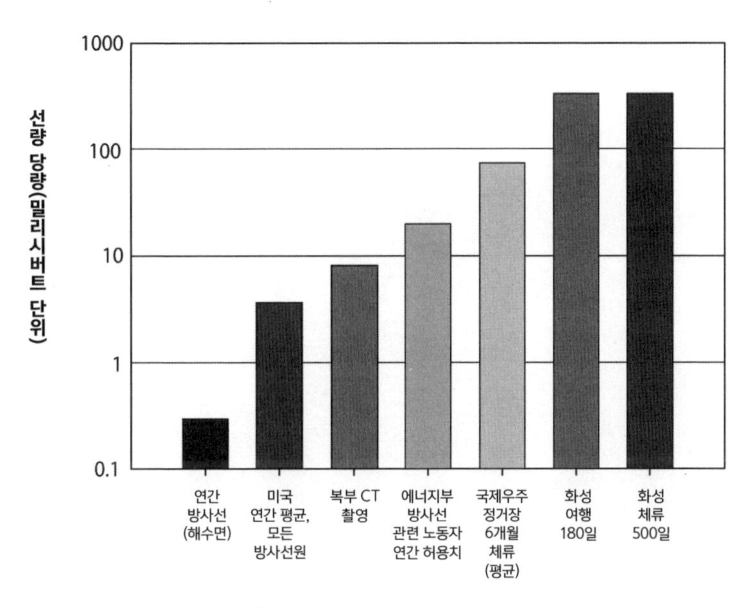

그림 39. 다른 상황에서 고에너지 우주 방사선 노출 정도를 비교한 자료. 로그 스케일에 주의하기 바란다. 대부분의 노출은 1년 동안의 이동 기간에 이루어지고, 이는 지구상에서 100년 동안 노출된 것과 같다.

스위치를 켜고 깊은 우주 공간의 복사 환경이 지구에서보다 훨씬 강하다는 것을 확인했다. 우주비행사는 화성까지 여행하는 2년 동안에 지구 거주자들이 같은 기간 받는 것보다 200배 높은 방사선에 노출될 것이다(그림 39). 그러나 이 모험은 일생 동안에 암에 걸릴 확률을 21퍼센트에서 24퍼센트로 높일 뿐이다. 우주선이 고장을 일으킬 위험이 이보다 훨씬 크다.

또 다른 위험 요소는 무중력이다. 앞에서 미소 중력 환경에 의한 심리적 변화에 대해 이야기했다. 러시아 우주비행사 발레리 폴랴코프는 우주 정거장 미르에서 438일을 머물면서 지구를 7,000바퀴 돌았다. 부분적으로는 화성까지 가는 여행을 사람이 과연 견딜 수 있는지를 알아보는 것이 이 장기 우주 체류의 목적이었다. 이 러시아 우주비행사는 14개월의 우주 체류가 장기적으로 건강에 나쁜 영향을 주지 않았다고 보고했다. 로버트 주브린은 사

그림 40. 1990년 NASA 엔지니어 로버트 주브린과 데이비드 베이커가 제안한 화성 기지의 설계. 증명된 기술만을 이용해 개발한 마스 다이렉트Mars Direct라고 부르는 개념을 이용했다. 사람이 사는 주거 유닛은 지구 귀환 우주선에 앞서 보내졌던, 비슷한 다른 기존 유닛과 연결된다.

용하고 난 화성 발사체의 상부 스테이지가 원심력을 발생시키는 평형추로 사용될 수 있다고 제안했다. 1.6킬로미터 길이의 밧줄과 2rpm(분당 회전수)의 회전속도는 지구 중력과 비슷한 원심력을 만들어낼 것이다. 회전속도를 1rpm으로 하면 화성의 중력과 비슷해져 우주비행사들이 화성에 착륙하기 전에 새로운 조건에 적응할 수 있을 것이다(그림 40).

세 번째 위험은 좁은 공간에 갇히는 것이다. 화성 여행자는 일 년 반을 스쿨버스 크기의 우주선 안에서 보내야 하고, 목적지에서 일 년 정도를 커다란 캠핑카보다 크지 않은 공간에서 보내야 한다. 화성으로 향한다고 가정된 모의 우주선 안에 여섯 명의 국제 승무원 지원자들을 가두고 그 안에서 생활하도록 하는 마스 500 프로젝트가 수행된 적이 있었다. 그러나 실제로는 모스크바 시내의 건물 안에 갇혀 1년 반을 보냈다. 승무원들은 2011년에 '지구로 귀환'했는데, 대부분의 승무원이 수면 패턴이 심하게 망가지는 것을 경험했고 모든 승무원이 제한된 공간 안에서 활동 수준이 떨어져 연구자들이 '행동 마비'라고 부르는 상태를 겪었다.[17] 이 실험은 우주선이나 화성에서 지구의 생활 리듬을 유지하는 것과 물리적으로 활동적인 상태를 유지하는 것이 얼마나 중요한지를 확실하게 보여주었다.

이런 여행이 우리에게 가할 심리적 충격을 판단하기는 어렵다. 남극처럼 문명과 고립된 곳에서 겨울을 보낸 경험이 있는 사람들은 이 문제를 어렴풋이 짐작할지도 모르겠다. 그러나 화성 여행자들은 지금까지 그 어떤 사람보다 가장 고립된 사람들일 것이다. 그들은 작은 그룹의 사람들과만 실시간 상호작용을 할 수 있을 것이고 수천만 킬로미터 떨어져 있는 친구나 사랑하는 사람들과는 지연된 통신만 가능할 것이다. 간단한 산책도 할 수 없는 상태로 한정된 공간에 갇혀 있어야 할 것이다. 그리고 그들은 열정적인 지상 요원들과 지구의 과학자들에 의해 계속 감시당할 것이다. 만약 어떤 사람에게 정신적 문제가 생긴다 해도 상담이나 정신요법 같은 정신과 치료를 실시간으로 받을 수 없을 것이다.

그러나 이상주의자들은 굽히지 않는다. 아폴로 우주비행사 버즈 올드린Buzz Aldrin은 이것에 대해 "화성에 가는 것은 화성에 머문다는 의미입니다. (…) 이 미션으로, 우리는 두 개의 행성을 가진 종족이 되기 위한 신뢰 수준을 쌓고 있습니다. 화성에서 우리는 멋진 위성들을 가지게 될 텐데, 이 위성들은 마치 해안에서 떨어져 있는 세상처럼 활동할 수 있습니다. 이 위성으로부터 승무원들은 로봇을 이용해 하드웨어를 사전에 배치하고, 화성 표면에 복사선 차단 장치를 해 더 많은 사람들이 화성에 거주할 수 있도록 할 수 있을 것입니다."[18]

현재 두 개의 새로운 벤처 기업이 정부 자원을 받지 않고 화성을 접근 가능한 곳으로 만들려고 시도하고 있다. 인스피레이션 마스Inspiration Mars는 2001년 엔지니어에서 시작해 거물이 되어 세계 최초 우주여행자가 되기에 이른 데니스 티토의 작품이다. 티토의 계획은 화성에 착륙하지 않음으로써 경비를 절감하려는 것이다. 그는 스페이스 엑스 드래곤 캡슐의 업그레이드 버전을 사용해 10억 달러짜리 근접 비행을 할 계획이다. 궤도만 잘 설계한다면 한 번의 엔진 점화로 화성까지 갈 수 있다. 하지만 돌아오는 일은 도전이 될 것이다. 캡슐이 시속 5만 1,499킬로미터의 속도로 지구 대기에 뛰어들 것이기 때문에 단열을 위한 새로운 재료가 필요하기 때문이다. 이 프로젝트는 2021년 발사를 목표로 추진 중이다.[19]

마스 원Mars One은 네덜란드의 사업가 바스 란스도르프Bas Lansdorp에 의해 추진되었다. 란스도르프 역시 스페이스 엑스 캡슐을 사용할 계획이다. 그는 네 명의 승객을 화성에 남도록 해 경비를 줄일 계획이며, 만약 그들이 이 여행에서 살아남는다면 우주선 근처의 화성 토양으로 덮여 있는 높은 지역에 주거지를 건설할 것이다. 그들은 현지에서 물, 산소, 음식물을 만들고, 정기적인 보급 미션에 의해 확장해 갈 것이다. 그리고 2년마다 지구로부터 오는 네 명의 피난민과 합류하게 된다. 그렇게 점차 더 넓은 식민지를 건설할 것이다. 란스도르프는 최초 여행 경비가 60억 달러일 것으로 추산하고, 그 이후에는 한 사람당 40억 달러일 것으로 내다보았다. 우주 전문가들 중에는 이 계획이 매우 야심적이라고 평가하는 이들도 있고, 불가능할 것이라고 판단하는 이들도 있다. 그러나 이 계획이 대담하다는 데는 모든 사람들이 동의한다.[20]

화성 개척자들은 시간을 거슬러 경쟁하고 있는지도 모른다. 이 붉은 행성은 2018년에 지구에 근접하고, 2035년이 되어야 다시 지구에 접근한다. 인스피레이션 마스와 마스 원은 모두 가장 유리한 2018년의 접근을 지난 후에 발사될 예정이다. 마스 원은 화성에 살아남거나 죽을 기회를 잡기 위해 온라인으로 지원한 20만 명의 지원자를 확보했다. 2014년 이중에서 1,058명이 추려졌고, 다음에는 705명으로 줄어들 것이다. 그리고 다시 엄격한 물리적, 심리적 시험을 거쳐 최종 24명이 선발될 것이다. 란스도르프는 이것을 텔레비전 리얼리티 쇼로 만들어 이 모험의 경비를 조달할 계획이다. 텔레비전 시리즈 〈서바이버Survivor〉와 영화 〈트루먼 쇼The Truman Show〉, 소설 〈화성 연대기The Martian Chronicles〉가 전부 섞여 있다고 생각하면 된다(그러나 2019년 마스 원 프로젝트는 결국 파산 선고를 받았다).[21]

붉은 행성 녹화하기

잠깐 쌍둥이 지구는 무시하기로 하자. 금성은 크기와 질량 면에서 지구와 가장 비슷하고, 똑같이 이산화탄소를 가지고 있다. 그러나 지구에서는 대부분의 이산화탄소가 암석을 구성하고 있거나 바다에 녹아 있어서, 바다가 약한 산성을 띠며 적당하게 두꺼운 대기를 남겨 온도의 계절적 변화와 일교차가 크지 않다.

지구보다 단 30퍼센트 더 태양에 가까이 있는 금성에서는 이산화탄소가 대기에 쌓여 있어 폭주온실효과를 일으켜 납이 녹을 수 있을 정도까지 표면 온도를 올린다. 누구든 이 행성에 사랑의 신 비너스의 이름을 붙인 사람은 인간관계에서 슬픔을 겪었던 것 같다.

화성은 잘못 잉태된 아이, 그래서 지구의 가장 작고 약한 형제이다. 지구 크기의 반 정도 되는 화성의 중력은 지구 중력의 3분의 1이다. 그다음으로 가까이 있는 지구와 비슷한 행성은 수십억 킬로미터 떨어져 있어 현재 기술로는 닿을 수 없다. 지구와 화성 형제는 서로 다른 길을 걸어왔다. 화성은 녹이 슬어 붉은색으로 변한 반면 지구는 생명체를 잉태해 초록색으로 바뀌었다. 화성에서는 물이 말라버렸고 공기는 우주로 빠져나가서 먼지 폭풍과 우주 복사선이 난무하는 장소가 되었다. 그러나 아직 화성은 화산 배출구나 안데스 산맥의 고원보다 조건이 더 나쁘지 않은, 서식 가능 지역 가장자리에 있다. 화성에는 햇빛이 있고 물, 탄소, 질소, 산소의 저장소가 있다. 한 행성은 살았고, 한 행성은 죽었다.

어쩌면 우리가 화성을 다시 살아나게 할 수도 있지 않을까?

과학에서 가장 대담한 아이디어 중 하나가 행성 공학이다. 행성은 항상 같은 상태로 남아 있지 않는다. 지질학적 진화는 세월에 따른 태양의 변화와 결합되어 황무지를 주거 가능 지역으로 만들기도 하고 에덴동산을 생명체가 살 수 없는 곳으로 바꾸기도 한다. 이러한 진화는 수억 년 또는 수십억 년이라는 긴 지질학적 시간에 걸쳐 일어난다.

여기 지구가 변화해온 역사가 있다. 지구는 45억 년 전에 만들어졌으며, 광물을 조사한 결과에 의하면 형성된 후 1억 년 이내에 액체 상태의 물이 존재했다. 따라서 그때쯤에 생명체가 나타날 수 있었을 것이다. 만약 그때 생명체가 등장했다면 이들은 39억 년 전에 태양계의 불안정한 궤도로 인해 많은 운석이 충돌한 '후기운석대충돌기'를 겪어내야 했을 것이다. 이 시기의 생명체는 핵이 없는 세포로 이루어진 원핵생물이었고, 대기에는 산소가 없었다. 그러다가 약 30억 년 전에 폐기물로 산소를 배출하는 세균이 진화했다. 산소는 다른 종류의 세균에게는 유독한 기체였다.

대기의 산소 함유량이 증가했고 19억 년 전에 핵을 가진 세포로 이루어진 진핵생물이 출현했다. 다세포 생물이 되면서 생명체는 다양해졌고, 유성

생식을 통해 재생산하기 시작했다. 27억 년 전과 7억 년 전에는 지구가 얼어붙는 빙하기가 찾아와 대부분의 생명체가 멸종되었다. 지구 역사의 마지막 10퍼센트 기간 동안에 생명체는 마침내 현미경을 이용하지 않아도 볼 수 있을 정도로 커졌고 식물과 동물로 진화했다. 생명체는 육지로 나왔고, 점점 빨라지는 진화 덕분에 포유류, 영장류, 마침내 우리 인간이 나타났다. 극적인 변화는 생명체 세계에서는 늘 일어나는 정상적인 일이다.[22] 그러나 최근에 와서 우리는 산업 성장과 화석 연료 사용을 통해 의도하지 않게 지구를 변화시키고 있다.

'테라포밍Terraforming'은 다른 행성을 좀 더 지구처럼 변화시키거나 지구의 생명체가 살 수 있도록 변화시키는 것을 말한다. 화성을 테라포밍하는 첫 번째 단계에서는 극지방에 얼어붙어 있는 이산화탄소를 녹여 공기로 방출해 폭주온실효과가 시작될 수 있도록 해서 화성의 온도를 높인다. 이 효과의 긍정적인 피드백이 테라포밍에 도움이 될 것이다. 이산화탄소로 이루어진 화성의 대기압은 지구 해수면에서의 대기압의 1퍼센트 정도이다. 그러나 화성의 토양에는 대기압을 지구 대기압의 30퍼센트까지 높일 수 있는 충분한 양의 이산화탄소가 얼어붙어 있다.

로버트 주브린과 크리스 매케이Chris McKay는 이 일을 해낼 수 있는 여러 가지 방법을 제안했다. 한 방법은 100킬로미터 크기의 거울을 설치해 극지방으로 더 많은 햇빛을 보내주는 것이다. 알루미늄을 입힌 폴리에스테르 필름을 사용한다고 해도 그런 거울의 무게는 20만 톤이나 될 것이다. 이런 거울은 지구에서 발사하기에는 너무 무거워 화성에서 제련된 물질을 사용해 만들어야 할 것이다. 또 다른 방법은 화성에서 산업체 규모의 시설을 이용해 효과적으로 열을 잡아둘 수 있는 기체를 생산하는 것이다. 역설적인 점은, 화성을 거주 가능 지역으로 만드는 데 사용되는 방법들이 지구를 거주 불가능 지역으로 만들 수도 있다는 것이다. 이 두 방법은 덴버나 시애틀 같은 도시가 사용하고 있는 정도의 에너지를 필요로 할 것이고, 그것을 실현하는 데는 수백 명의 노동자가 필요할 것이다.

좀 더 영리하고 비용이 덜 드는 아이디어는 작은 소행성의 방향을 바꾸어 화성에 충돌시키는 것이다. 충돌 시에 발생하는 열에 의해 이산화탄소가 방출될 것이고, 소행성은 또 다른 온실기체인 암모니아와 더 많은 태양빛을 흡수할 먼지를 화성에 전달할 것이다.[23]

다음 단계는 수권을 활성화하는 것이다. 표면에 액체 상태의 물이 존재할 수 있도록 화성의 온도를 더 높여야 한다. 아직 생명체가 살 수는 없지만 이런 조건은 지의류, 조류, 세균과 같은 극한생물이 살아가는 정도는 허용할지도 모른다. 이런 생명체들의 역할은 광합성을 하는 생명체들을 위한 토양을 준비하는 것이다. 이런 목적으로 사용될 미생물은 임무를 가장 잘 수행할 수 있도록 만들어질 것이다. 소행성의 충돌을 이용해 온도가 올라갔다면 앞의 두 단계를 거치는 데는 200년 내지 300년이 걸릴 것이다.

마지막 단계는 대기에 산소를 보태는 단계이다. 산소는 가연성 기체이므로 질소와 같은 완충 작용을 할 기체도 함께 주입해야 할 것이다. 원시 생명체에게 필요한 최초의 산소를 만들기 위해서는 물리적인 힘이 사용되어야 하겠지만 일단 좀 더 진화된 식물이 살기 시작한 다음에는 이들이 산소를 생산하는 엔진 역할을 할 것이다. 대기를 동물이나 인간에게 적합하게 만드는 데는 500년에서 1,000년이 걸릴 것이다.

테라포밍은 실제로 가능할지 아니면 불가능할지 모르지만, 기술적으로 매우 흥미 있는 일이다. 실제로 이 아이디어가 실현된 모습을 보려면, 소설로 눈을 돌려보자. 1990년대 중반에 킴 스탠리 로빈슨Kim Stanley Robinson은 인구 과잉으로 죽어가는 지구와 화성을 식민지화하는 '최초 100명'의 개척자들 이야기를 다룬 공상과학소설 3부작을 발표했다. 이 책은 우리가 화성에 가면 직면하게 될 윤리적인 문제도 다루고 있는데, 화성을 원시 상태로 남겨두자고 주장하는 붉은 당과 화성을 제2의 지구로 개조하자고 주장하는 푸른 당 사이의 긴장을 보여준다.[24]

이야기도 재미있지만, 물리적 묘사가 넋을 빼놓을 정도로 훌륭하다. 이 3부작 중 첫 권인 《붉은 화성Red Mars》에서 발췌한 다음의 글을 읽고 화성에 가고 싶지 않은 사람은 없을 것이다.

> 태양이 지평선에 닿으면서 언덕 꼭대기는 그림자 속에서 희미해졌다. 이제 작은 단추처럼 보이는 태양은 서쪽의 검은 선 아래로 가라앉았다. 하늘은 고동색 돔이 되었고, 높은 구름은 알프스 야생화의 핑크색으로 물들었다. 별들이 여기저기서 튀어 나와 빛을 발했고, 고동색 하늘은 점차 생생하고 어두운 보라색으로 변했다. 언덕 꼭대기에서 반짝이는 색채를 보고 있자면 그것은 마치 검은 평원에 펼쳐진 석양에 물든 액체 초승달처럼 보였다.

CHAPTER
10

원격 감지

감각 확장하기

실제로 가지 않고 우주여행을 경험할 수 있다면 어떨까? 연약한 인간을 우주까지 먼 거리를 보내는 데 따른 어려움도 크고 비용도 크니, 우주를 탐험하는 다른 방법에 대해 생각해봐야 할 것 같다. 대안을 살펴보기 위해 비디오 게임의 진화 과정을 살펴보자.

팩맨은 지금까지 가장 유명한 아케이드 게임이다. 1980년에 공개된 팩맨은 플레이어가 예쁜 색깔의 작은 아이콘을 조종해 점을 먹으면서 미로를 통해 이동해 가도록 한다. 팩맨의 인기는 '스페이스 인베이더'나 '애스터로이즈'와 같은 슈팅 게임의 인기를 앞질렀고, 20세기 말까지 100억 개의 동전이 팩맨 게임기에 투입되었다. 2000년에는 플레이어가 가상 인물을 통해 집과 마을을 만들고, 자신이 만든 주인공들이 가상적인 삶을 살아가는 것을 지켜보는 새로운 컴퓨터 시뮬레이션 게임이 출시되었다. 바로 '심즈Sims'다. 심즈는 전 세계에서 1억 5000만 개가 팔렸다.

지난 20년 동안 원시적인 그래픽의 팩맨에서부터 만화 같기는 하지만 3D 그래픽의 심즈에 이르기까지 비디오 게임이 얼마나 발전했는지를 살펴보면, 앞으로 20년 동안 어떤 일이 일어날지 상상해볼 수 있을 것이다. 앞으로 일어날 일들에 대한 힌트는 2014년에 출시된 게임용 헬멧 오큘러스 리프트Oculus Rift에서 얻을 수 있다.[1] 이 헬멧은 플레이어를 3D 가상현실에 푹 빠지게 하는데, 이것을 경험할 수 있는 가장 좋은 장면은 3D 영화 〈그래비티Gravity〉의 극적인 시작 부분이다.

태양계 탐험의 미래는 원격현실, 즉 자신이 멀리 떨어진 장소에 직접 가 있는 것처럼 느끼도록 하는 기술에 있는지도 모른다. 우리에게 매우 익숙한 화상회의가 이 기술의 단순한 형태이다. 영상과 소리를 전달해 전 세계 회의 참가자들을 연결해주는 시장은 매년 20퍼센트씩 성장해 이제 50억 달러에 이르고 있다. 스카이프 영상 통화는 현재 모든 국제 전화의 3분의 1을 차지하며, 통화 시간이 매년 2,000억 분에 달한다. 초음파 장치를 갖춘 로봇을 이용해 해양 바닥을 탐험하거나 적외선 센서를 갖춘 로봇을 이용해 동굴을 탐험하는 것도 원격현실의 또 다른 예이다. 로봇은 운영자가 안락한 사무실이나 집을 떠날 필요가 없도록 '눈과 귀'를 제공한다.

큐리오시티 로버의 카메라 눈을 통해 화성 표면을 '보고' 있거나, 로버의 분광기를 이용해 화성 공기의 '냄새를 맡고' 있을 때 우리는 원격현실을 이용하는 것이다. NASA는 모든 최근 로버에 적녹색 스테레오그래픽 영상을 사용했다. 그러나 발사 시기에 맞추어 큐리오시티 로버에 장착할 3D 고해상도 비디오카메라의 개발에 실패해, 일반인들의 시선을 사로잡을 기회를 놓쳤다. 영화감독 제임스 카메론James Cameron은 로버가 툴툴거리면서 붉은 행성을 돌아다니고 있는 동안 지구인들에게 '당신도 그곳에 있다'라는 직접성을 주기 위해 카메라를 맞추었다.[2]

아폴로 우주비행사들이 달 위에 발을 내디딘 이후 많은 것이 변했다. 달 착륙 시에는 사람들이 실시간으로 복잡한 의사결정을 해야 했다. 현재는 로봇과 기계가 상당한 능력을 가지고 있고, 멀리 떨어져 있는 과학자들이 로봇이나 기계를 원격으로 조종할 수도 있다.

행성 과학자들은 40년 동안 원격탐사를 사용해왔다. 쌍둥이 바이킹 착륙선은 미생물의 흔적을 찾기 위해 화성 토양 표본을 분석하도록 설계되었다. 원래 사양에는 카메라가 없었지만, 칼 세이건은 표면 영상이 일반인들의 관심을 이끌어낼 수 있을 것이라고 주장했다. 그는 만약 화성 북극곰이 있는데 사진을 찍지 못해서 놓치면 어떻게 하냐는 짓궂은 농담을 하기도 했다. 그래서 카메라가 추가되었고, 화성에서 보내온 삭막한 사막 경치를 찍은 영상은 즉각 일반인들의 흥미를 불러일으켰다. 그 후 외행성 탐사선은 이오의 화산을 '보았고', 목성의 자기 폭풍을 '들었으며', 타이탄의 대기 냄새를 '맡았고', 엔켈라두스의 얼음 간헐천을 '맛보았다'.

원격현실은 원격탐험 이상의 어떤 것을 의미한다. 이것은 사람이 멀리 떨어진 곳에 있는 것처럼 느끼게 하는 기술이다. 이 말은 1980년 미국 언어학자이며 인지과학자인 마빈 민스키Marvin Minsky가 처음 사용했다. 그는 공상과학소설 작가 로버트 하인라인Robert Heinlein이 쓴 짧은 이야기에서 영감을 받았다. 원격현실의 개념은 버서커 시리즈의 《브라더 어새신Brother Assassin》에서 프레드 세이버하건Fred Saberhagan이 더욱 발전시켰다.

> (…) 그의 모든 감각에는, 그가 마스터로부터 아래 층 바닥에 서 있는 슬레이브 유닛의 몸속으로 전송된 것처럼 보였다. 운동 통제권이 넘어오자 슬레이브 유닛은 천천히 한쪽으로 기울어지기 시작했고, 그는 마치 자신이 움직이고 있는 것처럼 자연스럽게 발을 움직여 균형을 잡았다. 고개를 뒤로

젖히자 그는 슬레이브의 눈을 통해 그 자신이 안에 들어 있으면서 복잡한 버팀대 위에서 같은 자세를 유지하고 있는 마스터를 볼 수 있었다."[3]

여기서 보이는 통제와 박진감의 수준은 우주 탐험에서보다 훨씬 떨어지지만, 비디오 게임의 가상현실을 우주 탐험에 이용하는 방법을 생각해볼 수 있다. 비디오 게임과 과학적 응용 사이의 다른 점은 게임이 디지털 기술을 이용해 실제 세상의 경험을 창조하려고 노력하는 반면, 과학은 실제 세상에서 벌어지는 일들을 디지털 기술을 이용해 재현하고 전송한다는 것이다.

로봇의 원격 조종(원격 로봇 조작이라고도 부른다)은 다양한 방법으로 이미 우리 생활 속에 침투해 있다. 로봇은 폭탄 해체, 해로운 광산에서 광물 추출, 깊은 해저 탐험 등에 사용되고 있다. 또한 무인 항공기에서나 의사의 보조원으로도 사용된다. 심지어는 홍보실이나 작업실에서도 발견할 수 있다. 많은 상업용 로봇은 위에 스크린이 장착된 진공청소기 모양을 하고 있는데, 이런 로봇은 복화술사의 인형에 불과하다. 첫인상은 매우 익살스럽지만 곧 그 뒤에 사람이 있다는 것을 알아차리고 당황하게 되는 것이다. 놀랄 만한 최근의 예는 TED2014에서 에드워드 스노든Edward Snowden이 한 강의였다.[4] 이 논란 많은 NSA 내부 고발자는 러시아의 어떤 장소에 숨어 있었지만, 두 개의 긴 다리가 달려 있고 끝에는 모터로 작동하는 카트가 부착된 스크린을 통해 무대에 등장했다. 스노든은 의장과 통신한 후 질문에 대답하기 위해 스크린을 청중들 쪽으로 돌렸다. 그는 회의장에서 진행되고 있는 모든 것들을 보고 들을 수 있었다.

2012년에 개최된 '원격현실을 통한 우주탐험' 컨퍼런스가 NASA의 고더드 우주 비행 센터에서 개최되었다. 여기에는 과학자와 로봇 공학자, 기술 사업가들이 다수 참석했다. 이 컨퍼런스에서는 로봇이 명령에 반응하고 결과를 운영자에게 통신하는 데 걸리는 시간을 나타내는 대기시간이 주요 주제로 다루어졌다. 대기시간은 빛의 속도에 의해 결정된다. 지구상의 응용에서 대기시간은 기본적으로 0이다. 그러나 달의 경우에는 수초 정도이고, 화성에서는 10분에서 40분 사이이며, 다른 태양계 천체의 경우에는 열 시간까지 길어지기도 한다. 이렇게 되면 실시간 통신이 불가능하다.

국제 우주 정거장의 우주비행사들은 독일항공우주센터가 개발한 이동 가능한 로봇 '저스틴'을 원격 조종하는 시험을 했다.[5] 이 로봇은 손가락이 네 개 달린 손을 가지고 있었고 우주비행사들은 '터치' 감각을 이용해 이 로봇을 조종했다. 로봇의 조종은 터치하는 느낌을 재현할 수 있도록 힘과 진동을 이용한 촉각기술을 통해 이루어졌다.[6] 미래 탐험가들은 대기시간을 피하고 중력 구덩이 안으로 들어갔다가 나오는 비용을 줄이기 위해 달의 궤도나 화성 궤도에서 지상 작전을 하게 될 것이다. NASA는 구덩이를 파고,

그림 41. 로보넛은 NASA의 존슨 우주센터가 수행한 프로젝트로, 인간 비슷한 기능을 하는 로봇을 개발하려는 것이다.
이 R2 버전은 2011년 국제우주정거장에서 처음으로 사용되었다.
이것은 승무원들의 엔지니어링 임무와 우주선 외부 활동을 돕기 위해 배치될 수 있다.

그릇을 채우거나 비우고, 넘어지면 다시 일어날 수 있는 로봇 광부 '블루 칼라'를 시험하고 있다. 이것은 현지 재료를 이용하거나 채광하는 사전 화성 탐사 프로젝트의 일부로, 나중에 올 우주비행사들을 위한 준비의 일환이다. 한편 유럽우주국은 우주비행사들이 마치 자신들의 신체처럼 멀리 있는 로봇을 조종할 수 있는 외골격 로봇을 개발하고 있다. 이 로봇들은 국제 우주 정거장에서 간단한 임무를 수행하는 시험을 마쳤다(그림 41).

원격현실의 최전선은 컴퓨터과학의 개척자 마빈 민스키가 45년 전에 예측했던 인공지능과의 결합이다.[7] 로봇이 인간의 원격 확장일 필요는 없다. 로봇은 정보를 처리할 수 있고 스스로 의사결정을 할 수 있다. 이것은 흥분되는 일이지만 윤리적이고 도덕적인 문제를 야기할 것이다. 특히 이 준 독립적 로봇들이 서로 접촉할 경우에는 더욱 문제가 될 수 있다.

로봇들이 온다

리처드 파인만Richard Feynmann은 양자이론에 대한 연구로 노벨상을 수상한 뛰어난 물리학자이다. 자연이 어떻게 작동하는지를 이해하는 데서 얻은 그의 기쁨은 전염성이 있었다. 1959년 그는 "바닥에는 여유가 있다There's Plenty of Room at the Bottom"라는 제목의 영향력 있는 에세이를 썼다. 이 에세이에서 그는 컴퓨터의 소형화는 아직 갈 길이 멀다고 주장했다. 그는 기계와 컴퓨터 제작의 한계에 대해 이야기했고, 언젠가는 개개의 원자나 분자 단위에서 물질을 다룰 수 있는 기술이 가능할 것이라고 주장했다.[8]

그리고 마침내 그날이 왔다.

나노기술은 10억분의 1미터 또는 그보다 더 작은 크기를 다루는 기술이다. 언젠가 세상이 눈에 보이지 않을 정도로 작은 로봇에 의해 운영될 것이라고 생각하면 매우 당황스럽다. 그러나 그런 로봇에는 많은 장점이 있다. 우리는 병을 고치기 위해 알약을 삼키는 것에 익숙해 있는데, 만약 우리 몸 안에서 우리의 생리 기능을 모니터하고 가능성 있는 문제들을 경고해주는 알약 크기의 로봇을 삼킬 수 있다면 어떨까? 아니면 수천 대의 분자 크기 기계를 방출해 세균과 싸우고 뼈와 혈구를 재생산하는 알약은 어떨까? 파인만은 우리가 '의사를 삼키는' 시대를 예상했었다.[9]

일부 사람들은 나노기술이 자연적이지 않다고 생각한다. 그러나 많은 경우 나노기술에 대한 연구는 생물학에서 영감을 얻는다. 가장 좋은 예는 세균이 액체 매질에서 이동하는 데 사용하는 편모이다. 편모는 프로펠러, 동력전달 장치, 회전자, 기어를 갖추고 있는 분자 모터이다.[10] 현재 암 치료에 사용되고 있는 약물과 방사선은 효과가 적고 독성이 있기 때문에 암 치료가 편모의 의학 응용 목록 가장 위쪽에 있다. 나노봇은 직접 암이 발생한 곳에 접근해 암세포와 정상 세포를 구별하고, 면역 체계를 손상시키거나 부작용을 유발하지 않으면서 암세포만 제거할 수 있다. 약물 전달과 재생의학에서 나노봇이 가지는 잠재력은 의학 연구자들에게 활기를 불어넣고 있다. 의학에서 나노기술을 이용하는 데 대한 연방정부의 보조금은 20억 달러를 넘는다(그림 42). 나노기술의 놀라운 가능성은 환경 문제 해결에도 초점을 맞출 것이다. 나노스펀지는 누출된 기름을 제거하거나 독성 물질을 중화하는 데 사용될 수 있다. 또한 유전에서 수압파쇄의 부작용 없이 기름 추출의 효율을 높이는 데도 사용될 수도 있다.

미군은 나노기술에 많은 투자를 하고 있다. 비밀에 부쳐지고 있는 프로그램이 많지만 미군에서 추진하는 연구 중에는 정찰에 사용될 드론을 곤충 크기로 소형화하는 연구, 독성 기체를 감지하기 위해 전장을 감시하는 모래

그림 42. 나노봇 또는 소형 기계들이 약품 전달, 손상된 조직 치료, 암과 같은 질병 치료에 더 많이 사용될 것이다. 같은 기술이 행성과 달 탐사에도 사용될 수 있을 것이다.

알 크기의 '스마트 먼지' 이용, 분자 단위에서 구조를 바꿀 수 있는 병사용 보호 장비나 장갑 개발 등이 포함되어 있다.[11]

그렇다면 나노기술이 우주 탐험에서는 어떤 의미를 가질까? 인간과 로봇 사이의 가장 큰 차이는 로봇은 수축할 수 있지만 우리는 그럴 수 없다는 것이다. 나노봇은 건전지나 보통의 전지를 사용하기에는 너무 작아서 적은 양의 방사성 물질이 동력원으로 사용될 것이다. 따라서 나노기술은 태양 전지의 새롭고 효율적인 설계를 이끌어낼 것이다. 멀리 떨어진 장소에서 솔라 패널을 조립하는 데도 나노봇이 사용될 수 있을 것이다.

큐리오시티는 놀라운 기계지만 이 SUV 크기의 화성 로버는 나노봇이 화성에 도착하면 공룡처럼 보일 것이다. 나노봇의 첫 번째 파동은 궤도를 돌고 있는 우주선에서 투하될 것이다. 화성의 약한 중력 속에서 스마트 먼지들이 모래 폭풍처럼 바람을 탈 것이다. 각각의 나노봇들은 정보 처리 장치, 다른 나노봇이나 사령선과의 통신을 위한 안테나, 다양한 센서들을 가지고 있다. 나노봇의 표면은 공기의 흐름에 떠다니거나 울퉁불퉁한 표면을 따라 이동하기 쉽도록 모양이 변할 수 있는 고분자 물질로 만들어질 것이다. 밀리미터 크기에서 이 모든 능력의 시제품이 만들어지고 있다. 이들의 크기를 더 줄이는 데는 아무런 기본적인 제약이 없다.[12]

좀 더 복잡한 미션을 위해서 로봇은 자체 동력을 이용해 독립적으로 이동할 것이다. NASA 연구자들은 자율적인 나노기술 무리Autonomous Nanotechnological Swarm(ANTS)를 개발했는데, 이것은 관절로 연결된 탄소 나노튜브 지주들로 구성된 사면체를 이용해 만들어진 지름 1밀리미터 정도의 로봇들이다. 각각의 로봇은 지주를 늘이거나 수축해 이동할 수 있고, 무게중심을 변화시킬 수 있어 원하는 방향으로 넘어질 수 있다. 신경망으로 연결되어 표면을 휩쓸고 지나가면서 지질학적 시험을 하고, 생명의 흔적을 찾고 있는 수천 개의 이런 작은 로버들을 상상해보자. NASA는 최근 혁신을 장려할 목적으로 로봇에 대한 특허를 경매에 붙였다.[13]

나노봇은 이산화탄소를 산소로 전환시킬 수도 있을 것이다. 만약 자체 복사가 가능하다면 화성의 테라포밍을 크게 가속시킬 수도 있을 것이다. 그리고 이는 화성에서 끝나지 않을 것이다. 같은 연구 그룹은 탄소 나노튜브로 만들어진 나노봇이 금성에서 500도까지 견딜 수 있을 것이라고 생각하고 있다. 수십억 달러가 소요된 수 톤의 카시니 탐사선의 뒤를 이어 구두 상자 크기의 우주선이 타이탄이나 엔켈라두스에 원격 감지 나노봇의 씨를 뿌릴 수 있을 것이다. 소행성에서는 본격적인 채광 준비 작업으로 나노봇이 귀금속이나 희토류 원소의 함유량을 조사할 수 있을 것이다.

나노봇은 인간이 우주를 탐험할 때 안전하도록 도와줄 것이다. 노스웨스턴 대학의 공학 교수인 콘스탄티노스 마브로이디스Constantinos Mavroidis는 40년 안에 이룰 수 있는 기술의 목록을 만드는 그룹을 구성했다. 그들의 아이디어 중 하나는 단백질로 제작된 나노유닛이 섬유층 안에 들어 있어 이를 이용해 스스로 수리할 수 있는 가볍고 강한 우주복이었다. 이 우주복은 우주비행사의 생체 리듬을 모니터할 수 있고 비상 약품을 가지고 있다. 바닥에는 공간이 있지만 하늘에는 한계가 있다.[14]

태양 돛

우주여행의 어려움과 비용은 로켓이 작동하는 방법에 따라 달라진다. 태양빛은 지구와 우주에서 전기와 동력을 생산하는 데 이용되고 있다. 태양빛을 우주선을 추진하는 데도 사용할 수는 없을까?

가능하다. 요하네스 케플러Johannes Kepler는 혜성의 꼬리가 태양의 반대쪽을 향하고 있다는 것을 지적하고 1610년 갈릴레이에게 보낸 편지에서 "하늘의 바람을 이용하는 배나 돛을 제공하면 우주 공간 속을 항해하는 용감한 사람도 있을 것이다"라고 썼다. 쥘 베른은 1865년에 처음으로 제임스 맥스웰James Clerk Maxwell의 전자기 이론을 이용해 태양 돛의 개념을 구체화한 사람이다. 맥스웰은 빛이 에너지뿐만 아니라 운동량도 가지고 있어서 물체에 압력을 가할 수 있다고 했다. 《지구에서 달까지From the Earth to the Moon》에서 베른은 "빛이나 전기는 역학적인 개체여서 (그것을 이용하면) 우리는 달, 행성, 별로 여행할 수 있다"라고 기록해놓았다.[15]

이와 관련된 물리학은 간단하다.[16] 빛 입자인 광자가 반사하는 표면에 부딪히면 속도의 방향이 바뀌면서 운동량이 변하고, 부딪힌 물체에 아주 작은 힘을 가하게 된다. 즉 빛을 잘 반사하는 돛의 표면이 태양 쪽을 향하도록 하면 돛은 태양의 반대 방향으로 밀려난다. 태양 돛은 바다에서 바람을 이용하는 돛이 할 수 있는 것을 모두 똑같이 할 수 있다. 태양과 돛 사이의 각도는 추진 방향에 영향을 준다. 광자의 압력을 이용해 우주선의 속도를 낮추면 궤도가 작아져서 우주선이 태양을 향해 나가도록 할 수도 있다. 따라서 태양 돛은 반중력 장치로도 작용할 수 있다. 태양풍의 압력과 태양의 중력 사이의 평형을 이용하면 우주 어디에서도 그 자리에 떠 있을 수 있다.

지구 궤도에서는 빛이 우주선을 매우 부드럽게 밀기 때문에 로켓 연료의 추진력에 비해 가속이 매우 미약하다. 그러나 로켓 연료는 곧 모두 소모되어 사라져도 태양은 계속 빛난다. 계속적인 광자의 흐름은 계속적인 가속도를 만들어낸다. 가능한 한 많은 태양빛을 받아 우주선이 가능한 한 큰 속도를 낼 수 있으려면 태양 돛이 크고 가벼워야 한다. 코스모스 1호는 태양 돛을 이용한 행성 간 여행의 시제품으로 제작되었다. 이 프로젝트는 행성 학회와 유명한 천문학자 칼 세이건의 미망인인 앤 드루얀Ann Druyan이 설립한 코스모스 스튜디오가 재정 지원을 했다. 세이건은 1996년에 죽었다. 그녀는 우리에게 닻을 올리고 별세계로 항해를 떠나라고 주장했던 남편의 기념비가 되도록 600제곱미터 넓이의 폴리에스테르로 만든 돛을 원했다.

태양빛은 대형 돛이 제곱초당 0.5밀리미터의 가속도를 내도록 할 수 있다. 따라서 하루가 지난 후에는 속도가 시속 160킬로미터에 이를 것이다. 100일 후에는 시속 1만 6,000킬로미터가 되고 1,000일 후에는 시속 16만 킬로미터의 속도에 도달할 수 있을 것이다. 불행하게도 볼나Volna 로켓이 2005년 6월 러시아 잠수함에서 발사되었으나 실패하자 코스모스 1호도 함께 바렌츠해 바닥으로 가라앉고 말았다.[17]

태양 돛의 개발은 계속되었지만 이에 대한 야심과 돛의 크기는 뒷걸음질 쳤다. NASA 연구팀은 큐브샛CubeSat 설계 명세서를 바탕으로 나노세일-D를 제작했다. 큐브샛은 우주 연구를 진작시키기 위해 표준 전자 부품과 한물간

전자공학을 이용해 설계되었던 소형 인공위성이다. 큐브샛은 루빅큐브보다 조금 더 커 한 변의 길이는 10센티미터였고 무게는 1.3킬로그램이었다. 대부분의 큐브샛 발사는 대학에서 했지만 보잉 같은 회사도 큐브샛을 만들었다. 그리고 아마추어 인공위성 제작자들도 킥스타터 같은 웹사이트에서 크라우드펀딩 캠페인을 이용해 그들의 프로젝트를 시작했다.

NASA의 나노세일-D는 넓이가 10제곱미터인 삼각형 돛을 설치하기 위해 세 개의 큐브샛을 이용하도록 설계되었다. 불행하게도 이것 역시 2008년 팰컨 로켓의 고장으로 인해 실패로 끝나고 말았다. 하지만 NASA는 끈질겼고, 마침내 2011년 쌍둥이 발사에 성공했다(그림 43). 태양 돛 배치를 시험해 보는 것 이상의 목적은 없었던 나노세일-D는 240일 동안 지구 저궤도를 돈 후 대기권에 진입해 소각되었다. 바로 이전 해에 일본우주국은 금성을 향해 이카로스IKAROS를 보냈다. 이카로스는 전적으로 태양 돛에 의존해 항해한 최초의 우주선이었다. NASA는 선재머Sunjammer라고 불리는 넓이 1,200제곱

그림 43. NASA가 개발한 태양 돛은 9제곱미터의 태양 빛을 받는 면적을 가지고 있고, 돛과 우주선을 합친 무게는 2011년에 개발되었을 때 4.5킬로그램 정도였다. 나노세일-D의 구조는 알루미늄과 플라스틱으로 되어 있다.

미터의 태양 돛을 발사할 계획이었지만 2014년 후반에 취소했다.[18] 이 이름은 아서 클라크의 짧은 이야기에서 따왔다.

큐브샛은 상업적인 우주 회사들이 세운 사업 계획의 중심에 놓여 있다. 다음 5년 동안 1,000개의 나노샛nanosat(소형 위성)이 발사될 예정이다. 일부는 큐브샛보다 작고 일부는 조금 더 크다.[19] 2014년 초 국제 우주 정거장에 접안해 있던 인공위성 '슈터'는 지구의 사진을 찍기 위한 스물여덟 개의 큐브샛을 지구궤도 위에 진입시켰다. 지난해에는 첫 번째 폰샛PhoneSat이 궤도로 올라갔다. 이것은 구글 스마트폰을 위한 자기장, 압력 등을 측정하는 감지 플러그인을 사용했다. 만약 발사 비용이 킬로그램당 1,000달러 이하로 떨어진다면 모든 사람이 이 게임에 참가할 수 있을 것이다. 나노샛은 태양계의 달이나 행성에서 사용할 원격 감지의 첫 번째 선택이 될 것이다.

우주 엘리베이터와 마찬가지로 태양 돛도 아직 걸음마 단계에 있다. 앞으로 도전할 과제는 종이보다 100배 더 얇은 축구장 크기의 반사판인 가서머gossamer 필름을 발사하는 것이다. 이 돛은 작은 크기로 접어서 발사한 후 우주에서 펼쳐 든든한 틀이나 부풀릴 수 있는 팔을 이용해 고정해야 한다. 태양 돛은 작지만 계속 가속도를 낼 수 있다. 그러나 태양에서 멀리 떨어져 있는 태양계 가장자리에 도달하면 효과가 크게 줄어든다. 태양 광자가 밀어내는 '힘'이 태양으로부터의 거리 제곱에 비례해서 작아지기 때문이다. 돛이 느려진다는 뜻이 아니라 돛의 속도가 점점 느리게 증가한다는 뜻이다.

따라서 일부 사람들은 새로운 아이디어를 구상하고 있다. 그중 하나인 전기 태양 돛은 돛처럼 보이지 않는다. 우주선으로부터 방사상으로 뻗어 있는 빳빳한 도선에 전류를 흘려 2만 볼트의 전압으로 대전시킨다. 이 도선이 만드는 전기장은 태양풍의 이온에게는 50미터의 두께로 보일 것이다. 태양풍의 이온과 이 전기장이 상호작용해 우주선을 움직이게 한다. 자기장 돛

역시 태양풍을 이용하지만 도선 고리에 흐르는 전류가 만드는 자기장으로 태양풍의 이온을 굴절시키면서 추진력을 얻는다. 자기장 돛은 태양뿐만 아니라 행성의 자기장을 밀어내면서도 추진력을 얻을 수 있다.[20] 태양계 '항구' 너머를 탐사하기 위해서 우리는 성간이라는 망망대해를 건너기 전에 가능한 빠른 속도에 도달해야 할 것이다.

외계 기술 찾아내기

우리는 두 세대 동안에 지구를 떠날 수 있는 능력을 갖게 되었다. 아프리카를 떠나는 위대한 여행을 시작한 후의 수천 세대에 비하면 아주 짧은 기간이라고 할 수 있다. 우리는 침팬지, 돌고래, 범고래, 코끼리 같은 종들과 지능이나 감각능력을 공유했다. 그러나 우리 의지로 물질세계를 바꾸어 현대식 컴퓨터, 초고층 건물과 로켓을 만들어낸 유일한 종이다. 과연 우리가 고향 행성 너머를 탐험할 수 있는 기술을 개발한 유일한 존재일까?

이 질문의 대답을 가장 잘 찾아내기 위해서는 세상에서 가장 빠른 속도로 달릴 수 있는 것을 이용해야 한다. 바로 전자기파이다. 원격 감지는 멀리 있는 행성을 진단하고, 미생물의 흔적을 찾을 수 있도록 한다. 또한 우리가 생물학적 진화의 불확실성을 뛰어넘어 지능과 기술의 특성을 찾도록 해줄 것이다. 공상과학소설 작가들은 수십 년 동안 생물학적으로 이상하거나 우리보다 앞선 기술을 가진 외계인들의 이야기를 만들어왔다. 과학자들 역시 이 게임에 참가하고 있다. 그것은 외계 지능 탐색Search for Extraterrestrial Intelligence, 또는 SETI라는 이름으로 불린다.

1959년 영향력 있는 잡지 〈네이처〉에 실린 "성간 통신 탐색Searching for

Interstellar Communications"이라는 논문에서 주세페 코코니Giuseppe Cocconi와 필립 모리슨Phillip Morrison은 지구 밖 다른 곳에 생명체가 존재한다는 증거가 없다고 해도 이러한 탐색은 정당하다고 주장했다. 그들은 이렇게 언급했다. "독자들은 이러한 생각을 전적으로 공상과학소설의 영역으로 간주하고 싶을지도 모른다. 그러나 우리는 이렇게 말하고 싶다. 앞에서 제시한 논점들은 성간 신호의 존재가 현재 우리가 알고 있는 것과 완전히 일치하며, 그런 신호가 존재한다면 그것을 감지하는 수단이 이제 곧 가능해진다는 사실을 알려준다."[21]

그들은 태양과 비슷한 가까운 별에서 오는 좁은 파장대의 초단파 신호를 찾고 있다고 설명했다. 전파는 별에서 자연적으로 발생하지 않으므로 별에서 오는 전파는 별 부근에 있는 인공적인 구조물에서 나오고 있을 것이다. 전파 망원경과 전파 발신기가 10년 전에 개발되었다. 가시광선은 신호로 적당하지 않은데, 행성의 두꺼운 대기가 불투명하고 은하에 있는 수십억 개의 별들이 방해 요인이 될 수 있기 때문이다. 하지만 별들이 전파를 발생하지 않기 때문에 전파 영역은 훨씬 조용하다. 더구나 1기가헤르츠에서 10기가헤르츠 사이는 우주 환경에서 특히 조용한 영역으로, 이 영역대의 전자기파는 수증기에 흡수되지 않아 은하에서 먼 거리까지 자유롭게 전파될 수 있다. 이 전파 영역은 또한 수소가 기본적인 전이를 할 때 내는 스펙트럼이 속해 있는 영역이기도 하다. 물리학을 알고 있는 외계인이라면 이런 사실도 알고 있을 것이다.

코코니와 모리슨은 천문학자들에게 이 영역을 조사하라고 촉구하고, 그들의 주장을 의심하는 사람들에게는 "성공 확률을 예상하기는 어렵다. 그러나 우리가 찾지 않는다면 성공 확률은 0이다"라고 지적했다.

그 후 곧 프랭크 드레이크Frank Drake라는 젊은 과학자가 국립전파천문관측소에 있는 지름 25미터의 접시 안테나를 가까운 곳에 있는 태양과 비슷한 별 에리다누스자리 엡실론Epsilon Eridani과 고래자리 타우Tau Ceti로 향했다. 이 프로젝트의 이름은 '오즈마Ozma'로 붙여졌는데, 프랭크 바움Frank Baum의 소설에 나오는 가상의 나라 오즈 랜드의 지배자 이름에서 따온 것이다. 현재 고래자리 타우는 서식 가능 지역에 외행성을 가지고 있다는 것이 밝혀졌지만 드레이크는 짧은 기간 동안의 실험에서 어떤 인공적인 신호도 찾아내지 못했다.

1961년 드레이크는 그린 뱅크 전파관측소에서 작은 회의를 주관했다. 그는 이렇게 말했다. "저는 며칠 전 회의 의제가 필요하다는 사실을 깨달았습니다. 그래서 외계 생명체를 찾아내는 것이 얼마나 어려운지를 예측하기 위해 필요한 모든 것을 적어 내려갔습니다. 그리고 이 모든 것을 곱하면 우리 은하에서 발견할 수 있는 문명의 수, N이 된다는 것을 알게 되었습니다."[22] 최초의 식에서 N은 우리 은하에서 별이 형성되는 평균 속도, 별이 행성을 가지고 있을 확률, 생명체를 보유할 수 있는 행성의 수, 서식 가능한 행성이 실제로 생명체를 가지고 있을 확률, 생명체가 지적인 생명체(문명)로 진화할 확률, 그런 문명이 감지 가능한 문명일 확률, 그런 문명이 감지되거나 통신 가능한 시간대에 있을 확률과 같은 인자들을 모두 곱한 수였다.

드레이크 방정식은 매우 복잡하지만 SETI를 요약하는 좋은 방법이라는 것이 증명되었다. 첫 번째 세 항은 현재 천문학자들에 의해 측정되고 있다. 그러나 마지막 네 항은 알려져 있지 않기 때문에 대략적인 예측에 의존할 뿐이다. 불행하게도 N은 방정식에 포함된 불확실한 요소들만큼 불확실하다. 프랭크 드레이크도 자신이 제안한 방정식이 유용한 방법이라기보다는 무지의 보관함에 지나지 않는다는 것을 인정했다(그림 44).

그러나 SETI 연구자들은 불확실성에 망설이지 않았다. 의회는 국민의 세

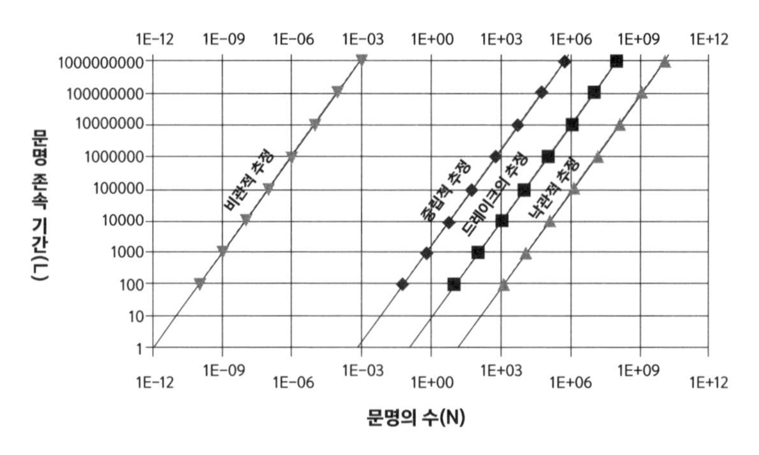

그림 44. 드레이크 방정식은 은하에 있는 현재 통신 가능한 문명의 수를 예측하는 여러 요소들로 이루어져 있다. 우리의 고립 정도는 긴 시간 스케일에서 문명의 존속 기간에 의존한다. 축의 라벨에서 E는 지수를 나타낸다. 따라서 1E-03은 0.001을 나타내고 1E+03은 1000을 나타낸다.

금을 쓸데없는 곳에 사용하게 할 수 없다는 이유로 SETI를 위한 NASA의 예산 요청을 묵살했지만, 세계의 많은 단체에서 이 연구를 지원했다. SETI 연구소는 이 연구의 중심 역할을 하고 있다. 이 연구소는 1984년 캘리포니아에서 설립된 비영리 단체로, 샌프란시스코 북동 지역에 350개의 안테나로 이루어진 앨런 전파 망원경 집합체를 건설하고 있다. 이 전파 망원경 집합체는 마이크로소프트의 공동 창업자인 폴 앨런Paul Allen의 자금 지원을 받고 있다.

SETI는 전형적인 '건초더미 안에서 바늘 찾기'의 문제에 직면해 있다. 즉 '실제로 그 속에 특정 바늘이 존재하기는 하느냐'라는 것이다. 건초에는 수백만 개의 가능한 목표들, 수십억 개의 가능한 경우들, 신호를 감지하고 걸러내는 많은 가능한 방법들이 섞여 있다. 반세기 동안의 거듭된 실패에도 불구하고 계속 외계 신호를 찾는 것이 무모해 보이기도 하지만, SETI 연구자들은 기하급수적으로 향상되고 있는 컴퓨터의 성능과 감지 장치의 흐름을 타고 있다고 지적한다. 완성된 앨런 망원경 집합체는 첫 몇 달 안에 이전의 모든 연구를 능가하는 결과를 내놓게 될 것이다.[23]

전파 신호가 인공적인 신호임을 알아내는 것은 이 신호가 가지고 있는 의미를 해석해내는 일보다는 쉬울 것이다. 이것이 의심스럽다면 우리 DNA와 99퍼센트 같은 DNA를 가지고 있는 영장류와 소통이 안 된다는 사실을 생각해보자. 우리는 DNA도 가지고 있지 않고, 심지어 우리가 알 수 없는 기능과 형태를 가지고 있는 외계인과 통신하려고 시도하고 있다. 우리는 만약 그들이 전파 신호를 보낸다면 틀림없이 지적인 존재일 것이라고 가정한다. 다시 말해 통신 방법의 선택이 가장 중요하다. 메시지의 내용은 그다음이다.

전파천문학은 앞으로도 SETI의 중요한 접근방법이 될 것이다. 그러나 강력한 현대 레이저가 대안을 제시하고 있다. 만약 행성 위의 문명이 전파 신호 대신에 빠른 레이저 펄스를 보낸다면 이 펄스는 부근에 있는 별에서 나오는 일정한 밝기의 빛 가운데서 눈에 띌 것이다. 별이 가까이 있다면 광학적 SETI는 작은 망원경으로도 가능하다. 펄스 레이저는 현재 태양의 에너지와 비교할 수 있을 정도로 강력하지만 복사선은 한 방향으로만 진행할 수 있고, 수십억 분의 1초 동안만 빛을 낸다.

또 다른 전략은 문명이 사용하고 남은 에너지인 '폐열'을 찾아보는 것이다. 적외선 망원경은 지나치게 차갑거나 낮은 에너지 복사선을 찾아낼 수 있다. 이보다 높은 에너지는 별과 주변의 행성들이 자연적으로 내는 에너지일 것이다. 이 전략은 그 문명이 적극적으로 우리와 통신을 시도하지 않더라도 그들을 찾아낼 수 있는 가능성을 제시한다.

기술을 가지고 있지 않은 문명도 있을 수 있으므로 SETI는 외계 문명의 탐색이라기보다는 좀 더 정확하게 외계 기술의 탐색이라고 할 수 있다. 범고래를 생각해보자. 종종 살인 고래라고도 불리는 범고래는 돌고래의 친척이다.

이들은 9미터까지 자라고 몸무게는 11톤이나 되며 사람만큼 오래 살 수 있다. 에모리 대학의 로리 마리노Lori Marino는 MRI로 범고래의 뇌를 분석했다. 범고래의 뇌는 크고, 3차원 환경을 분석할 수 있도록 아주 잘 구성되어 있다.[24] 범고래는 복잡한 언어를 가지고 있으며 지역에 따라 변하는 방언과 역동적인 사회 조직도 가지고 있다. 범고래는 많은 시간을 새끼들과 교제하는 데 소비하고, 세대에서 세대로 전해지는 사냥 기술을 가지고 있는 것으로 보인다. 문화적으로 정보를 전달할 수 있는 이런 능력 덕분에 범고래가 우리 인간과 같은 엘리트 범주에 포함된다. 인간 외에는 자연적인 적이 없는 범고래는 그들의 수상환경에 완전하게 적응했기 때문에 손가락이나 마주 볼 수 있는 엄지를 진화시킬 필요가 없었다. 범고래는 절대로 SETI를 하지 않을 것이다. 그리고 현재의 SETI는 범고래와 같은 생명체를 절대로 찾아내지 못할 것이다.

빛의 속도가 빠르다고 해도 우주는 아주 넓다. 가장 가까이 있는 지구형 행성도 수십 광년 떨어져 있다. 그리고 기술을 가지고 있는 문명이 생물학적 진화의 희귀한 결과라면 우리의 가장 가까운 펜팔은 수백 광년 내지 수천 광년 떨어진 곳에 있을지 모른다. 우리가 그들의 신호를 받았을 때 그 문명은 이미 쇠퇴하거나 사라졌을지도 모른다. 우리가 고향 행성을 떠날 생각을 할 때 우리는 우주가 아주 외로운 장소일지도 모른다는 사실을 염두에 두어야 할 것이다.

은하 안에서 우리는 '외롭다'고 주장하는 사람들과 '외롭지 않다'고 주장하는 사람들이 있다. 두 가지 가능성 모두 먼 우주를 탐험하려는 우리의 동기에 영향을 준다. 만약 우리가 외롭다면 태양계 너머를 탐험하는 유일한 이유는 호기심이거나 또는 우리 문명을 고향 행성 너머로 전파하고 싶기 때문이다. 만약 우리가 외롭지 않다면 우리 행성이나 우리 종보다 훨씬 큰 어떤 것의 일부가 되려는 시도라고 할 수 있다.

CHAPTER

11

지구를 떠나 살아가기

바이오스피어 3.0

이것은 소행성 위에서 하는 공상과학소설 리얼리티 쇼처럼 보였다. 1991년, 남성과 여성을 합해 총 여덟 명이 애리조나 사막에 있는 바이오스피어 2(그림 45)라고 부르는 유리와 철로 지어진 밀폐된 구조물 안으로 들어갔다. 그들의 임무는 2년 동안 언젠가 인간이 화성이나 우주 공간에서 살아가게 될 것처럼, 자체 유지가 가능한 환경에서 살아보는 것이었다.[1]

그림 45. 바이오스피어 2는 2011년부터 애리조나 대학이 소유하여 운영하고 있다.
바이오스피어 2는 카탈리나산맥 자락에 있는 투손Tucson으로부터 30분 운전하면 도달할 수 있는 거리에 있다.
밀폐된 생태계로서의 역사를 뒤로 하고 이제는 지구계 연구 설비로 사용되고 있다.

텍사스의 억만장자 에드 배스Ed Bass는 이 프로젝트에 1억 5,000만 달러를 쏟아 부었다. 언론에서는 이것을 이상향에 대한 꿈이라거나 부자의 어리석은 행동 등으로 평가했다. 참가자들은 〈스타 트렉〉의 승무원들이 입었던 점퍼를 입었다. 매우 전문적으로 보이기도 했고 시골 감옥의 수감자 같아 보이기도 했다. 이들 중 일부는 과학 분야의 자격증을 가지고 있었다. 솟아 있는 건축물은 벅민스터 풀러의 측지돔에서 영감을 받았지만, 여기에는 설립자 존 앨런John Allen과 관련된 어두운 뒷이야기도 있다. 앨런은 뉴멕시코에서 사이비 종교 같기도 하던 공동체를 운영하던 인물이었다.

앨런은 금속공학자로 하버드에서 MBA학위도 받았으며 페요테 선인장으로 실험을 하기도 했고, 1960년대 말을 샌프란시스코 헤이트 애시베리Haight-Ashbury 지역에서 강의를 하면서 보낸 사람이었다. 1974년, 예일 대학을 중간에 그만둔 에드 배스가 앨런의 공동체인 '시너지아 랜치Synergia Ranch'로 왔다. 두 사람은 곧 환경에 관한 공통의 관심사를 바탕으로 가깝게 어울렸다. 앨런에게는 아이디어가 있었고 배스는 석유재벌의 상속자였다. 그들은 길이가 25미터인 요트를 건조하고 세계를 여행하면서 생태계와 지속 가능한 개발에 대해 공부했다. 앨런은 우주 식민지화에 사로잡혔다.[2]

프로젝트가 끝난 후, 바이오스피어에 참가했던 사람들은 앨런이 그들을 억압적으로 통제해 편집증을 유발시켰고, 사기를 떨어뜨렸다고 주장했다. 초기에 제인 포인터Jane Poynter라는 피험자가 손가락 끝이 잘려 치료받기 위해 바이오스피어를 떠났었다. 그녀는 돌아갈 때 비밀스러운 가방 두 개를 가져갔는데, 비판하는 사람들은 그 가방에 보급품이 가득 들어 있었다고 주장했다. 첫 해를 보내는 동안 참가자들의 몸무게가 10퍼센트 줄어 외부에서 반입한 음식을 먹어야 했다. 이산화탄소가 위험한 수준까지 올라가지 못하도록 이산화탄소 청정기도 부착해야 했다. 참가자들 사이에 다툼과 패싸움

이 있었다는 소문도 있었다.[3]

3,000마리의 동물을 실은 노아의 방주도 피험자 여덟 명과 함께 돔으로 들어갔다. 여기에는 암탉 서른다섯 마리와 수탉 세 마리, 피그미 염소 네 마리, 숫염소 한 마리, 암퇘지 두 마리와 야생 돼지 한 마리, 약간의 틸라피아 어류가 포함되어 있었다. 그러나 급변하는 이산화탄소로 인해 대부분의 척추동물과 모든 수분작용을 하는 곤충이 죽었고, 나팔꽃은 우림을 질식시켰다. 바퀴벌레의 수는 폭발적으로 늘어났다. 그리고 개미가 있었다. '미친 개미'라고도 부르는 이 개미 종은 다른 개미들뿐만 아니라 메뚜기와 귀뚜라미도 죽여 없애버렸다. 그리고 무자비하게 먹이사슬을 접수했다. 한때 지나치게 증식했을 때는 돔에 들어간 피험자들 중 한 사람인 생태학자를 아연실색하게 했을 정도였다.

상황은 더 나빠졌다. 열여섯 달이 지난 후에 산소 수준이 25퍼센트나 감소되어 고도 4,114미터에서와 같은 수준이 되었다. 따라서 산소가 주거지에 주입되었다. 이것으로 밀폐된 자립적인 환경과의 모든 유사성이 사라졌다. 첫 번째 참가자들이 나오고 두 번째 참가자들이 들어가려고 준비할 때, 부글거리던 마찰이 폭발했다. 1994년 4월 현장 관리 팀이 연방 보안관의 금지명령에 의해 퇴출되었다. 며칠 후, 첫 번째 참가자였던 마크 밴 틸로Mark Van Thillo와 애비게일 앨링Abigail Alling이 유리창을 깨트리고, 공기 차단 출입구와 비상구들을 열어 프로젝트를 방해했다고 전해졌다.[4] 두 번째 팀의 두 사람이 교체되어야 했다. 두 번째 임무는 여섯 달 후에 임무를 마치지 못하고 일찍 끝났다.

그로부터 20년이 지난 지금, 우리는 바이오스피어 2에 대한 좀 더 객관적인 평가를 할 수 있다. 인기 있는 언론 매체를 통해 이 이야기를 전해들은 사람들은 모두 엄청난 기대를 가지고 있었지만 저주 가득한 비판도 뒤따랐다. 이 프로젝트는 완전하게 밀폐된 환경의 원형으로서는 실패했지만 바이오스피어 2에서 행한 연구를 토대로 200편이 넘는 논문이 발표되었다.[5]

바이오스피어 2는 지금까지 만든 가장 큰 '폐쇄된' 거주지였다. 여기에는 산호초가 있는 바다, 맹그로브 습지, 열대 우림, 사바나 초원, 안개 사막의 다섯 가지 독특한 생물군계가 포함되어 있었다. 이산화탄소나 산소와 관련된 문제들이 잘 기록되었고, 밀폐 시스템과 온도 변화에 대처하도록 한 '허파'는 지금까지 만든 것 중에서 최고였다. 바이오스피어 2에서는 1년에 10퍼센트의 산소가 누출되었다. 반면에 우주 왕복선에서는 하루에 2퍼센트의 산소가 누출되었다. 바이오스피어 참가자들이 약간의 간식을 몰래 들여오긴 했지만 그들이 식량을 생산하는 데 이용했던 2,023제곱미터 넓이의 땅은 역사상 가장 생산성이 높은 농업 실험장이었다. 참가자들은 식량의 85퍼센트를 돔 안에서 재배한 바나나, 고구마, 쌀, 사탕무, 땅콩, 밀에서 얻었다. 첫 해에는 그들의 몸무게가 줄어들었지만 낮은 열량과 영양 밀도가 높은 음식물에 몸이 적응한 다음 해에는 몸무게가 다시 늘어났다. 그들 대부분은 콜레스테롤 수준, 혈압, 면역체계의 수치들이 좋아진 상태로 돔을 나왔다.[6]

산호초에서 바다가 산성화되는 효과에 대해 우리가 알고 있는 것의 대부분은 바이오스피어 2에서 배웠다.[7] 폐수는 인공 습지에서 성공적으로 처리되었다. 짧은 기간 동안 일부 종이 미친 듯이 날뛰었지만 전체적인 먹이사슬은 상당한 정도의 평형 상태를 유지했다. 바이오스피어 2가 지어지기 전에 많은 생태학자들은 이 실험이 너무 복잡해 참담한 실패로 끝날 것이라고 예상했다. 실제로는 과학자들이 엄격하게 통제된 변수들을 통해 어떻게 지구 시스템이 환경 변화에 반응하는지를 아직도 배우고 있다.

여러 가지 제한에도 불구하고 바이오스피어 2는 달이나 화성에 완전히 밀폐된 자급자족 환경을 설계하려는 사람들에게 교훈을 주었다.[8] 지구 밖으로 사람을 보내기 전에, 실제와 상당히 일치하고 처음부터 끝까지 엄격하게 진행되는 모의실험이 필요하다. 바이오스피어 2는 문을 열고 집으로 가면 끝날 수 있지만 달과 화성의 식민지를 만드는 사람들은 거의 선택지가 없을 것이다. 식량 생산과 산소 유실 문제는 생물학적 재생산 시스템이 해결할 수 없는 문제가 아니다. 이런 문제들은 바이오스피어 설계에 따라 달라지는 문제로 해결이 가능하다. 당면한 대부분의 문제는 예측하지 못했던 것이며 일부는 예측 불가능한 것이었다. 복잡한 소규모의 생태계는 시간이 흐르면서 비선형 효과를 만들어낸다. 이런 효과를 나비효과라고 부른다.

우주 식민지를 개척하는 사람들이 버블 돔 안에서만 살아갈 수는 없기 때문에, 또 다른 필수적인 장비는 우주복이다. 1960년대 이래 우주복에는 별다른 변화가 없었다. 미국인, 러시아인, 중국인은 모두 안전하긴 하지만 운동이 제한되는 크고 무거운 우주복을 사용하고 있다.[9] 우주복은 진공과 극단적인 온도 변화에 대처해야 하고, 미세한 운석을 막아주어야 하며 먼지가 침투하는 것을 막을 수 있어야 한다. 또한 숨 쉬는 데 필요한 공기를 제공하고 착용자의 생체 신호를 모니터할 수 있어야 한다. 민간 우주 산업체들은 새로운 세대의 우주복을 만들기 위해 최고의 설계자들을 고용하고 있다.

이러한 변화에 대한 반응으로 NASA는 다음 세대 우주복의 최종 설계에 대해 일반인들이 투표를 하도록 해 사회 매체의 관심을 끌었다. 여기서 우승한 Z-2라고 불리는 우주복은 많은 주름과 전자발광으로 빛을 내는 푸른색 천 조각을 달고 있었고, 이상하게 시대를 거슬러 올라간 것처럼 보이는 외관을 가지고 있었다.[10]

이 새로운 우주복에는 스타일의 개선 외에 실질적인 기능의 향상도 있었다. 아폴로 시대의 생명 유지 시스템은 우주복 뒤쪽에서 물질을 흡수하는 쌍둥이 패드로 대치되었다. 하나는 수증기와 이산화탄소를 흡수하고, 다른 하나는 이 폐기물을 우주로 방출한다. 그런 다음에는 역할을 바꾼다. 전자 제어 장치와 전력 공급 장치는 훨씬 작아지고, 새 것으로 바꾸기 쉽게 만들어질 것이다. Z-2 우주복의 뒤쪽은 우주선에 접착해 밀폐될 수 있어서 우주비행사들이 슈트포트라는 곳을 통해 쉽게 밖으로 나가게 해줄 것이다. 이 덕분에 복잡한 기밀식 출입구가 필요 없어지고, 훨씬 오랫동안 우주선이나 버블 돔 밖에서 활동할 수 있을 것이다.

1970년대 초 NASA는 수천 명이 살아갈 수 있는 지구 궤도 위 우주식민지를 설계하기 위해 프린스턴 대학의 물리학자 제러드 오닐Gerard O'Neill을 고용했다(그림 46). 마을과 호수, 해변, 아름다운 풍경을 포함하고 있는 이 거대한

그림 46. 1970년대 초에는 NASA의 야심과 비전이 전혀 손상되지 않은 상태였다.
당시 NASA는 1만 명을 수용할 수 있고 인공 중력이 작용하는 도넛형의 우주 식민지를 묘사한 예술작품 제작을 지원했다.
이러한 설비의 비용은 말 그대로 천문학적이다.

회전 바퀴의 예술적 상상도는 놀랄 만하지만 이것은 현재 우리 능력을 넘어서는 것이어서 공상과학소설처럼 보인다.[11] 몇 년 전에 영국 설계자 필 폴리Phil Pauley는 여덟 명이 살아갈 수 있는 해저 시설인 '해저 바이오스피어 2'를 제안했다. 재정 지원을 기다리는 동안 그는 사우디아라비아에 우림 생물군계를 건설하고 있다. 그 외에는 흥미로웠지만 문제도 있었던 애리조나 사막 위 바이오스피어 실험의 후속 실험을 심각히 고려할 기미가 보이지 않는다.

안타까운 일이다. 지구 밖에서 살아가는 방법을 찾아내기 위해서뿐만 아니라, 우리의 상처받은 행성에서 조화롭게 살아가는 방법을 배우기 위해서도 더 많은 연구가 필요하기 때문이다.

우주 사회들

일단 명백한 것을 이야기하면서 시작해보자. 지구 밖에서 살아가는 방법을 찾는 것보다 이 행성의 문제를 고치는 것이 훨씬 쉽고 경비가 덜 든다.

그런데도 우주에서 새로운 삶의 터전을 발견하는 도전을 하도록 만드는 것은 무엇일까? 태양의 핵연료가 바닥나는 40억 년 후에 지구는 그 수명을 다할 것이다. 그때가 되면 태양의 핵이 붕괴되면서 일어나는 내부 구조의 격렬한 재구성이 기체층을 밖으로 분출해 지구를 삼켜버리고 생물권을 익혀버릴 것이다. 그러나 이보다 훨씬 전에, 태양이 수소를 소모한 후 더 뜨겁게 타오를 것이다. 지금부터 약 5억 년 후 지구 온도는 바다가 끓을 수 있는 온도까지 올라갈 것이다.[12]

이런 것들은 아주 먼 미래의 일들이어서, 누군가가 이런 일을 염려하지 않고 태평하게 살아간다고 해도 탓할 수는 없을 것이다. 그러나 우리 눈앞에도 위험이 다가오고 있다. 이 위험을 가장 잘 측정한 것은 〈원자 과학 잡지Bulletin of the Atomic Scientists〉였다. 1947년 과학자들과 엔지니어들이 지구 종말 시계를 만들어 우리가 세상의 종말(자정)에 얼마나 가까이 다가와 있는지를 보여주었다. 핵전쟁으로 인한 종말의 위협이 줄어들자 자정 근접 정도를 나타내는 지구 종말 시계는 기후 변화, 생명공학 기술, 또는 우리가 살아가는 방법과 지구에 회복 불가능한 손상을 줄 수 있는 사이버 기술에 의한 종말 가능성을 고려하기 시작했다. 냉전이 한창이던 1953년 이 시계는 자정 2분 전을 가리키고 있었다. 소련이 붕괴되자 이 시계는 자정 7분 전으로 후퇴했다. 그러나 현재 작고 불안정한 나라들이 핵무기를 소유하고, 기후변화가 임계점을 지나가면서 지구 종말 시계는 자정 5분 전을 가리키고 있다.[13]

많은 목소리가 지구를 떠나는 것에 무게를 더해주고 있다. 1895년 로켓 선구자였던 콘스탄틴 치올코프스키는 "지구는 인간의 요람이다. 그러나 사람이 영원히 요람에 살 수는 없다"고 말했다. 1세기 후 칼 세이건은 "길게 보면 모든 행성 문명은 우주에서의 충격으로 위험에 빠질 것이기 때문에 모든 존재하는 문명은 우주 방랑자가 되지 않을 수 없다. 탐험이나 낭만적인 열정 때문이 아니라, 생각할 수 있는 가장 현실적인 이유인 '살아남기 위해서' 우리는 우주로 나가지 않을 수 없다"라고 말했다. 공상과학소설 작가 래리 니벤Larry Niven은 좀 더 간결하게 이 문제를 언급했다. "공룡은 우주 프로그램을 가지고 있지 않아서 멸종되었다." 우리가 혹시 우주에서 오는 충격을 막아낼 수 있을지도 모르지만 물리학자 스티븐 호킹은 다른 위험에 대해서도 경고했다. "다음 100년은 재앙을 피하기에 충분하지 않을 것이다. 다음 1,000년이나 100만 년도 마찬가지일 것이다. 장기 생존의 유일한 기회는 지구 내부에서 문제를 해결하는 것이 아니라 우주로 진출하는 것이다."[14]

지구로부터의 대거 탈출은 정답이 아니다. 열두 명을 며칠 동안 달에 보내는 데도 500억 달러의 비용이 든다. 일론 머스크는 화성으로의 여행비용을 50만 달러까지 줄일 수 있다고 주장할지도 모른다. 10만 배나 싼 금액이긴 하지만 현재로서는 가능해 보이지 않는다. 지구가 오염되거나 살아갈 수 없는 장소가 된다면, 우리는 버블 돔 안에 살면서 지구를 수리하고 고통을 견뎌내야 할 것이다. 그러나 이번 세기 안에 탐험심 강한 사람들이 탯줄을 자르고 지구를 떠나 살게 될 것이다. 그들이 직면할 문제는 무엇일까?

생존의 문제를 넘어선 그들에게 닥칠 첫 번째 문제는 법적 지위일 것이다. 앞에서 살펴본 것처럼 우주 조약은 소유권에 대해 규정하고 있다. 제2조에 따르면 "달과 다른 천체를 포함해 외계 우주는 통치권의 주장이나 이용 또는 점령을 통해, 그리고 다른 어떤 방법으로도 한 국가의 전유물이 될 수 없다." 이 조항은 매우 명백해 보이지만, 개인의 권리에 대해서는 이야기하지 않고 있다. 마스 원의 CEO인 바스 란스도르프는 이 조항을 살펴본 그의 법률 전문가가 "정부에 해당하는 것은 그 정부에 속하는 개인들에게도 해당된다"고 말했다고 전했다. 만약 마스 원이 목표를 달성했다면 2030년까지 서른 명이 화성에 정착했을 것이고 점차적으로 주거지를 확장하면서 더 많은 화성의 땅을 사용하게 되었을 것이다. 란스도르프는 그들의 목표는 소유가 아니라고 주장한다. 그는 "땅을 사용하는 것은 허용되어 있다. 소유할 수 없다고 말하고 있을 뿐이다"라고 말했다. "임무를 수행하는 데 필요한 자원을 사용하는 것도 허용되어 있다. 이 규정들은 화성에서의 임무수행이 가능하지 않던 오래전에 만들어졌다는 사실을 잊지 말라."[15]

일부 우주 개발자들은 이타적인 동기를 주장하지만, 그들 중 누구도 꿈을 실현할 수입원 없이 성공할 수 없다. 이익이 우주개발의 목적이라면 어떤 일이 일어날까?

거대한 다국적 기업은 국제 무역법의 규제를 받지만 그들은 외계 자원을 사용하거나 심지어는 고갈시킬 권리를 가지고 있다고 주장할지도 모른다. 달이나 화성의 땅을 점령하기 원하는 국가는 우주 조약에서 탈퇴하려고 할 것이다. 그러나 그런다고 해서 심각한 문제에 직면할 것 같지도 않다. 심지어는 마스 원도 법적으로 확실하지 않은 상태다. 란스도르프는 60억 달러의 자금이 필요하다. "새로운 세상으로부터 가져온 모래알에 흥미를 가질 사람이 얼마나 될지 상상해보라!"

시기가 되면 이러한 논란은 더 이상 가설이 아닐 것이다. 지구에서의 식민지 역사는 소유권의 요구를 피할 수 없다는 것을 보여준다. 지구 밖에서 나고 죽어갈 정착자들의 후손은 지구와의 연결을 그다지 실감하지 못할 것이다. 그들은 먼 곳에서 규정된 법이나 규정을 못마땅하게 생각할 것이다. 타냐 매슨-즈완Tanja Masson-Zwaan은 항공우주 법률 연구소(IIASL) 부책임자 겸 마스 원의 법률 고문이다. 그녀는 "저는 어느 시점이 되면 이 정착자들이 지구로부터 분리되어 자신들의 규칙에 의해 살아갈 것이라고 생각합니다"라고 말했다.

명백한 사명을 추구했던 역사적인 예들은 우주 식민지의 맥락에서는 맞지 않다. 많은 국가들이 영토를 점령하고 원주민들을 이주시키거나 복종시키면서 지구의 자원을 취득해 성장했다. 심지어 21세기에도 이런 야만적인 역사의 흔적이 남아 있다. 지구를 떠나는 사람들은 다른 사람들로부터 땅을 빼앗지는 않을 것이다.[16] 그들은 자신들이 생존하고 번영하는 데 필요한 모든 것을 스스로 만들어야 할 것이다. 그리고 자신들의 부를 창조할 것이다. 그들이 독립하기를 원한다면 그들을 지구 중심적 법률 체계에 묶어두기는 어려울 것이다.

식민지화는 교체와 성장을 의미한다. 화성 식민지는 새로운 사람들이 오면서 증가하겠지만 건강하고 정상적인 문화는 가족 단위를 중심으로 이루어질 것이다. 따라서 성생활도 있을 것이고 아기들도 태어날 것이다.

우주에서의 성행위는 흥밋거리 이상으로 다루어진 적이 없다. 이와 관계되는 이야기들은 떠도는 소문일 뿐이다. 몇 년마다 NASA와 러시아의 관계자들은 우주비행사들이 성행위를 했다는 것을 반복해서 부정했다. 우주비행사들도 이에 대해 굳게 입을 다물고 있다. 공식적인 정책은 우주에서의 성행위를 금지한다. 무중력 상태에서의 성행위는 여러 가지 이유로 까다로운 문제이다. 혈액의 흐름이 지구에서와 같지 않아 남성들의 발기에 문제가 있을 수 있고, 땀이 피부 표면에 쌓여 성행위가 덜 즐거워질 수도 있다. 물리학도 장애가 된다. 아주 작은 힘으로 밀거나 당겨도 물체를 움직이게 할 수 있다. NASA의 우주비행사 카렌 니베르그Karen Nyberg는 머리카락 하나도 선실을 가로질러 날아가게 할 수 있다는 것을 보여주었다. 따라서 혁대와 고정장치를 사용해야 할 것이다. 인간의 창의력과 욕망을 감안하면 국제 우주정거장의 어둡고 조용한 구석에서 성행위가 이루어졌을 수도 있다. 그러나 그 내용은 임무 일지 어디에도 기록되어 있지 않다.

화성에서의 성행위는 좀 더 쉬울 것이다. 중력이 40퍼센트이니 약간의 조정만 필요할 것이다. 출산의 문제를 해결하기 위해서 승무원을 남성만이나 여성만으로 구성하자는 제안도 있었다. 논란의 여지는 있지만 첫 번째 식민지 개척자들이 자발적으로 불임시술을 받자고 제안하기도 했다. 마스 원은 참가자들에게 피임기구를 지급할 계획이지만 그것이 화성에서 얼마나 효과적일지는 알려져 있지 않다. 이 프로젝트의 의학 고문인 노베르트 크라프트Norbert Kraft는 "참가자들에게 성행위와 관련된 위험을 알게 할" 것이라고 말하면서도 그 결과를 확신하지는 못하고 있다. 화성 식민지의 첫 번째 참가자들은 그곳에서 죽을 것이고 그곳의 의학 설비가 미비할 것이라는 사실을 알고 있을 것이다. 그들은 아기를 원치 않을 것이지만, 식민지가 정착되면 생물학의 명령과 인류 문명이 점차 보급될 것이다.

우리가 아무리 마스 원 계획을 환상적이고 과장이 심하다고 생각했더라도 식민지는 결국 실현될 것이다. 그것을 가능하게 할 재정적 지원을 받는 개척자들이 얼마든지 있기 때문이다.

언젠가 소규모의 사람들이 뿌리로부터 뻗어나온다면, 그들은 어떤 사람이 될까?

진화적 분화

지구 밖에서 첫 번째 아기가 태어나는 것을 상상해보자. 그것은 인류 존재의 시계를 다시 맞추게 하는 특별한 이정표가 될 것이다. 아서 클라크의 짧은 이야기 《요람을 떠나서, 끝없이 궤도를 돌며Out of the Cradle, Endlessly Orbiting》에서 달 기지의 한 엔지니어가 부인이 산기가 있을 때 화성으로 갈 준비를 했다. 구슬프게 울려 퍼지는 아기의 첫 울음이 어떤 로켓 우주선의 굉음보다도 더 심하게 그를 흔들었다.[17]

얼마나 많은 사람들이 다시 시작하는 것을 선택할까? 생명체와 생태계의 보존에는 '최소 존속 가능 집단'이라는 용어가 있다. 이것은 야생에서 자연재해와 유전적 변이를 이겨내고 생존할 수 있는 어떤 종의 최소 개체수를 나타낸다. 동물 개체수에 대한 연구에서, 근친 교배를 피하기 위해서는 성인 약 500개체가 필요하고 1,000만 년에 한 번 오는 멸종 원인으로부터 시작해 전형적인 진화적 생활을 영유하기 위해서는 성인 5,000개체가 필요하다는 사실이 밝혀졌다.[18] 생물학에서 사용하는 멸종 확률을 바탕으로 한 대략적인 추정이다. 미국에서는 최소 존속 가능 집단의 모델들이 '1973년 멸종 위기종 보호법'에 의한 보호를 촉발했다.

인간의 경우, 극적인 인구 병목 현상이 있었던 동안에는 최소 집단 크기의 의미가 컸다. 만약 종의 개체수가 환경적 재앙에 의해 감소된다면 남아 있는 개체의 유전적 다양성이 줄어들어 무작위적인 돌연변이에 의해서만 천천히 성장할 수 있다. 남아 있는 개체군의 건강 정도도 줄어들어 또 다른 불리한 사건에 취약하게 된다.[19] 생존자들이 가장 잘 적응하는 개체들이라 해도 이것은 사실이다. 그리고 불임 가능성도 있으며 자손들이 퇴행적이거나 생존에 불리한 특질을 가질 확률이 증가하게 된다.[20]

유전학자들이 침팬지와 인간의 DNA 유전자 배열을 해독해 믿기 어려운 사실을 발견했는데, 바로 30~80마리로 이루어진 한 무리의 침팬지들이 오늘날 살아 있는 70억 인류보다 더 큰 유전적 다양성을 가지고 있다는 것이었다.[21] 600만 년 전에 침팬지로부터 갈라진 이후 우리는 아주 적은 유전적 다양성을 발전시켜왔다. 인간의 제한적 유전자 변이에 대한 연구를 보면 인류가 6만 년 전에 아프리카로부터 나왔으며, 한때는 인구가 2,000명까지 줄어든 적이 있다는 사실을 알 수 있다. 일부 유전학자들은 이 병목현상이 인도네시아의 초대형 화산 토바Toba가 폭발하면서 커다란 환경 변화를 가져왔기 때문이었다고 주장한다.[22] 원인이 무엇이든, 우리의 유전자는 인간이 한때 멸종 직전의 절망적인 상태에 처했었다는 것을 알려준다.[23]

좀 더 최근의 인류 역사는 존재 가능한 우주 식민지의 크기를 정하는 방법의 더 좋은 예를 보여준다. 큰 집단으로부터 분리되어 적은 수로 이루어진 새로운 집단이 형성되면, 진화생물학자 에른스트 마이어Ernst Mayr가 처음 설명한 창시자 효과founder effect의 적용을 받는다. 창시자 효과는 원래 집단이 가지고 있던 유전자 변이와 다양성을 모두 잃는다.

1790년에 플레처 크리스천Fletcher Christian과 바운티호에서 반란을 일으켰던 여덟 명의 폭도들이 열두 명의 폴리네시아 여인들과 만나, 남태평양에 있는 바람 많은 화산섬인 피트카이른Pitcairn섬에 정착했다. 현재 이 섬에 살고 있는 주민 50명은 모두 이 '창시자들' 몇 명의 자손이다. 1814년에는 열다섯 명의 영국 항해자들이 남아프리카와 남아메리카 사이의 대서양 한가운데 있는 트리스탄 다 쿠냐Tristan da Cunha섬에 정착했다. 화산폭발이 일어나 모두 영국으로 피난했던 1961년까지, 이 섬의 인구는 300명으로 늘어났다. 이 작은 집단은 주민들을 유전적 비정상 상태로 만들었다. 플레처 크리스천은 피트카이른섬에 파킨슨병을 유발하는 유전자를 퍼트렸고, 트리스탄 다 쿠냐의 주민들은 실명으로 연결되는 퇴화된 눈을 가질 확률이 정상의 경우보다 열 배 더 높았다. 유전적 고립을 경험하기 위해 섬이나 화성에 틀어박힐 필요도 없다. 1만 8,000명이나 되는 펜실베이니아 랭커스터의 아미시는 1700년대에 독일에서 이주해 온 수십 명의 이민자들로부터 시작되었다. 이 공동체에서 태어난 아기들은 매우 희귀하고 치명적인, 소두증이라고 불리는 유전병에 걸릴 가능성이 매우 높다.[24]

우주 식민지의 성공 여부를 결정하는 핵심적인 요소는 마을의 크기이다. 플로리다 대학의 인류학자 존 무어John Moore는 작은 집단의 생존 가능성을 분석하는 모의실험 소프트웨어를 개발했다.[25] 그는 장기적 식민지의 생존을 위한 최적 개체수가 160명이라는 결과를 얻었다. 불임 가능성을 최소화할 수 있는 적절한 선택에 의해 이 숫자는 줄어들 수 있다.

만약 우주 식민지가 모행성으로부터 '새로운 피'를 수혈받지 못한다면 그들의 유전자 풀은 강한 유전적 부동을 경험할 것이다. 유전적 부동은 기회적 요인에 의해 무작위로 일부 대립유전자의 발현 빈도가 변하는 것을 말한다. 이 효과는 작은 집단에서 더 크고, 유전자 변이를 감소시키는 역할을 한다. 즉 새로운 선택 압력에 대응하는 집단의 능력을 감소시킨다. 안 좋은 이야기처럼 들린다. 그러나 지구에서의 유전자 부동과 창시자 효과는 진화의 가장 중요한 원인을 제공한다. 이들은 새로운 종의 형성을 돕는다.

세대를 거치면서 식민지 개척자들은 진화할 것이다. 우리는 어떤 변화가 일어날지 일부 상상해볼 수 있다. 화성의 중력이 지구보다 작으므로 심혈관계가 변화할 것이고, 무게를 지탱하는 뼈와 힘줄의 단면적이 감소할 것이다. 지구에서 인간이 진화할 때 보였던 보인 가속된 경향이 나타나 키가 커지고, 머리카락은 줄어들 것이며, 근육이 약해지고 치아가 작아질 것이다. 다양한 환경이 존재하지 않으므로 면역체계가 약화될 것이다. 또 다른 도전은 두뇌를 명석하게 유지하기 위해 지적인 자극과 함께 감각적 자극을 유지하는 것이다.[26]

지구를 떠난 인류가 지구를 떠나지 않은 사람들과 더 이상 짝을 짓지 않아 생존 가능한 자손을 낳지 않는다면 새로운 종이 만들어질 것이다. 적은 수의 집단이 1만 4,000년 전에 아메리카로 편도 여행을 떠났고, 그들이 500년 전에 유럽인들과 만났을 때 아직도 같은 종이었던 것으로 보아 새로운 종이 형성되는 데는 오랜 시간이 걸린다는 것을 알 수 있다. 오스트레일리아와 파푸아 뉴기니의 일부 종족은 3만 년 동안 고립되어 있었지만 새로운 종의 형성은 이루어지지 않았다. 그러나 달이나 화성의 식민지 개척자들의 경우에는 다른 물리적 환경으로 인해 그 과정이 가속될 수 있을 것이고, 우주 복사선으로 인한 돌연변이의 가능성도 크다.

최초로 지구 밖에서 태어난 아기가 첫 울음을 터트린 후 수십만 세대가 지난 후에는, 더 이상 조상에 대한 기억이 남아 있지 않을 것이고 식민지 개척자들의 시대가 될 것이다. 그들은 더 이상 우리가 아니다. 어느 날 그 조상들이 우리 행성을 떠난 이후로 완전하게 격리되어 살아온 식민지 개척자들과 만나게 되는 경우를 상상해보자. 그들은 우리와는 다른 언어로 말할 것이고, 우리와는 부분적으로만 닮았을 것이다. 양쪽 모두에서, 이것은 이상하게 뒤틀린 거울을 보는 듯할 것이다.

사이보그의 미래

공상과학 영화의 고전적인 장면 중 하나를 살펴보자. 컬트영화 〈블레이드 러너Blade Runner〉를 보면, '블레이드 러너' 릭 데카드가 높은 빌딩으로부터 미끄러져 떨어지는 것을 복제인간 로이 배티가 구해준다. 초인간적인 힘을 가진 배티는 데카드를 지붕 위로 던진다. 그러고는 책상다리를 하고 앉아 미리 프로그램해놓은 4년 동안의 생애가 끝나기를 기다린다. 그는 데카드에게 이렇게 말한다. "나는 사람들이 믿지 못할 것들을 보았어…. 오리온의 어깨에서 떨어져 불타는 공격선도 보았고 탄호이저 문 가까이 있는 어둠 속에서 C-빔이 반짝이는 것도 보았어. 이 모든 기억은 곧 사라지겠지…. 빗속의 눈물처럼… 죽어야 할… 시간이야."

로이 배티는 작가 필립 딕Philip K. Dick이 소설 《안드로이드는 전기 양의 꿈을 꾸는가?Do Androids Dream of Electric Sheep?》에 등장시킨 사이보그이다.[27] 사이보그는 1960년에 맨프레드 클라인스Manfred Clynes와 네이선 클라인Nathan Kline이 처음 사용한 말이다. 클라인스는 천부적인 피아니스트였으며 록랜드 주립병원에서 책임 연구 과학자로 일한 발명가이기도 했다. 클라인은 500편이 넘는 논문을 발표한 의학 연구자로 클라인스의 상사였다. 두 사람은 인간과 기계의 밀접한 관계가 우주의 새로운 영역을 탐험하는 데 도움이 될 것이라고 생각했다. "외계 환경 조건에 맞도록 인간의 신체 기능을 바꾸는 것이 우주에 있는 인간에게 지구 환경을 제공하는 것보다 더 논리적이다. (…) 인간의 무의식을 통해 자체적으로 제어할 수 있는 인공적인 기관은 그런 가능성 중 하나이다."[28]

사이보그는 반이상향적인 공상과학 소설의 산물이지만 우리는 육체와 기계의 합체에 조금씩 다가가고 있다. 심장이나 팔다리와 같은 신체 일부를 기계로 대체하는 것은 이미 오래전부터 일상적인 일이 되었다. 그러나 사이보그는 기계장치를 통해 원래 그 사람이 가지고 있지 않던 강력한 능력을 가지게 된다는 의미다. 전통 의학은 이 영역을 탐험하고 있다. 로봇 팔다리는 더 강력한 힘을 발휘할 수 있고 더 유연하며, 이식된 달팽이관은 보통 사람이 들을 수 없는 소리를 들을 수 있다. 우리는 이미 일론 머스크라고도 알려진, 토니 스타크라는 모습의 현대 사이보그를 만났다. 뇌와 컴퓨터의 연결

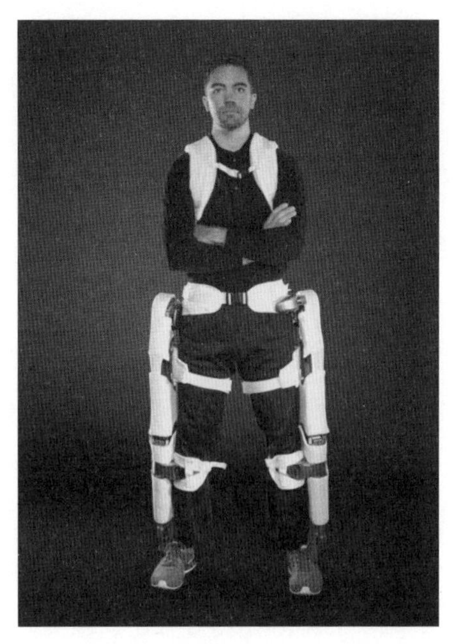

그림 47. NASA 프로젝트 엔지니어 로저 로브캠프Roger Rovekamp가 X1 로봇 외부 골격의 모델을 하고 있다. 이것은 존슨 우주 센터의 고등로봇개발 실험실에서 우주비행사들의 능력을 확장시키기 위해 만들었다.

은 뇌와 외부 기기 사이의 직접 통신을 가능하게 한다. 이것은 시력을 잃은 사람들의 시력이나 마비된 사람들의 운동능력을 회복시키는 데 사용되고 있다. NASA는 우주비행사들의 능력을 강화하기 위해 X1 로봇 외부골격을 개발했다. 아이언 맨이 현실이 되고 있다(그림 47).

영국 예술가 닐 하비슨Neil Harbisson은 색깔 인식 능력을 갖지 못한 채 태어났다. 2004년부터 그는 머리에 심는 장치인 아이보그를 착용하기 시작했는데, 이 장치는 색깔을 진동으로 바꾸어 해리슨이 머리뼈의 진동을 통해 들을 수 있도록 해준다. 아이보그는 그의 여권에도 기록되어 있다. 그는 정부가 인정한 최초의 사이보그가 된 것이다. 카메라가 그의 감각을 확장해 초저음과 초음파도 들을 수 있고, 정상적인 사람이라면 볼 수 없는 적외선과 자외선도 볼 수 있게 해준다. 그는 수술을 통해 자신의 두개골에 영구 부착할 수 있는 장치를 가지고 싶어 한다. 또한 소프트웨어와 그의 뇌가 어떻게 합동해서 그에게 그러한 감각 능력을 가지게 하는지를 설명했다.[29]

사이보그는 현대 문명과 동조해 자유의지와 기계적인 결정 사이의 긴장을 구체화하고 있다. 사이보그를 통해 우리는 전기로 작동하면서 창조자를 압도하는 메리 셸리Mary Shelley의 《프랑켄슈타인》이 던진 어두운 전망을 떠올린다.

사이보그 연구의 수용 가능한 면을 영국 레딩 대학의 인공두뇌학 교수인 케빈 워릭Kevin Warwick이 잘 보여주고 있다. 그는 체내 삽입을 처음으로 실험한 사람들 중 하나다. 1998년에 그는 자신의 팔에 RFID 칩을 이식했고, 4년 후에는 팔 신경에 100개의 전극을 붙였다. 그는 이를 통해 감각기관을 인터넷으로 확장시킬 수 있었고, 먼 곳에서도 로봇 손을 제어할 수 있었다. 워릭의 아내도 인공지능 이식 수술을 받았다. 어떤 사람이 그녀의 손을 잡으면, 이상한 인공지능 텔레파시를 통해 그의 손이 대서양 건너편에서도 같은 감각을 느낄 수 있었다. "몸 안으로 들어온 것들이 기계를 신경이나 뇌와 결합시킵니다. 아주 새롭죠." 워릭은 또한 이렇게 말했다. "탐험되지 않은 마지막 대륙이 눈앞에서 우리를 바라보고 있는 것만 같습니다."[30]

사이보그 기술은 연구실에서 발견할 수 있지만 이것 역시 지하로 숨어들어 버린다. 워릭은 체내 삽입 수술을 할 때 경험 많은 외과 의사인 레프트 아노님Lepht Anonym을 감자 껍질 깎이와 보드카 한 병을 주고 고용했다. 그녀는 늘어나고 있는 바이오해커들 중 한 사람이었고, '그라인더'라고도 불렸다. 스스로 자기 몸에 체내 삽입을 하는 이를 부르는 이름이었다. 그녀는 이것에 대해 "저는 이 시점에 고통에 익숙해지고 있습니다. 마취는 저와 같은 사람에게는 불법입니다. 따라서 우리는 마취 없이 살아가는 방법을 배우고 있습니다"라고 말했다. 그녀는 유튜브 영상을 통해 바이오해킹 운동의 새 얼굴로 인정받게 되었다.

지하 사이버 해커에게 컴퓨터는 하드웨어이고 앱은 소프트웨어이다. 그리고 사람은 하드웨어와 소프트웨어를 연결해주는 웻웨어이다. 인기 있는 출발점은 손가락 끝에 강력한 희토류 자석을 삽입하는 것이다. 이를 통해 지하로 지나가는 지하철이나 머리 위로 지나가는 전선 같은 다양한 자기장을 감지할 수 있다. 일단 소형화하는 방법을 알기만 하면, 바이오해커들은 스마트폰과 대화를 나눌 수 있는 의학 센서나 손가락이 음향을 통해 '볼' 수 있도록 해주는 장치를 삽입할 것이다.[31] 이것은 단순한 감각의 확장이 아니라 완전히 새로운 감각의 창조이다.

인공두뇌학과 사이보그에 보호막을 만들어주는 철학적 운동을 트랜스휴머니즘이라고 부른다. 트랜스휴머니즘은 세계적인 문화운동이며 인간의 조건을 향상시키는 기술을 찾는 지적 운동이다. 물리적, 정신적 능력을 향상시켜 급진적으로 생명을 연장하는 것이 트랜스휴머니즘의 한 면이다. 인간의 장기 생존에 위협이 되는 다양한 위험을 평가한 옥스퍼드의 닉 보스트롬Nick Bostrom, 그리고 머지않은 미래에 기술이 우리의 물리적 한계를 극복해줄 시점인 '특이점'의 개념을 널리 알린 엔지니어 겸 발명가 레이 커즈와일Ray Kurzweil은 저명한 트랜스휴머니스트이다. 트랜스휴머니즘은 많은 사람들의 관심을 끌었다. 저자 프랜시스 후쿠야마Francis Fukuyama는 트랜스휴머니즘을 "세상에서 가장 위험한 생각"이라고 했다. 반면에 작가 로널드 베일리Ronald Bailey는 "인류의 가장 대담하며 용감하고, 상상력 넘칠 뿐만 아니라 이상적인 야망"이라고 말했다. 케빈 워릭은 트랜스휴머니즘의 동기에 대해 "내가 단순한 인간으로 남아 있을 수 있는 방법이 없었다"고 말했다.[32]

트랜스휴머니즘은 우주 탐험에 혁명적 변화를 가져올 수 있다. 우리가 나노기술을 더욱 발전시킨다면, 우주 탐사선이 소형화되고 제작과 추진에 소요되는 비용이 감소하면서 그동안 탐험할 수 없었던 태양계의 새로운 넓은 지역을 탐사할 수도 있게 될 것이다. 한편 우리는 지구 통제실에 편안하게 있고 로봇을 우리 대신 이용할 수도 있을 것이다. 좀 더 급진적으로 탐험과 힘든 일을 하도록 사이보그를 보냄으로써 〈블레이드 러너〉에서 본 미래를 실현할 수도 있을 것이다. 사이보그는 인공지능을 가지고 있고, 초인간적인 힘을 가지고 있으며, 일이 잘못되었을 때 사용할 '자살 스위치'를 가지고 있다. 어떤 의미에서는 사이보그가 우리가 사라지고 난 먼 미래에도 우주에 퍼져 있을 인류의 후손들이라고 할 수 있다.

PART Ⅳ 지평선 너머

뿌옇고 흰 빛과 엄청난 따분함. 몸의 모든 부분이 아프지만 움직일 수 없다. 손가락이 나도 모르게 경련을 일으킨다. 마치 남의 손가락처럼 느껴진다. 느리지만 멈추지 않고 팔, 다리, 피부를 인식한다. 감각이 깊은 우물에 잠겨 있다가 회복되는 것 같다.

눈꺼풀이 열린다. 머리 위에 있는 패널이 나의 생명 신호를 기록하고 있다. 내 옆에 있는 밀폐된 베릴륨 관 안에는 100명의 동료 여행자들이 죽음에 가까운 수면 상태에서 깨어나고 있다. 다른 패널은 방주의 위치를 알려준다. 방주는 프록시마 센타우리 B1의 안정된 궤도 위에 있다. 생각을 밀어내 보지만 자꾸 내 머릿속을 파고든다. 나는 집으로부터 40조 킬로미터 떨어져 있다.

할 일이 많다. 우리는 목적을 가지고 있고 많은 말을 하지 않는다. 문이 열렸을 때 되살아나지 못한 한 명이 있었던 열여덟 개의 스테이션을 생각하지 않으려 모두가 노력하고 있다. 그는 차가웠다. 두 번째 팀들이 곧 따라왔다. 방주 3의 원격 측정 결과를 보니 방주 3은 프록시마 센타우리 체계를 지나쳐 갔다는 것을 알 수 있었다. 방주 3은 성간 공간을 향하고 있다. 유성의 충돌이 태양 돛의 효과를 상쇄했기 때문에 브레이크를 걸 수 있는 방법이 없었던 것이다. 나는 전율했다.

80명이 새로운 세상을 시작할 수 있을까?

차츰 동지애와 같은 감정이 돌아오고 정신이 고양되었다. 우리는 식사 시간에 농담을 하고 서로를 즐겁게 했다. 우리는 생각할 수도 없는 먼 거리를 부유물처럼 여행했다. 예전 사람들이 여행했던 가장 먼 거리보다도 1,000배나 먼 거리였다. 나는 방주의 유일한 창문 앞에 서서 밖을 바라보았다. 태양은 벨벳 위에 놓여 있는 작고 노란 꽃처럼 저 별들 사이 어디엔가 있을 것이었다. 그러나 나는 그것을 찾을 수 없었다. 다음에 무슨 일이 일어나든지, 우리는 우리가 이루어낸 것과 우리의 모험을 자랑스럽게 생각할 수 있을 것이다. 그러나 두렵지 않다고 말하는 사람들은 모두 거짓말을 하고 있었다.

다시 우윳빛. 우리는 착륙 장소를 찾아내기 위해 공기를 통과하면서 흔들리는 왕복선 안에 있다. 지구에서 보면 우리의 새로운 고향은 창백한 점이다. 이전의 원격 감지를 통해 이곳이 광합성 작용에 의해 공기가 채워져 있는 살아 있는 세상이라는 것을 알고 있었다. 그러나 우리는 우리가 살다가 죽어야 할 곳에 대해 거의 알지 못한 채 그곳으로 가고 있다. 우리의 임무는 공간을 건너뛰어 반대쪽에서 안전한 장소를 찾아내는 거대하고, 비싼 도박이다.

우리 여섯 명은 서로 긴장된 곁눈질을 교환한다. 조종사는 레이더 지도에 집중하고 있다. 우리 아래는 휘어지고, 변덕스러운, 그리고 익숙하지 않은 지역이 펼쳐져 있다. 평원이나 초원처럼 보이는 것은 없다. 사바나 비슷한 것이나 끝없이 펼쳐진 경치 같은 것도 없다.

마침내 소용돌이치는 구름 사이로 땅이 보였다. 감속. 덜커덩. 우리는 복장을 갖추어 입고 기밀실로 들어간다. 우리는 비밀 정원을 탐험하려는 어린이들처럼 흥분해 있다.

형언할 수 없는 무언가를 말로 설명하기란 어렵다. 우리는 가파른 절벽 사이에 있는 푸른 골짜기에 착륙했다. 표면에는 덩굴 식물이 매달려 있다. 부분적으로 구름에 가려져 있는 절벽 위에서는 물이 떨어지고 있다. 발아래에는 두꺼운 식물 층이 있다. 많은 식물들이 보이지만 동물들은 보이지 않는다. 모든 것이 낯설고 정상적인 상태와는 다르다. 중력은 지구에서보다 약해 껑충껑충 뛸 수 있지만 공기의 밀도가 높아 숨 막히는 것 같은 느낌과 싸워야 한다. 우리 모두는 공기를 숨 쉴 수 있는 상태로 유지하고 위험할지도 모르는 미생물을 걸러내기 위해 집진 마스크를 쓰고 있다. 본능적으로 모두 착륙선 가까이에 머물러 있다.

이것은 황무지일까 아니면 지상낙원일까? 어느 것이 되었든 집으로 돌아갈 수는 없다.

우리는 능숙하게 거주 공간을 마련할 준비를 시작한다. 버튼을 누르자 탄소 나노튜브로 만든 메모리 필름이 펼쳐지고 우리 머리 위로 8미터나 솟아오른 돔으로 부풀어 오른다. 두 개의 기밀 출입구를 설치한 후 남은 시간은 생활공간을 정리하는 데 소비한다. 다음 주까지는 남은 승무원들이 우리와 합류할 것이다. 그렇게 되면 빈 방주는 더 이상 항해할 수 없는 폐선이 되어 궤도를 돌고 있을 것이다.

압도되고, 유쾌하고, 걱정스럽다. 내 안에서 감정들이 전쟁을 한다. 우주에서 우리 그룹이 완전히 혼자인데, 혼자 있고 싶다는 것도 이상하다. 그러나 건축 작업의 휴식 시간에 나는 돔에서 멀리 돌아다녔다. 복잡한 지형을 걷는 유일한 방법은 작은 개천을 따라 가는 것이다. 주변을 돌아보니 무엇인가 이상하다. 나무가 하나도 없다. 나는 몸을 구부려 조약돌과 돌멩이를 들어 올린다. 그것들의 광물 형태가 익숙하다. 적어도 지질학은 우주 어디에서나 같다는 것을 다시 확인해준다.

시야 가장자리에 무언가, 움직임이 지나갔다. 나는 좀 더 자세히 살펴본다. 이끼로 덮인 땅이라고 생각했던 것이 실제로는 움직이고 자라나는 덩굴손으로 이루어진 섬세한 그물이다. 스스로 짜이는 카펫처럼 물결치며 돈다. 질서가 없어 보이지만, 갑자기 덩굴손이 나선들로 이루어진 복잡한 기하학적 형태를 만든다. 그러더니 똑같이 갑자기, 그 형태가 사라진다. 나는 얼어붙은 채 그것이 사라진 자리를 바라보고 있다.

CHAPTER
12

별을 향한 여행

고향에서 멀리 떨어진 고향

덴마크의 물리학자 닐스 보어Niels Bohr는 이렇게 말했다. "예측은 어렵다. 특히 미래에 대해서는."[1] 예측은 과학의 핵심이다. 입자 수준에서 과학자들은 실험이나 측정의 결과를 예측한다. 큰 규모에서도 과학자들은 자연법칙을 알아내 세상에 대해 배우고, 익숙하지 않은 상황에서 어떻게 작동할지 예측한다.

예언자들을 바보로 만든 예측 사례를 찾아내기는 쉽다. 고전적인 예는 IBM 회장 토머스 왓슨Thomas Watson이 1943년 "내 생각에 세계 컴퓨터 수요는 아마 다섯 대 정도일 것이다"라고 한 예측이다. 디지털 이큅먼트의 창업자 켄 올슨Ken Olsen은 1977년 "개인이 집에 컴퓨터를 가지고 있을 이유가 없다"라고 말했다. 인터넷의 발명자를 비롯해 정보 기술 분야의 많은 사람들은 1996년 인터넷이 붕괴되어 사라질 것이라고 예측했으며, 유튜브 창업자는 2002년에 볼 수 있는 영상이 많지 않아 자신의 회사가 더 이상 갈 곳이 없을 것이라고 예상했다.[2] 그러나 기록을 보면 2014년 기준 개인용 컴퓨터가 20억 대 사용되고 있으며, 웹사이트가 10억 개 개설되어 있고, 유튜브 영상 시청 시간이 400억 시간을 기록했다.

컴퓨터나 정보 기술에 대한 예측은 실제보다 비관적인 경우가 많고 우주 여행과 관련된 예측은 실제보다 낙관적인 경우가 많다. 1952년 작가 헨리 니컬러스Henry Nicholas는 '노벨상 수상자들을 포함한 가장 위대한 과학자들의 진지한 결론'에 근거를 둔 2000년에 대한 예측을 모아보았다.[3] 그들은 행성 간 여행이 일상적으로 바뀔 것이며, 달에는 여러 개의 기지가 건설되고, 도시 크기의 우주 정거장이 지구 궤도를 돌고 있을 것이라고 예상했다. 버트 루탄이 2018년까지 10만 명의 우주관광객이 우주를 다녀올 것이라고 예측했지만, 아직 일곱 명에 멈추어 있다. 이렇게 전자정보 통신 분야와 우주여행 분야에서 서로 다른 예측 결과가 나오는 이유는, 정보 기술이 컴퓨터와 라우터 그리고 휴대전화에 들어가는 부품의 소형화에서 기하급수적인 발전을 이룩한 반면 우주여행에서는 사람이나 완고한 물리법칙 같은 커다란 물체를 다루고 있어 진전이 생각처럼 이루어지지 않았기 때문이다.

무모한 일이 될지도 모르지만 우주 개발에 대한 지금까지의 경험을 바탕으로 지구 너머의 가까운 장래에 대해 예측을 해볼 수 있겠다. 2035년에는 우주 사업이 활발하게 전개되고 있을 것이다. 효율적이고 재활용 가능한 궤도 비행은 일상적인 일이 되고, 우주여행은 가장 부유한 사람들뿐만 아니라 중산층도 쉽게 접근해서 모험에 참가할 수 있을 정도로 비용이 낮아질 것이다. 이런 새로운 가능성에는 우주에서의 텔레비전 리얼리티 쇼, 화려한 궤도 위 광고, 무중력 섹스 모텔 같은 문제점도 뒤따를 것이다.

2045년에는 달과 화성에 작기는 하지만 계속적으로 유지되는 식민지가 만들어질 것이다. 그들은 지구로부터의 재보급과 승무원 교대에 의존하겠지만 작은 환경적 흔적을 남기고 지구를 떠나 살아가면서 토양으로부터 물과 산소를 추출하는 기술을 성공적으로 개발할 것이다. 부유한 국가들은 지정학적 야망을 가지고 비용을 지불할 것이다.

2065년에는 소행성과 달의 광물이 풍부한 지역에서 자원을 채취할 수 있을 정도로 채광 기술이 발전할 것이다. 지구 밖 영업을 위한 새로운 사업 모델이 개발될 것이다. UN과 다른 국제기구들은 새로운 전선이 '거친 서부'로 바뀌는 것을 막기 위해 바삐 움직이겠지만 종종 연합군에 의해 분쟁이 해결될 것이다.

2115년에는 지구 밖에서 태어나서 한 번도 지구에 와본 적이 없는 사람들이 성년이 될 것이다. 식민지 개척자들은 높은 수준의 자치권과 자율성을 가지게 될 것이다. 지구 밖 GNP가 부유한 지구 국가의 GNP와 맞먹게 될 것이다. 어떤 경제적 또는 정치적 명령도 태양계 밖 여행을 강요하지는 않겠지만 이상주의자들은 그런 시도를 하지 않고는 견딜 수 없을 것이다.

그렇다면 어디로 갈까? 성간 여행의 어려움 때문에 우리 여행지는 가장 가까운 서식 가능 지역으로 한정될 것이다. 앞에서 살펴본 것처럼 지구 비슷한 행성이 태양과 비슷한 별인 알파 센타우리 B를 돌고 있다는 증거가 있다. 이 외계 행성은 수성보다도 모성에 가까이 있어 표면 온도는 1,200도에 이른다. 따라서 표면은 마그마 상태일 것이다. 현재의 도플러 효과 측정 기술은 더 멀리 있는 지구 비슷한 행성을 찾아낼 수 있을 만큼 정밀하지 않다. 그러나 알파 센타우리 B는 이중성을 이루고 있는 동반성을 가지고 있긴 하지만 두 별 사이의 거리가 충분히 멀어 서식 가능 지역에 있는 행성의 궤도를 교란시키지 않을 것이다. 서식 가능 지역은 알파 센타우리 B로부터는 0.7AU, 이보다 밝은 알파 센타우리 A로부터는 1.3AU 떨어져 있다. 알파 센타우리 계는 서식 가능한 행성을 가지고 있을 가능성이 크다.[4]

우리가 더 나은 관측 결과를 기다리고 있는 동안에 모의실험이 예상치를 내놓았다. 2008년의 연구에서는 알파 센타우리 B 주변에 있는 암석으로 이루어진 원반에서 행성들이 형성되는 과정을 추적하고, 달 크기까지의 수십만 개 원시 암석 행성들의 궤도를 2억 년 동안 관찰했다. 강력한 컴퓨터에서 이 일은 몇 시간이면 된다. 원반의 초기 조건에 따라 형성되는 외계 행성의 수가 달라지지만 이 모의실험은 평균 스무 개의 암석 행성이 만들어진다는 결과를 내놓았다. 그중 열 개는 이 별의 서식 가능 지역에 위치해 있었다. 이러한 결과는 알파 센타우리 A의 경우에도 비슷할 것이다(그림 48).

2013년 안토닌 곤잘레스Antonin Gonzalez는 자신의 연구를 발전시켜 모의실험에서 만들어졌던 외계 행성의 '지구 유사성 지수'를 추정해보았다. 이 지수는 표면 온도, 탈출 속도, 크기, 밀도를 바탕으로 얼마나 지구와 유사한지를 수치로 나타낸 것이다. 유사성 지수가 0이라면 행성이 지구와 전혀 다르

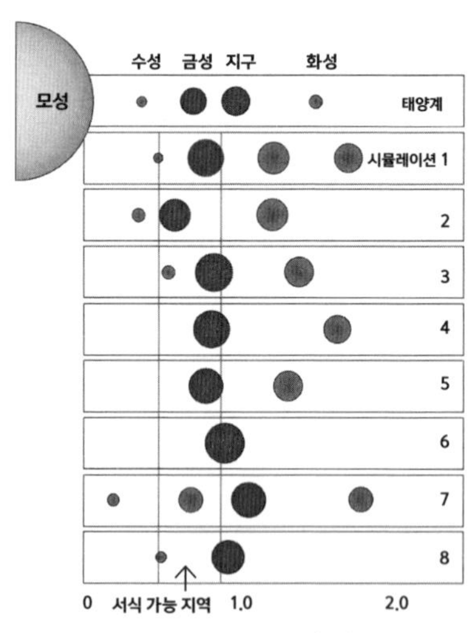

그림 48. 알파 센타우리 계에서 외계행성 형성에 대한 천체물리학적 시뮬레이션을 해본 결과. 지구형 행성들이 두 별 주변 모두에서 형성될 수 있다. 이들의 질량과 거리는 태양계의 구조(맨 위 칸에 참고로 나와 있다)와 비슷하다.

다는 의미이고, 1인 행성은 지구와 똑같다는 의미이다. 예를 들면 크기는 비슷하지만 훨씬 온도가 높은 금성은 지구 유사성 지수가 0.78이고, 작고 온도가 훨씬 낮은 화성은 지구 유사성 지수가 0.64이다.[5] 지수 계산은 우리가 알고 있는 생명체에 대한 적합성 정도를 바탕으로 했다. 만약 외계 행성이 전혀 다른 화학 성분과 물질대사를 바탕으로 하는 생명체를 가지고 있다면 우리는 그런 생명체를 알아차릴 수도 없고 그것을 정의하는 방법도 알 수 없을 것이다.

모의실험에서 만들어진 행성 중 다섯 개는 광합성을 하는 생명체를 가지고 있을 가능성이 있었다. 이들의 지구 유사성 지수는 0.86, 0.87, 0.91, 0.92, 0.93이었다. 이들 중 두 행성은 지구보다도 생명체에 더 좋은 조건을 갖추고 있었다.

매우 좋은 소식처럼 들린다. 그러나 우리는 확실하지도 않은 것을 위해 수조 킬로미터를 여행할 수 없다. 그 행성이 산소가 풍부한 대기를 가지고 있지 않다면 우리는 우주 공간에 인공적인 환경을 만들거나 화성을 테라포밍하는 것이 나을 것이다. 우리가 숨 쉴 수 있는 공기를 가지도록 화성을 테라포밍하는 것은 NASA의 실행 가능성 연구의 대상이었다. 기술적인 면에서는 도전해볼 만하다. 현재 존재하는 기술을 대규모로 응용하는 셈이 될 것이다. 화성을 테라포밍하는 데 걸리는 시간과 필요한 비용에 대한 최선의 추정은 1,000년과 1조 달러이다. 지구와 비슷한 대기 성분을 가진 외계 행성까지의 거리가 가까우면 가까울수록 테라포밍이 더 쉬워질 것이다.

천문학자들은 다른 행성에서 최고의 '생명지표', 또는 생명체의 흔적이 산소라고 간주한다. 만약 지구 생명체가 다른 모든 곳의 생명체를 대표한다면, 낮은 수준의 산소는 미생물에 의한 광합성의 증거이고 높은 수준의 산소는 광합성을 하는 식물이 존재한다는 증거이다. 만약 지구 위의 생명체가 하룻밤 사이에 모두 죽어버린다면 우리가 숨 쉬는 산소 분자들 중 5분의 1이 암석이나 물과의 반응을 통해 수천 년 안에 사라질 것이다. 대기 중에 포함된 상당한 수준의 산소는 지질학적 과정만으로는 유지되기 어렵다. 산소와 관련된 생물지표는 오존이다. 오존은 산소보다는 훨씬 낮은 수준으로 존재하지만 강한 스펙트럼을 낸다. 또 다른 생물지표는 화석 연료나 식물이 분해할 때 방출되는 메탄이다. 오늘날에는 메탄의 함유량이 낮지만 35억 년 전에서 25억 년 전 사이에는 미생물이 많은 메탄을 만들어내 오늘날의 산소만큼 대기 중에 많이 포함되어 있었다. 물이 없으면 생명체가 존재할 수 없기 때문에 수증기도 중요한 생명지표이다.[6]

실제로 천문학자들은 일련의 생물지표를 검출하고 그것을 행성화학과 지질학 모델의 스펙트럼과 비교한 후에 생명체를 발견했다는 확신을 하게 된다.[7] 생물지표는 대부분 지구 비슷한 외계 행성이 반사하는 희미한 빛을 스펙트럼으로 분산시켜 감지한다. 만약 별에서 오는 빛이 오존, 산소, 메탄, 수증기의 혼합물에 의한 흡수선을 포함하고 있는 것을 발견한다면 그것은 지구 밖에서 최초로 생명체를 발견했다는 헤드라인 뉴스가 될 것이다. 그러나 사진 같은 확실한 증거를 아직 제시할 수 없을 것이기 때문에 일반인들의 관심은 곧 시들해지겠지만, 과학 분야에서는 그것이 엄청나게 중요한 발견이 될 것이다. 우리가 우주에서 외계 생명체를 발견하기 전까지는 지구상의 생명체가 우주에 존재하는 유일한 생명체라는 주장을 얼마든지 할 수 있다.

현재까지는 생명지표를 감지하는 도전적인 관측이 생명체를 가지고 있지 않을 것이라고 예상되는 목성 크기의 외계 행성에 대해서만 실시되었다. 허블 우주 망원경을 이용해 여섯 외계 행성을 측정한 결과 나트륨 증기, 메탄, 이산화탄소, 일산화탄소, 물이 측정되었다.[8] 이런 측정을 지구 질량 정도의 외계 행성에 하기 위해서는 우주에 새로운 망원경을 설치하거나 더 선명한 영상을 얻을 수 있도록 지상 망원경의 영상 기술을 향상시켜야 한다. 대부분의 연구자들은 다음 10년 안에 중요한 관측이 이루어질 것으로 기대하고 있다. 케플러 탐사위성이 발견한 지구와 같은 행성의 존재 빈도를 기초로 계산해보면 가장 가까이 있는 지구의 쌍둥이는 수십 광년 떨어져 있을 것이다. 운이 좋다면 더 가까이 있을 수도 있다.

이 책의 첫머리에서 다뤘던 지구 위에서의 여행으로 다시 돌아가보자. 우리는 아프리카 북동부에서 칠레로의 이주가 별세계로의 여행만큼이나 장엄한 것이었다는 사실을 알게 되었다. 인류의 요람은 아프리카 북동부였다. 현명한 방법으로 수렵과 채취를 하던 사람들은 식량을 구하기 위해 16킬로미터 정도를 돌아다녔을 것이다. 그러나 인간은 더 나은 식량이나 주거지를 구할 수 있을 것이라는 확신도 없으면서 그보다 수천 배 먼 거리를 이동했다. 수렵 채취를 위해 이동하는 거리와 인류가 지구상에서 이동한 거리의 비는 태양계 크기와 별까지의 거리의 비와 비슷하다.

수천 세대 후, 우리는 울창한 숲과 어지러운 골짜기를 여행해 동남아시아를 가로질렀다. 다시 2,000세대가 흐른 후에 우리는 시베리아의 황폐한 툰드라로 들어갔고, 태평양 북서쪽에 있는 육지 다리를 건넜다. 그리고 다시 수백 세대가 흐른 후에 우리는 중앙아메리카 지협의 무성한 우림과 푸른 물에 도착했다. 여기서 지구 육지 끝에 도달하는 데는 다시 100세대가 흘렀다. 아프리카 사바나 문명을 기억하고 있는 사람에게는 파타고니아 해변의 바람 부는 황량한 경치와 반대 방향으로 돌고 있는 밤하늘의 풍경이 외계 행성의 외계인들처럼 낯설어 보였을 것이다.

더 나은 엔진 만들기

성간 여행은 우주 탐험의 목표를 태양계 밖으로 연장하는 것이므로 크기 문제부터 생각해보자.

지구를 탁구공 크기로 줄이면 달은 90센티미터 떨어진 곳에 있는 구슬이 될 것이다. 지구를 코앞에 들고 있으면 달은 한 팔을 뻗은 거리만큼 떨어진 곳에 있게 된다. 그것이 인간이 직접 탐험한 가장 먼 거리이다. 이 크기의 태양계에서 태양은 지름이 8미터 정도 되는 불타는 기체 공으로 지구로부터 91미터 정도 떨어져 있으며, 비치볼 크기의 해왕성은 지구로부터 6.4킬로미터 떨어져 있다. 이 크기에서는 태양에서 가장 가까운 별이 탁구공 지구로부터 4만 8,000킬로미터 떨어진 곳에 있다. 이 거리는 지구의 원래 둘레보다도 멀다. 의미 있는 시간 안에 별까지 가기 위해서는 속도가 엄청나게 빨라야 한다. 고속도로의 제한속도로 달린다면 알파 센타우리까지 가는 데 5,000만 년이 걸리고, 아폴로 우주선이 달에 갔던 속도로 달린다면 90만 년이 걸린다. 시속 5만 9,545킬로미터의 속도로 태양계를 떠났던 보이저 우주선의 속도로 달린다고 해도 8만 년이 걸려야 알파 센타우리에 도착할 수 있다.

화학 에너지는 우리를 별까지 데려다 주기에는 너무 비효율적이다. 우리는 원자 안의 전자들을 재배열해 얻는 에너지를 넘어, 원자핵 에너지의 문을 열어야 한다.

여러 가지 연료로부터 얻을 수 있는 에너지들에 대해 다시 알아보자. 연료의 에너지를 다룰 때는 '킬로그램당 100만 줄'을 의미하는 MJ/kg이라는 단위가 일반적으로 사용된다. TNT 1킬로그램이 폭발할 때 방출되는 에너지나 자동차가 한 시간 동안 달릴 때 소모되는 에너지, 또는 아이스크림 하나에 저장된 에너지가 1MJ 정도이다. 목재나 석탄은 약 20MJ/kg의 에너지를 가지고 있고, 천연가스나 다른 탄화수소 연료는 약 40MJ/kg의 에너지를 가지고 있다. 가장 많은 에너지를 가지고 있는 수소는 142MJ/kg의 에너지를 가지고 있다. 글렌 연구 센터의 NASA 과학자들은 사람들이 가득 탄 스쿨버스 크기의 우주 왕복선을 900년 동안에 알파 센타우리까지 보내는 데 필요한 연료의 양을 계산해보았다.[9] 그 답은 실망스러웠다. 이 여행을 위해서는 우주 전체의 질량보다도 더 많은 로켓 연료가 필요하다는 것이었다!

우리가 화학 에너지 너머에 있는 에너지원을 찾을 때 가장 좋은 에너지원은 질량 자체이다. 아인슈타인의 유명한 방정식, $E=mc^2$은 질량이 얼어붙은 에너지라는 의미이다. 빛의 속도는 아주 큰 수이므로 작은 질량도 엄청난 에너지로 전환될 수 있다. 핵분열의 경우에는 0.1퍼센트의 효율로 질량이 에너지로 전환되고, 핵융합의 효율은 1퍼센트이며 물질과 반물질이 소멸하는 경우에는 질량의 100퍼센트가 에너지로 바뀐다(그림 49). 즉 핵분열에서는 10^8MJ/kg의 에너지가 방출되고, 핵융합에서는 10^9MJ/kg, 물질과 반물질의 소멸에서는 10^{11}MJ/kg의 에너지가 방출된다는 의미이다. 화학연료보다 수백만 배 효율이 높은 이 에너지는 우리를 별까지 데려다 줄 수 있을까?

그렇다. 그러나 필요한 기술을 개발해야만 가능하다. 로켓은 강하게 밀어

여러 가지 연료의 에너지 함량

트윙키 케이크

석탄

천연가스

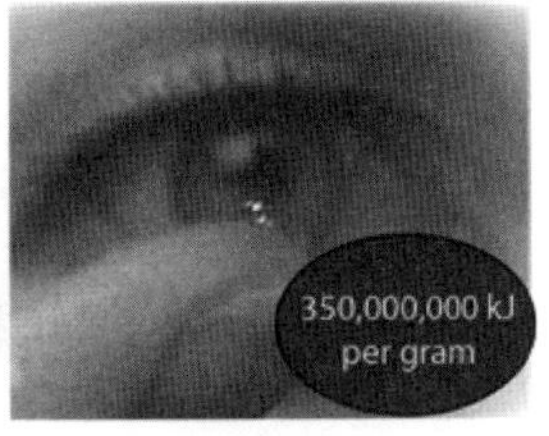

중수소/삼중수소

그림 49. 핵융합 과정에서 방출되는 질량 에너지와 세 가지 다른 화학 연료(음식, 석탄, 휘발유)에 저장된 에너지를 비교한 결과. 물질과 반물질의 소멸은 핵융합이나 핵분열보다 수천 배 더 효율적이다.

낼 수 있는 추진력이 필요하다. 그리고 높은 비추력specific impulse이 필요하다. 비추력은 1킬로그램의 연료가 1초 동안에 전달하는 힘을 말하는 것으로 연료 효율과 비슷하다. 화학 연료를 사용하는 로켓은 추진력은 크지만 비추력은 아주 작다. 이상적인 성간 로켓은 두 가지 모두가 높아야 한다. 앞에 등장했던 로켓 방정식을 기억하고 있을 것이다. 로켓 방정식에 의하면 로켓의 최종 속도는 연료 분사 속도와 연료 질량, 로켓 질량의 비에 의해 결정된다. 핵연료를 사용하면 적은 질량이 필요하지만 질량의 비는 로그 안에 들어 있기 때문에 최종 속도에 주는 영향이 생각처럼 크지 않다. 따라서 분사 속도를 높이는 것이 매우 중요하다.

앞으로 설명할 로켓 엔진들은 모두 전에 제작된 적이 없다. 최첨단 기술을 사용하고 있지만 모두 우리가 알고 있는 물리학의 영역 안에 있다. 이런 것들을 염두에 두고, 화학연료를 사용하지 않는 로켓의 잠재력에 대해 알아보자.

핵분열을 이용하는 경우의 가장 간단한 구조는 원자로가 로켓 노즐 위에 놓여 있는 것이다. 전통적인 핵분열과 핵융합을 이용하는 로켓은 화학연료를 사용하는 로켓보다 열 배에서 스무 배 사이의 효율을 갖는다(아직 지구상에서 핵융합이 에너지 생산에 이용된 적은 없다). 실제 로켓의 성능은 에너지 밀도를 바탕으로 한 이론적 성능보다 훨씬 낮기 때문에 이것은 가장 중요한 한계가 된다.

핵융합의 경우에도 1,000년 안에 알파 센타우리에 도착하기 위해서는 1,000척의 초대형 유조선과 맞먹는 10^{11}킬로그램의 연료가 필요하다. 1960년대에 맨해튼 프로젝트에서 일했던 뛰어난 수학자 스타니스와프 울람Stanislaw Ulam은 오리온이라는 프로젝트를 주도했다. 이 프로젝트는 우주선을 추진시키기 위해 통제된 핵폭발이 계속 일어나도록 하는 것이었다. 1970년

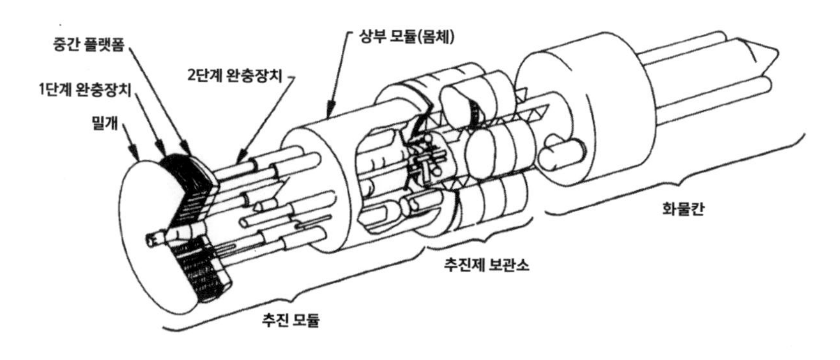

그림 50. NASA 버전의 오리온 프로젝트 개념도. 핵융합이 출력을 만들어낸다.
이 설계는 고출력과 고분사속도를 결합했다. 현재 기술로는 핵폭발을 이런 방법으로 이용할 수는 없다.

대에 영국 행성 협회는 많은 수의 소형 핵융합 폭발을 사용하는 것으로 설계를 수정했다(그림 50).[10]

물질-반물질 엔진은 아직 상상의 영역에 있다. 물질의 양자물리학적 그림자 동반자인 반물질은 아주 소량만 만들어지고 포획되기 때문이다. 반물질 엔진은 100퍼센트의 효율을 갖는다. 따라서 1,000년 안에 알파 센타우리에 도달하는 데 10만 킬로그램, 즉 열 대의 화물 철도 차량에 해당하는 연료만 있으면 된다. 우주선이 목적지에 도착해 속도를 낮추는 데도 연료가 필요하기 때문에 이 숫자는 두 배가 되어야 한다. 예측할 수 있는 미래에 이렇게 많은 반물질을 모으는 일은 불가능하다. 현재로서는 1밀리그램의 반물질을 만들어내기 위해서 1,000억 달러가 필요하다.[11] 이것을 직접 집에서(성간 로켓을 실제로 제작하는 것 말고 계산을) 해보고 싶은 사람들을 위해서 '랜드RAND'라는 회사는 1958년부터 훌륭한(그리고 매우 복고풍의) 로켓 성능 계산기를 팔고 있다.[12] 로켓 방정식을 포함하고 있는 이 원형 계산기가 이야깃거리를 제공해줄 수 있겠다.

성간 여행에 필요한 에너지는 엄청나다. 2,000톤인 우주 왕복선 크기의 우주선을 50년 안에(빛 속도의 10분의 1 속도로) 알파 센타우리에 보내는 데는 7×10^{19}줄의 에너지가 필요하다. 이것은 모든 에너지가 전방 추진력으로 사용된다고 가정했을 때이다. 그러나 실제의 경우에는 에너지의 일부가 전방 추진력 외의 용도로도 사용된다. 이것은 미국이 여섯 달 동안 사용하는 에너지와 같다. 이 에너지가 핵폭발에서 얻어진다면 히로시마에 투하되었던 것과 같은 폭탄 1,000개가 필요할 것이다. 필요한 에너지의 양은 화물을 줄이거나 속도를 늦춰 여행 시간을 길게 하는 경우에만 줄일 수 있다.

현명한 대안은 연료를 전혀 가지고 가지 않거나 가속시키지 않는 것이다. 우주의 진공 안에서 광자와 원자로의 연료를 잡아들이기 위해 지름이 수천 킬로미터나 되는 자기 '국자scoop'를 사용하는 성간 램제트 엔진도 고안되어 있다. 이 아이디어는 1960년 미국 물리학자 로버트 브루사드Robert Brussard가 제안했다.[13] 그는 1970년대 원자력위원회 아래 있던 핵융합 개발 프로그램의 부책임자였다. 그가 제안한 램제트 개념은 곧바로 공상과학소설에 사용되었다. 이 개념을 실현하기 위해서는 커다란 공학적 문제를 해결해야 한다. 물리적인 어려움은 희박한 성간 공간에서 충분한 연료를 모으는 것이다. 이 국자가 1킬로그램의 수소를 모으기 위해서는 지구 부피와 같은 크기의 공간을 쓸고 지나가야 할 것이다. 또한 충분한 추진력을 얻기 위해서는 모은 연료의 저항을 이겨내야 한다. 그리고 목적지에서 속도를 낮추는 문제도 아직 해결되지 않았다.

태양 돛이 아직 희망적이다. 이름이 그의 업적과 잘 어울리는(영어로 forward는 앞으로 나아간다는 뜻이다-옮긴이) 로버트 포워드Robert Forward는 1980년대 중반에 태양 돛과 비슷한 개념을 발전시켰다. 그는 1,000만 기가와트의 레이저로 지름이 수천 킬로미터인 프레넬 렌즈를 통해 너비가 수천 킬로미터의 돛을 비추자고 제안했다. 불행하게도 1,000만 기가와트는 지구상의 모든 나라가 소모하는 총 전기 에너지의 100배이다. 단계적으로 그는 10기가와트의 초단파 빔이 가는 도선으로 만든 1킬로미터 너비의 그리드를 비추는 것으로 자신의 아이디어를 수정했다. 그의 '소박한' 제안은 열 개의 대형 발전소가 생산하는 에너지로 실행 가능하다.[14] 포워드는 흰 머리, 올빼미 안경, 사람들을 놀라게 하는 조끼로 널리 알려진 단정한 엔지니어였다. 그는 2002년에 죽었지만 그의 아이디어는 새로운 우주 경쟁에 영향을 주고 있다.

1980년대 말에 데이나 앤드루스Dana Andrews와 로버트 주브린은 자기 돛의 개념을 제안했다.[15] 태양 돛은 태양에서 오는 복사선을 이용해 추진력을 얻지만 자기 돛은 태양으로부터 흘러나오는 전하를 띤 입자들로 이루어진 태양풍을 이용해 추진력을 얻는다. 초전도 도선으로 만든 커다란 고리가 만들어내는 자기장에 의해 플라즈마가 포획된다. 자기 돛에는 단점이 있는데, 태양풍이 태양 복사선보다 수천 배 적은 운동량을 가지고 있다는 것이다. 그러나 장점은 커다란 물리적 돛을 이용하는 것이 아니라, 질량을 가지고 있지 않은 자기장을 이용해 운동량을 얻는다는 것이다.

돛의 추진력을 얻는 데 태양을 이용하는 방법의 대안은 지구에서 보낸 빔의 에너지를 이용해 목적지까지 갈 수 있는 충분한 가속도를 얻는 것이다. 이런 아이디어를 개발하는 데는 한 사람보다 두 사람이 협력하는 편이 더 좋았다. 제임스 벤포드James Benford는 마이크로웨이브 사이언스Microwave Sciences 사의 CEO이다. 그는 태양 돛을 가속하는 데 마이크로웨이브(극초단파) 빔이 레이저보다 우수하다고 믿고 있다. 그가 한 실험은 고강도의 마이크로웨이브 빔을 개발할 수 있다는 사실을 보여주었다. 그러나 돛의 재료는 아주 가볍고 튼튼해 2,000도의 높은 온도를 견뎌야 하고, 반사 성능이 좋아야 한다.[16] 그의 쌍둥이 형제인 그레고리 벤포드Gregory Benford는 캘리포니아 대학 어바인 캠퍼스의 물리학 교수 겸 저명한 공상과학 소설 작가이다. 그들은 이 프로젝트를 공동으로 추진하고, 성간 여행의 미래에 대한 묘안을 이끌어내기 위해 과학 전문가들과 공상과학 소설 이상주의자들을 불러 모았다.[17]

'100년 스타십The 100 Year Starship' 프로젝트는 NASA와 미국 국방연구기획청(DARPA)의 재정 지원을 받고 있다. 2012년, 성간 여행을 위한 다음 100년 동안의 연구를 위해 전 우주비행사 마에 제미슨Mae Jemison과 비영리 단체 이카루스 인터스텔라에 100만 달러의 연구비가 제공되었다. 성간 여행에 대한 모험적인 연구의 대부분은 전문적인 물리학자들과 엔지니어들에 의해 수행되었다. 그리고 그 연구 결과는 학술 잡지나 책을 통해 출판되었다.[18]

토머스 제퍼슨Thomas Jefferson은 미국 개척자들이 대서양에 도달하는 데 1,000년이 걸릴 것이라고 생각했다. 그러나 그 일은 1,000년의 10분의 1도 안 되는 기간 안에 이루어졌다. 기술은 빠르게 발전하고 있다. 1942년 시카고에 설치되었던 최초의 원자로는 0.5와트의 전력을 생산했지만 1년 안에 작은 마을에 전기를 공급할 수 있는 원자로가 건설되었다. 최초의 레이저가 개발되고 50년 후 가장 강력한 레이저의 세기는 10^{20}배 강력해졌다. 정보기술의 경우로 돌아가 보면 추진 기술에서의 선형적 발전만으로는 별에 도달하는 데 충분하지 않다. 여기에는 기술적 도약이 필요하다. 물리학자이자 이카루스 인터스텔라의 지도자인 안드레아스 치올라스Andreas Tziolas는 "나는 우리의 창의성을 믿는다"라고 말했다.[19]

나노봇을 보내다

지름이 10만 광년이나 되는 은하의 크기와 비교해볼 때, 가장 가까운 곳에 있는 지구 비슷한 행성은 우리 우주의 뒷마당에 있는 것처럼 보인다. 원격 감지 결과는 행성에 생명체가 있다는 것을 나타내고 있을지 모르지만 그 증거는 한계가 있고 모호할 것이다. 예측 가능한 미래에 우리가 직접 그곳에 가기는 매우 힘들고, 파멸을 초래할 정도로 비용이 많이 든다. 비용은 변할 수 있지만 수백조 달러를 상회할 것이다. 이것은 현재 전 세계 GDP와 맞먹는다. 그렇다면 또 다른 전략이 있을까?

나노봇은 비용과 에너지를 대폭 줄일 수 있다. 전쟁터에서 사용되고 있는 미군의 '스마트 먼지'가 가능성을 보여주고 있다. 우주 연구자들도 의학적 응용을 위해 개발되고 있는 소형화의 물결에 편승할 수 있다. 센서와 카메라를 장착하고 가장 가까이 있는 지구 비슷한 행성을 향해 항해하는 농구공 크기의 우주선 함대를 생각해보자. 이 우주선들은 외계 행성에 도착해 공기층을 통과해 내려가 영상을 지구로 전송할 것이다. 여분의 우주선이 있기 때문에 일부가 횡단 중 실종하거나 표면에 도달하지 못해도 미션이 실패하지는 않을 것이다. 우리는 나노봇을 파도처럼 연달아 보낼 것이다. 따라서 나노봇들은 불을 끌 때 물이 든 양동이를 전달하듯 여행 경로를 따라 뒤로 정보를 전달할 수 있을 것이다. 그러면 각각의 나노로봇이 정보를 전송하는 데 필요한 에너지가 크게 줄어들 것이다. 이 미션은 한 세대가 걸리겠지만 우리는 나노봇 함대가 목적지에 도착하면서 기대가 커지는 것을 상상할 수 있다. 전 세계 도시 중심에 설치된 거대한 스크린에 영상이 입력되고, 최초의 영상이 새로운 세상의 놀랍고도 자세한 내용을 보여주면 군중이 모여들 것이다.

톤을 킬로그램으로 줄이면 모든 것이 쉬워지지만, 그것만으로 성공이 확실시된다고 할 수는 없다. 토니 던Tony Dunn은 태양 돛을 소형 우주선 추진력에 이용해 숫자들을 줄였다. 마일러처럼 현재 존재하는 재료를 사용하면 1킬로그램 무게의 나노봇이 내는 속도는 초속 80킬로미터에 도달할 수 있을 뿐이다. 보이저 우주선보다 다섯 배 빠르지만 임무를 완수하기에는 어림도 없는 속도이다. 100제곱미터보다 큰 돛을 만든다는 것은 모든 에너지가 화물이 아니라 돛을 가속시키는 데 사용된다는 의미이다. 빛 속도의 10퍼센트에 도달하기 위해서는 마일러보다 100만 배는 더 가벼운 돛의 재료가 필요하다. 지구로부터 보내는 레이저 빔을 직접적으로 돛에 에너지를 전달하는 데 사용한다면 도움이 될 것이다. 그러면 돛의 지름은 1미터면 될 것이다.

어려운 문제는 돛이 멀리 떨어져 있을 때 그런 조그만 목표물에 레이저를 조준할 수 있느냐 하는 것이다. 레이저는 해왕성의 거리에서 허블 우주 망원경보다 10만 배 더 정확하게 조준해야 한다. 현재 가능한 20킬로와트 레이저로는 1킬로그램짜리 탐사선을 40년 만에 알파 센타우리로 보낼 수 있다. 비용은 시간당 킬로와트 기준으로 15센트인 주거용 전기료로 계산하면 8억 달러가 된다. 함대 전체 비용은 1,000억 달러이다. 엄청난 금액이지만, 불가능하지는 않다.[20]

우주선을 소형화하는 것은 논리적인 전략이지만, 우리는 상상력을 더 발휘해볼 수 있다. 나노기술은 자체 조립과 자체 복제라는 다른 가능성을 제시한다. 테더스 언리미티드Tethers Unlimited라는 회사는 최근에 NASA와 스파이더팹SpiderFab이라는 시스템을 개발하는 계약을 체결했다.[21] 스파이더팹은 3D 프린팅과 로봇 조립을 이용해 현재 궤도에 진입시킬 수 있는 것들보다 열 배는 더 큰 태양 전지, 형구, 돛대 줄과 같은 물품들을 궤도 위에서 만드는 것을 목표로 하고 있다(그림 51). 실험실에서는 기계의 자체 조립이 매우 희망적이다. MIT 연구자들은 센서, 자석, 작은 기어를 장착한 주사위 크기의 육면체를 만들어냈다. 동일한 육면체들은 모두 움직이거나 서로 연결되어 임의의 모양을 만들 수 있다.

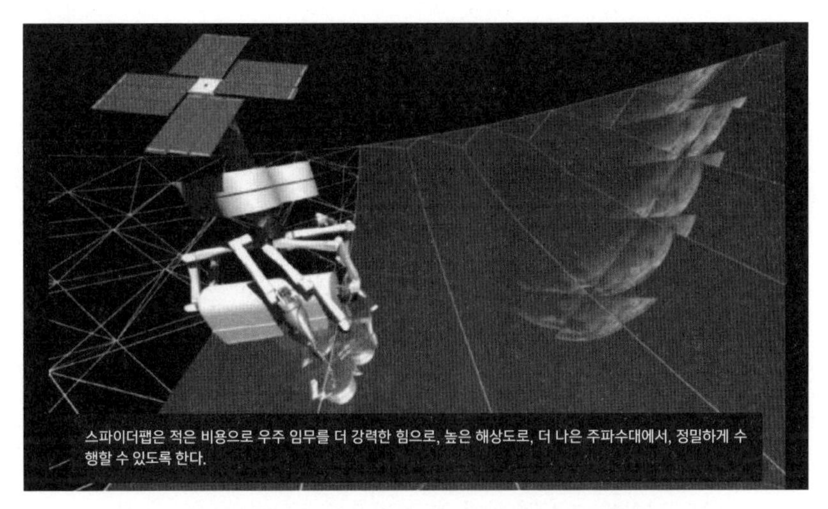

그림 51. NASA는 우주 제작 체계를 위해 테더스 언리미티드와 공동 작업을 하고 있다.
이 실물 크기의 우주 로봇은 1.6킬로미터 너비의 태양 전지를 3D 프린터로 제작하고 있다.
궤도에서 구조를 만들면 로켓으로 궤도까지 보낼 때보다 비용이 훨씬 덜 든다.

더 놀라운 능력은 자체 복제이다. 에릭 드렉슬러Eric Drexler는 나노기술에 대한 선견지명이 들어 있는 그의 책《창조의 엔진Engines of Creation》에서 자체 복제 능력에 대해 이야기했다. 이보다 전에 물리학자 프리먼 다이슨Freeman Dyson은 프린스턴 대학 강의에서 대형 복제 기계와 관련된 사고실험에 대해 설명했다. 하나의 우주선이 토성의 작은 위성 엔켈라두스로 여행해 그곳에서 재료를 구해 자신을 복제한다. 그리고 태양 돛으로 여행하는 우주선을 발사해 얼음을 화성으로 날라 이 붉은 행성을 테라포밍하기 시작한다. 자체 조립과 마찬가지로, 자체 복제도 우주에서보다는 실험실에서 더 많은 진전이 있다.

3D 프린터 설계를 목표로 2005년에 시작된 렙랩RepRap 프로젝트는 자신의 부품 대부분을 만들어낼 수 있다. 이것은 영국의 바스 대학에서 시작되었지만 컴퓨터 이용 설계와 제작을 위한 코드가 공개되어 커다란 개발자 공

동체를 탄생시켰다. 2008년에 렙랩 기계인 '다윈'은 동일한 '아들' 기계를 만드는 데 필요한 모든 부품을 만들었다. 이 프로젝트는 누구나 자유롭게 일상생활에 필요한 물품들을 만드는 데 도움을 받기 위해 이 기술을 사용할 수 있도록 했다.[22]

자체 복제의 궁극적인 형태는 '폰노이만 탐사선'이다. 이 탐사선은 이웃 별 세계로 가서 자신을 복제할 수 있는 물질을 채취해 자신을 복제하고 이들을 다른 별 세계로 보낸다. 전통적인 형태의 추진력을 이용하는 이 우주선들은 수백만 년 안에 우리 은하와 같은 크기의 은하 전체에 퍼질 수 있다. 이 우주선들은 행성계를 조사하고 정보를 고향 행성으로 보낼 수 있다.[23]

이 개념은 헝가리 출신 수학자 겸 물리학자 존 폰노이만John von Neumann의 이름을 따서 명명되었다. 그는 20세기의 중요한 지성인들 중 한 사람으로 수학, 물리학, 컴퓨터 과학, 경제학 분야에 중요한 업적을 남긴 사람이다. 저명한 물리학자 유진 위그너Eugene Wigner는 그의 정신이 "(…) 1,000분의 1센티미터 오차 내에서 정확하게 작동하도록 제작된 기어들로 이루어진 완전한 기계" 같았다고 회고했다. 그러나 실제 생활에서 그는 그렇게 완벽하지 않았다. 운전하다가 여러 번의 사고를 내 수차례 체포되었다. 보통 다른 곳에 정신이 팔려 있거나 무엇을 읽고 있었기 때문이다. 그는 과식과 저속한 농담을 좋아했고, 시끄럽고 혼란스러운 환경에서 가장 훌륭한 연구 성과를 냈다.

1940년대에 폰노이만은 자체 복제의 논리적 요구사항을 알아냈다. 그는 자신의 복제품을 만들 수 있고, 오류를 허용하며 진화할 수 있는 계산 가능한 '기계'에 대해 설명했다. 이 놀라운 연구는 컴퓨터를 선도했고 나중에 DNA와 생명체 메커니즘의 발견을 예측했다. 그의 연구는 이론적이었지만 실제 자체 복제 기계의 제작을 위한 지침을 만들어냈다.[24]

아마도 결국에는 이것이 우리가 은하를 탐험하는 방법이 될 것이다. 자체 복제를 하는 우주선을 통해 성간 공간에 흩어져 멀리 있는 세상을 탐험한다고 말하면 거창해 보이지만, 현재 우리가 가지고 있는 기술의 적절한 연장선 안에서 성취 가능한 일이다. 여기서 반드시 해야 하는 질문은 이것이다. 다른 어떤 문명에서 이미 이렇게 해본 적이 있을까?

워프 항해와 순간이동

유효하중을 빛 속도에 근접할 정도로 빠른 속도까지 가속할 수 있는 추진 장치를 만드는 것이 근본적으로 불가능하지는 않다. 지금까지 우주선이 도달한 최고 속도는 탐사선 주노Juno가 지구 중력을 이용해 목성으로 향하는 추진력을 얻었을 때의 속도인 시속 26만 5,541킬로미터, 즉 초속 73킬로미터였다. 총알보다 50배 빠른 속도지만 빛에 비하면 0.01퍼센트밖에 안 된다. 50년 안에 가장 가까운 별에 도달하려면 이보다 1,000배 더 빠른, 빛 속도의 10퍼센트까지 도달해야 한다.

이제 잘 확립된 과학이 제공하는 가능성의 한계 너머, 공상과학 소설과 상상의 영역으로 모험을 떠나보자.[25]

〈스타 트렉〉에 자주 등장하는 두 장면은 워프 항해와 순간이동이다. 워프 항해는 빛 속도보다 빠르게 여행할 수 있도록 해준다. 아인슈타인의 특수상대성이론은 빛의 속도를 물질, 에너지, 모든 종류의 정보가 전달되는 절대적인 속도 한계로 규정했다. 특수상대성이론은 물리학의 기본적인 원리이므로 워프 항해는 불가능하다. 1967년에 빛의 속도보다 빠르게 달리는 기본 입자인 타키온Tachyons이 제안되었지만 아직 아무런 증거도 찾지 못했다.[26] 1994년에 물리학자 미겔 알쿠비에레Miguel Alcubierre는 음의 질량을 바탕으로 빛보다 빠른 속도에 대한 이론적 해답을 제안했다.[27] 물리학자들은 알려진 물리법칙 아래서는 워프 항해가 가능하지 않다고 동의하지만, 2012년에 이 아이디어는 NASA의 존슨 센터에서 열린 100년 스타십 컨퍼런스에서 일부의 주목을 받았다.

순간이동은 어떨까? 우리를 구성하고 있는 원자를 에너지의 형태로 분해해 정보를 멀리 있는 목표로 보내고, 다시 우리로 재생시키는 장치로 들어서려고 하고 있다고 상상해보자. 텔레비전 시리즈 〈스타 트렉〉의 128번째 에피소드 "공포의 영역"에서 다음 세대인 레지널드 바클레이 중위는 선원을 행성 표면으로 전송하는 순간이동 장치에 공포를 느낀다. 그는 자신을 구성하는 10^{28}개의 원자들이 분해되었다가 다시 결합되는 과정에서 잘못될 수도 있다는 생각에 사로잡힌다.[28] 결국 그는 공포를 극복한다.

이런 상황을 나타내는 공식 용어는 없다. 일단 분해공포라고 부르기로 하자. 텔레비전 시리즈와 영화는 순간이동이 어떻게 작동하는지 설명해준다. 순간이동은 원자보다 작은 크기의 측정에서 불확정성을 제거하기 위해, 하이젠베르크의 보정기라고 부르는 것을 이용해 개별 원자 단위에서 물체를 정확하게 전송한다. 기술 자문이었던 마이클 오쿠다Michael Okuda에게 순간이동이 어떻게 작동하느냐고 물었을 때 그녀는 "순간이동은 잘 작동합니다. 감사합니다"라고 대답했다. 원래의 〈스타 트렉〉에서는 컴퓨터 애니메이션이 나타나기 전에 순간이동의 특수 효과가 사용되었다. 그러나 그것은 슬로우 모션 카메라를 거꾸로 돌리고 검은 배경 앞에서 떨어지는 알루미늄 분말이 반사하는 빛을 찍는 수준 낮은 기술이었다.

고전적인 순간이동은 몸 안의 모든 원자들을 측정한 후 정보를 광자로 바꾸어 멀리 떨어진 장소로 보낸 다음, 그 정보를 이용해 몸의 완전한 복제품을 재구성하는 것이다. 단순히 공학 문제이긴 하지만, 10^{28}개의 원자들을 다루는 것은 엄청나게 까다로운 공학 문제이다.

우리는 수십 년 동안 순간이동이 물리학에 대한 도전이라고 생각했다. 하이젠베르크의 불확정성 원리에 의하면 많은 수의 원자들은 고사하고 원자 하나에 대해서도 모든 성질을 동시에 정확하게 측정할 수 없다. 아원자 입자 성질을 측정한다면 측정 자체가 입자의 상태를 바꾸어놓는다. 따라서 높은 신빙성을 가지고 원자들의 상태를 멀리 떨어진 곳으로 보낼 수 있는 방법이 없다.

1993년에 물리학자 찰스 베넷Charles Bennett과 그의 연구팀이 돌파구를 마련했다. 그들은 두 다른 장소에 있는 입자들이 물리적 상태에 대한 정보를 공유하는 '양자 얽힘'이라고 부르는 상태에 있을 수 있다는 것을 알게 되었다. 하이젠베르크의 불확정성 원리를 피해갈 수 있도록 하는 우회로는 원자의 상태에 대해 너무 많은 것을 알려고 노력하지 않는 것이다. 우리는 측정하는 동안에 입자의 상태를 교란시키기 때문에 입자의 상태를 절대로 알 수

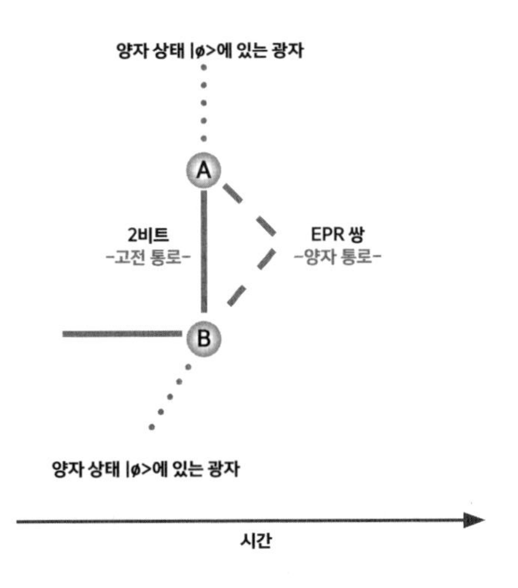

그림 52. 광자의 양자 전송을 이론적으로 설명한 도표. 이 파인만 도표에서 2비트의 정보가 A에서 B로 전송되는 데 성공했다. 양자 전송에서 정보는 하나의 얽힌 큐빗을 통해 전달된다.

없다. 그러나 측정 결과에서 교란을 빼고 입자의 원래 상태를 다시 만들어 낼 수 있다(그림 52).[29] 얽힘은 멀리 떨어져 있는 두 지점을 연결하고 있지만 숨겨져 있는 블랙박스라고 생각하자. 두 지점에서 변화가 동시에 일어나기 때문에 이것은 인과의 법칙에 위배되는 것처럼 보인다. 그러나 우리가 측정하고 아는 데는 한계가 있다. 양자 얽힘은 광자, 전자, 버키볼, 그리고 심지어는 작은 다이아몬드를 이용해서 확인했다. 그것은 순수하게 양자 세계의 불가사의이다.

양자 얽힘을 순간이동에 적용해보자. 앨리스가 밥에게 어떤 것을 순간이동으로 보내고 싶다.[30] 양자 얽힘 상태의 광자 쌍이 이들 실험의 매개체로 작용한다. 앨리스는 자신이 가지고 있는 광자의 성질을 측정한다. 측정 결과는 광자 쌍이 얽혀 있는 상태에 따라 달라진다. 앨리스는 측정 결과를 기록해 밥에게 보낸다. 그러나 밥은 앨리스의 광자가 어떤 상태에 있었는지 알 수 없다. 왜냐하면 측정에 사용된 얽힘이 상태의 진정한 성질을 감추기 때문이다. 그러나 밥은 앨리스가 보낸 정보를 이용해 자신의 광자 상태를 수정할 수 있다. 그러면 앨리스가 처음 측정한 광자의 상태를 재현할 수 있다.

얽힘 상태가 분리된 두 장소에서 일어나지만 밥은 앨리스가 측정 결과를 보내기 전까지는 순간이동을 완료할 수 없다. 따라서 특수상대성이론과 인과법칙은 깨지지 않는다. 이 과정은 정보를 완전하게 복사할 수 있도록 한다. 그러나 순간이동은 복사하는 것이 아니다. 순간이동은 원래의 정보를 파괴하면서 정보를 한 장소에서 다른 장소로 옮긴다.

이 흥미 있는 연구 분야에서는 빠른 진전이 있었다. 물리학자들은 1998년에 처음으로 1미터 거리에서 양자 원격전송을 보여주었다. 2012년에는 카나리아섬에서 143킬로미터 떨어진 두 지점 사이에 정보의 원격전송에 성공했다. 2013년에는 전 세계적인 원격전송이 시도되었다.[31] 2009년에는 양자 정보의 전송이 수 미터 거리에서 1억 번에 한 번 꼴로 성공했다. 그러나 2014년 중반에 델프트 대학의 과학자들은 얽힘 상태에 있는 두 전자 정보를 100퍼센트 확실하게 원격 전송했다.[32]

양자 얽힘의 메커니즘은 암호작성에 이용되고 있으며 빠른 컴퓨터의 개발에 중요한 역할을 할 것으로 보인다. 그러나 대부분의 물리학자들은 원자 수천 개 이상의 양자 얽힘 상태를 만들고 이용하는 것은 가능하지 않다고 본다. 따라서 우리는 아직 순간이동을 저 멀리 있는 지평선에서도 볼 수 없다.

〈스타 트렉〉의 바클레이 중위는 그의 원자들이 뒤섞여 원자 쓰레기 더미가 될 것만을 걱정했다. 그러나 그는 순간이동의 철학적 의미에 대해서도 걱정했어야 했다. 우리는 입자가 아니다. 우리 몸 안의 원자들은 항상 떨어져 나가고 다른 원자로 대체되고 있다. 우리가 먹은 토스트는 우리의 속눈썹이 된다. 우리와 우리의 생각, 유전정보는 입자 더미가 아니라 존재 양식이다. 따라서 순간이동 장치가 우리를 분해하는 것은 우리를 죽이는 것이고, 다른 곳에서 재조립하면 우리를 태어나게 하는 것이다. 논리적으로 이것은 얼마든지 많은 장소에서 얼마든지 반복해 실행할 수 있다. 그렇다면 우리 자신은 어디에 있게 되는 것일까?

CHAPTER

13

우주적 우정

펜팔의 수

우리는 지금까지 지구의 요람을 잠시라도 떠나는 것이 얼마나 어려운 일인지를 알아보았다. 그러나 우리는 우주여행을 어렵게 하는 여러 가지 문제들을 해결할 수 있는 창의력과 기술을 충분히 가지고 있으므로 이제 행성 너머로 진출하는 것은 시간 문제일 뿐이다. 하지만 지구 밖으로 진출하는 것과 관련해 여러 가지 의문을 제기해볼 수 있다. 우리는 우주여행을 할 수 있는 유일한 존재인가? 우리가 우주여행을 하는 첫 생명체일까? 그렇지 않다면 우리는 그것을 어떻게 알 수 있을까? 만약 우리가 고향 행성 너머로 날갯짓을 한 유일한 존재도 아니고 첫 번째도 아니라는 것을 알게 된다면 그 사실은 틀림없이 우리의 우주 탐험을 자극할 것이다.

우주적 우정이라는 문제는 우리를 다시 드레이크 방정식과 이 방정식에 포함된 모든 불확실한 항들로 안내한다. 이 방정식은 특정한 기간 동안에 우주를 여행하면서 통신할 수 있는 문명의 수를 예측하기 위해 천문학, 생물학, 사회학을 포함하는 요소들을 곱한 방정식이라고 이야기했던 내용을 기억하고 있을 것이다.

외계 행성을 탐색한 결과에 의하면 태양과 비슷한 별 주위를 돌고 있는 지구 비슷한 행성의 수는 1,000억 개나 된다. 우리 은하에 있는 엄청난 수의 행성들은 생명체에게 적절한 물리적 조건과 화학 성분을 포함하고 있는 '실험용 접시'들이다. 지구 하나의 시료를 통해 얻은 결론이 큰 신뢰성을 가질 수는 없지만, 지구에서 확인된 '조건이 맞기만 하면 생명체가 형성된다'는 사실은 서식 가능 지역에는 실제로 생명체가 존재한다는 증거로 사용되고 있다. 이런 생각에 반대하는 사람들은 지구에서만, 그것도 단 한 번 생명체가 발생했다는 것을 지적한다. 그러나 다른 종류의 생명체가 발생한 과정이 소실되었거나 감추어졌고, 현재 존재하는 생명체와의 경쟁에서 지는 바람에 사라져 버렸을 수도 있기 때문에 그런 주장은 설득력이 약하다. 만약 화성에서 현재 존재하거나 이전에 존재했던 생명체가 발견된다면 그것은 서식 가능 지역에 있는 행성들이 생명체를 가지고 있을 확률이 1에 가깝다는 증거가 될 것이다. 잠시 드레이크 방정식이 $N \sim f_i \times f_c \times L$로 주어진다고 가정해보자. 여기서 N은 공간을 통해 통신할 수 있는 능력을 가지고 있는 우리 은하의 문명의 수이고, f_i는 지능적인 생명체로 발전할 수 있는 생명체를 가지고 있는 행성의 비율이며, f_c는 공간을 통해 통신할 수 있는 행성의 비율을 나타낸다. 그리고 L은 그런 능력을 가지고 있는 기간을 나타낸다.

현재로서는 이 요소들에 대한 의견이 다양하고 불확실성은 크다. 일부 생물학자들은 지구에 존재하는 수억 종의 생명체 중에서 단지 수백 종만이 지능을 발전시켰기 때문에 f_i가 매우 작은 값을 가진다고 주장한다. 그러나 다른 사람들은 생명체가 시간이 가면서 더 복잡해지는 경향을 가지고 있고, 그런 경향은 뇌의 발전에 진화적으로 유리하다고 주장한다. f_c는 더 많은 논란이 되고 있다. 지구에도 코끼리, 범고래, 문어 등과 같이 지적인 생명체이면서도 우주로 자신이 존재한다는 신호를 보낼 수 없는 생명체가 많이 있다. 그리고 기술적인 문명이 우주여행이나 통신을 하지 않고, 다른 어떤 방법으로 자신의 존재를 드러내는 것을 선택하지 않을 이유가 많다. 외계 사회학의 영역으로 들어가면 우리는 논리적인 선택을 하기가 거의 불가능해진다.[1]

마지막 항인 L 역시 평가가 어렵다. 해부학적으로 현대 인류는 20만 년 전에 시작되었고, 문명과 언어는 5만 년 전에 시작되었으며, 그리고 첫 번째 정착된 문명은 1만 년 전으로 거슬러 올라간다. 우리가 우주여행을 하고 SETI를 한 것은 50년에 불과하다. 통신 가능한 문명의 지속 시간이 50년이라는 뜻이다. 그러나 기술의 성장 과정에서 우리는 핵무기로 문명을 파괴할 수 있는 능력도 개발했다. 따라서 기술이 문명을 불안정하게 만든다면 지속 기간은 짧을 수도 있다.[2] 칼 세이건은 L을 제외한 다른 항들은 1에 가깝다고 주장했다. 그것은 대략 N이 L과 같다는 것을 의미한다(프랭크 드레이크의 캘리포니아 자동차 번호판에는 이것이 새겨져 있다). 따라서 문명 지속 기간이 가능한 펜팔의 수를 결정한다. 드레이크 방정식에 대한 세이건의 견해는 환경 문제에 대한 지지와 핵전쟁으로 인한 파국 위험에 대한 강력한 경고의 동기를 제공했다.

존속 기간 요소는 우주가 공간뿐만 아니라 시간이라는 부동산도 가지고 있음을 나타낸다. 우주는 137억 년 전에 시작되었고, 우리 은하는 우주가 시작되고 얼마 되지 않아 형성되었다. 여러 세대의 별들이 태어났다가 죽으면서 은하에는 행성과 생명체를 만들 수 있는 무거운 원소들이 더해졌다. 은하 원반은 90억 년 전에 형성되었고 지구 비슷한 행성은 그 후 형성되었다. 따라서 지구에서는 45억 년 전에 생명체가 출현할 수 있었다. 드레이크 방정식에서는 하나의 서식 가능 행성에서 하나 이상의 문명이 나타날 가능성은 무시한다. 문명은 질병이나 자연 재해 또는 내부 불안정에 의해 파괴될 수 있고, 오랜 시간이 흐르면 또 다른 문명이 나타날 수도 있다. 드레이크 방정식은 적극적인 통신과 감지 가능한 기술적 흔적을 적극적으로 우리에게 알리는 것과 우리가 수동적으로 그 흔적을 탐지하는 것을 구별하지 않는다.

생명체는 아주 많지만 지능이나 기술로 이어지는 진화가 드물거나, 또는 기술 문명이 짧은 기간만 존속된다면 은하의 펜팔 수는 적을 것이다. 우리는 외로운 존재일 수도 있다. 그러나 진화가 거의 피할 수 없이 우주여행과 통신까지 이어지고, 기술 문명이 오래 존속된다면 우리 은하는 여러 가지 활동으로 분주할 것이다.

마지막으로, 드레이크 방정식은 은하 하나에 대한 것이다. 우리 은하는 현대 망원경이 관측할 수 있는 한계 내에 있는 수천억 개의 은하 중에서도 평범한 하나의 은하이다. 따라서 우리는 우리 은하에 대한 조사 결과를 관측 가능한 광대한 우주로 연장할 수 있다. 우리 은하 안에 존재하는 지적 문명의 수가 열두 개라고 해도 시간과 공간을 통틀어 1조 개의 지적 문명이 존재할 가능성이 있다. 우주에 존재하는 기술 문명의 총 수는 놀랄 만큼 크다.

위대한 침묵

상상은 즐겁다. 그러나 과학은 관측 결과를 바탕으로 한다. SETI 연구자들은 지난 50년 동안 가까이 있는 별들로부터 전파 신호를 '듣고' 있다. 그들은 무엇을 들었을까?

아무것도 듣지 못했다. 전파를 들을 수 있고, 소리가 우주를 통해 전달될 수 있다고 가정한 사람들은 이것을 '위대한 침묵'이라고 말한다. 전파천문학자들은 펄스로 이루어진 전파를 찾기 위해 우주에서 오는 소리를 듣고 있다. 전파는 낮은 에너지를 가지고 있으며, 은하에서 먼 거리까지 전달될 수 있고, 별들에서 방출되지 않기 때문이다. 이런 이유 때문에 통신을 시도하는 기술 문명이 전파를 통신수단으로 선택할 것으로 보고 있다. 관측 대상은 가까이 있는 태양과 비슷한 별들 중 주변에 행성을 가지고 있을 것으로 보이는 별들이다. 별에서 오는 신호를 컴퓨터로 분석하고, 전파의 세기를 소리로 바꾼 후에 그들이 들을 수 있었던 것은 잡음뿐이었다. 쉿, 하고 들리는 백색잡음.

SETI의 성공 이야기는 1985년 칼 세이건이 쓴 동명의 공상과학 소설을 바탕으로 1997년에 만들어진 영화 〈콘택트Contact〉에 그려졌다.[3] 조디 포스터Jodie Foster가 연기한 천문학자 엘리 애로웨이는 뉴멕시코 소코로에 있는 전파망원경 망의 통제실에서 스물일곱 개의 접시형 전파 안테나가 밝은 별인 베가를 향해 기우는 것을 보고 있다. 그녀는 헤드폰을 통해 전파 신호가 전환되어 만들어진 소리를 듣기 위해 의자에 자리 잡고 앉았다. 갑자기 순수한 잡음이 큰 소리에 의해 중단되었다. 그리고 정적이 흘렀고 다시 두 번 더 그 소리가 들렸다. 소리는 짧고 긴 신호를 이루고 있었다. 점차 이것이 소수prime number들이라는 것이 확실해졌다. 그 의미는 분명했다. 별은 전파를 내지 않는다. 따라서 전파 신호는 가까이 있는 행성에 있는 기술로부터 오는 것이 틀림없다. 수학은 우주에서도 통하는 언어라고 가정하고 있다. 소수를 계산할 수 있는 종은 지적인 생명체라는 의미이다.

공상과학 소설 작가 어슐러 르 귄Ursula LeGuin은 1959년 실시된 오즈마 프로젝트에서 프랭크 드레이크가 관측한 두 별 중 하나인 고래자리 타우 주위를 돌고 있는 생명체를 상상했다.[4] 그 문명은 수학을 중심으로 그들의 종교를 만들었다. 그들은 "소수로 찬송했다." 애로웨이는 소수 뒤에 계속된 신호에 웜홀을 통해 사람을 보낼 수 있는 기계의 제작법을 포함한 엄청나게 많은 암호화된 정보가 포함되어 있다는 것을 발견했다.

그러나 현실은 이보다 재미가 없다. 실제로는 ET로부터 오는 어떤 확실한 신호도 잡히지 않았다. SETI는 전파 개척자들이 나타나면서 시작되었다. 1899년 니콜라 테슬라Nikola Tesla는 코일로 만든 변압기에서 반복되는 신호를 관측하고 그것을 화성에서 오는 신호라고 생각했다. 몇 년 후 굴리엘모 마르코니Guglielmo Marconi도 화성에서 오는 신호를 수신했다고 믿었다. 그들은 지구 대기의 자연 현상에서 발생한 신호를 수신했던 것으로 보인다.[5]

오즈마 프로젝트의 뒤를 이어 소련이 개척적인 연구를 했다. 미국에서 행한 가장 큰 실험은 오하이오 주립대학에서 축구장 크기의 전파 망원경을 이용해서 한 '빅 이어Big Ear'라고 불리는 실험이었다. 1977년에 빅 이어의 기술자는 갑자기 신호가 폭발적으로 늘어나는 것을 보았다. 그는 이것을 "와우!"라는 감탄사로 나타냈다. 그러나 '와우!' 신호는 다시는 반복되지 않았고 그것이 천체에서 왔다는 것도 밝혀지지 않았다. 과학자들은 막다른 골목에 도달했다고 생각했다. 전파 SETI는 폭이 100헤르츠 이하인 좁은 전파 대역을 조사했다. 좁은 진동수 범위에 한정된 신호는 의도적으로 제작된 변압기를 의미하기 때문이었다. 자동차 라디오가 방송국을 선택하는 것을 생각해보자. 펄사나 퀘이사 같은 자연적인 전파원은 넓은 주파수 영역의 신호를 발생시킨다.

SETI는 꾸준히 발전해왔다. 1959년 프랭크 드레이크는 400킬로헤르츠대에서 고통스러울 정도로 느린 속도로 신호를 탐색했다. 폴 호로비츠Paul Horowitz는 1980년대에 이 연구를 전환시켰다. 호로비츠는 여덟 살 때 아마추어 전파 오퍼레이터로 활동한 신동이었다. 하버드 대학의 전기공학 및 물리학 교수였던 호로비츠는 이 분야에서 고전으로 여겨지는《전자공학의 예술The Art of Electronics》이라는 책을 썼다. 1981년에 그는 작은 가방에 넣을 수 있는 크기에 13만 1,000개의 채널을 분석할 수 있는 스펙트럼 분석기를 개발했다. 그리고 1985년에는 영화감독 스티븐 스필버그Stephen Spielberg의 재정적 지원을 받아 840만 채널로 확장했다. 10년 후 주문 제작된 디지털 시그널 보드를 장착한 수신기는 2,500만 채널을 8초마다 스캔할 수 있었다.

기술적 진보가 SETI를 촉진시켰지만 정치적 역풍은 발전을 저해했다. 1978년에 SETI는 상원의원 윌리엄 프록스마이어William Proxmire로부터 불명예스러운 '황금 양모 상'을 수상했다. 그는 세금을 지나치게 낭비한다고 생각되는 프로젝트에 이 상을 매달 수여했다. 특히 "작은 초록색 난쟁이를 찾는" 것에 심한 비난을 퍼부었다. 1981년에 그는 NASA 예산에 SETI 연구를 할 수 없도록 하는 추가 조항을 달았다. 칼 세이건은 프록스마이어가 완강한 자세를 누그러트리도록 설득했지만 1993년 이 프로그램은 다시 취소되었다. 이번에는 "국민의 세금을 이용한 화성 사냥 계절이 끝났다"고 주장한 상원의원 리처드 브라이언Richard Bryan에 의해서였다.[6] 그의 행동이 특히 이해할 수 없었던 이유는 그가 나중에 51구역(UFO 이론가들에게 유명한 구역)을 지나는 네바다 주 고속도로의 개선을 위해 연방 정부에 로비를 하고 이 고속도로를 '외계 고속도로Extraterrestrial Highway'라고 명명했기 때문이다. 1995년 SETI 연구자들은 캘리포니아 북부에 비영리 단체인 SETI 연구소를 설립했다. 그 후로 SETI는 개인과 연방 정부로부터 재정 지원을 받고 있다.

대학으로부터도 SETI에 대한 압력이 있었다. 하버드 대학의 생물학자 에른스트 마이어는 SETI가 "절망적"이며 "돈 낭비"라고 주장했고 그의 동료였던 폴 호로비츠가 졸업생들을 그러한 곳에 끌어들인다고 비난했다. 세이건은 마이어를 반박했지만 강력한 반대를 이끌어내기 위한 마이어의 노력은 계속되었다.

SETI는 듣는 것과 신호를 보내는 것 두 가지 전략을 모두 사용하고 있다. 불가피하게 SETI는 인간중심적일 수밖에 없고 SETI의 전략은 현재 우리의 능력과 밀접한 관계를 가지고 있다. SETI의 역사는 우리 기술의 진화를 잘 나타낸다. 1820년에 독일 수학자 카를 프리드리히 가우스Karl Friedrich Gauss는 시베리아 숲의 나무를 직각 삼각형 형태로 베어 우주에서도 볼 수 있는 커다란 피타고라스의 기념비를 만들자고 제안했다. 20년 후에 천문학자 요제프 폰 리트로브Joseph von Littrow는 사하라 사막에 기하학적 모양의 도랑을 파고 등유를 채운 후 불을 붙이자고 제안했다. 두 가지 모두 실현되지는 않았

그림 53. 푸에르토리코에 있는 아레시보 관측소의 305미터짜리 전파 안테나는 SETI의 강점과 약점을 나타낸다. 우리의 전파 기술은 우주 멀리에서 보내오는 아레시보 안테나의 메시지를 감지할 수 있다. 그러나 이것은 외계 문명이 전파 통신을 이용하여 접촉해 올 것이라고 가정하고 있다.

다. 19세기 말에 쥘 베른은 미국에서 UFO 공포를 촉발시켰다. 그의 환상적인 소설을 읽은 사람들은 하늘에서 우주인들의 비행선을 보았다고 주장했다.[7] 20세기 중반까지 미국 공군은 표면이 반짝거리는 제트 비행기를 개발했다. 따라서 목격된 UFO도 반짝거리는 금속 원통이거나 원반 형태를 하고 있었다. 전파를 이용한 SETI가 수십 년 동안 주를 이루었다. 그러나 레이저가 강력해지자 연구자들은 레이저를 신호를 보내는 데 사용할 수 있다는 것을 깨달았다. 강력한 레이저는 멀리서 볼 때 아주 짧은 시간 동안 별빛보다 더 밝게 보이는 신호를 보낼 수 있다.

100년 전에 우리는 SETI를 할 수 없었다. 앞으로 100년 후에는 전혀 다른 전략과 기술을 사용하고 있을지 모른다(그림 53). 기술 문명이 빠르게 지나가는 속성을 가지고 있지 않다면 SETI는 성공할 것이다. 물리학자 필립 모리슨이 1959년 독창적인 논문에서 지적했듯이, "외계인이 보낸 신호를 수신하면 이 신호는 외계인들의 과거에 대해서는 물론 우리의 미래 가능성에 대해서도 이야기해줄 것이다."

그들은 어디 있는가

1950년에 엔리코 페르미Enrico Fermi는 원자폭탄이 개발되고 있던 로스 알라모스를 방문하고 있었다. 그는 세 명의 동료와 점심식사를 하고 서로 관련 없어 보이는 잡지 기사 두 개에 대해 이야기를 나누었다. 뉴욕에서 UFO 목격담이 증가했다는 기사와 거리의 쓰레기통 뚜껑이 사라지는 문제가 발생했다는 기사였다. 그들은 10대들이 아파트 창문 밖으로 쓰레기통 뚜껑을 던져 사람들로 하여금 UFO를 본 것으로 착각하도록 만들고 있는 것이 아닐까 하는 상상을 하고 모두 웃었다.

그런 다음 잠시 동안의 침묵이 있었고 페르미가 말했다. "그들은 어디 있을까?" 페르미의 동료들은 그의 민첩함에 익숙해져 있었다.[8] 다른 물리학자들은 그를 '교황'이라고 불렀다. 그가 가톨릭 신자였기 때문이 아니라 물리학 문제를 다룰 때 오류가 없다고 생각했기 때문이었다. 아주 적은 양의 데이터만 가지고 있거나 전혀 데이터가 없는 경우에도 과학자들이 대략적인 해답을 이끌어낼 수 있도록 하는 추론 방법을, 그의 이름을 따서 페르미 기법이라고 부른다.

이 질문을 듣는 순간 그들은 페르미가 빠르게 지구와 비슷한 행성에서 생명체가 시작될 확률, 우리 은하에 있는 엄청난 수의 행성들, 지적 생명체와 기술이 진화하는 데 필요한 시간의 길이, 우주 탐험은 진보된 문명이 할 수 있는 노력일 것이라는 등의 여러 가지 전제를 결합했다는 것을 알아차렸다. "그들은 어디 있을까?"고 물었을 때 그는 은하에 별 여행가들이 흩어져 있지 않은 것이 놀랍다고 말하고 있었다. 이 질문은 페르미의 질문이라고 부른다. 1950년과 마찬가지로 오늘날에도 훌륭한 질문이다.

이 논리를 좀 더 앞으로 밀고 나가보자. 인류는 우주를 여행하고 통신할 수 있는 능력을 최근에야 갖게 되었기 때문에 우리가 만나게 될 문명은 우리보다 앞서 있을 가능성이 높다. 우리가 첫 번째로 이런 기술 수준에 도달한 것이 아니라면 말이다.

페르미의 도전적인 질문은 외계인을 찾으려는 SETI의 노력이 실패했다고 간주하고, SETI를 통해 알게 된 것은 무서운 침묵뿐이라는 사실을 바탕으로 한다. 이 질문은 UFO를 보았다는 모든 주장과 외계인이 우리를 방문했다는 주장들이 근거가 없다는 의미였다. 목소리 크고 고집스러운 소수가 외계인 목격담이나 외계인과의 조우, 심지어는 외계인 납치설을 주장하지만 과학자 사회에서는 이런 주장들의 근거가 없다고 믿는다. 천문학 강연 후에는 UFO와 관련된 질문이 뒤따르는 경우가 많다. 가장 흥미 있는, 그러나 과학자들을 화나게 하는 것은 정부가 외계인을 51구역에 '냉동 상태'로 보관하고 있다는 음모론이다. 이런 이야기를 전하는 사람들은 미국 정부가 그런 엄청난 발견을 비밀로 유지하는 것이 가능한지에 대해 생각해보아야 할 것이다. 칼 세이건은 받아들이기 어려운 특수한 사실을 주장하기 위해서는 확실한 증거를 제시할 수 있어야 한다고 지적했다.

사람들은 우주를 여행하는 외계인들이 많이 있을 것이라는 예상과 외계인들이 실제로 존재한다는 증거를 찾을 수 없는 것 사이의 불일치를 보고 역설이라고 말하지만, 그것은 자체적으로 모순을 가지고 있다는 의미의 '역설'이라는 단어를 잘못 사용한 것이다. 우리가 외계인이 존재한다는 증거를 찾지 못했다고 해도 우주를 여행하고 있는 외계인이 실제로 존재할 가능성은 얼마든지 있다.[9] 외계인의 존재에 대한 증거가 부족하다는 것이 외계인이 존재하지 않는다는 것을 증명하지는 않는다.

페르미가 던진 질문에 그럴듯한 대답을 어떻게 내놓을 수 있을지 알아보자. 그것은 SETI의 위대한 침묵에 대한 답도 될 것이다.

가장 기본적인 설명은 우리가 외로운 존재라는 것이다. 이 설명에는 여러 가지 다른 형태가 있다. 하나는 우리의 생물학은 우연히 들어맞았을 뿐이어서 생물학적으로 잠재적 서식 가능 지역이라고 분류된 모든 지역이 실제로는 생명체의 생존이 가능하지 않아 지구 밖에는 생명체가 존재하지 않는다는 것이다. 다른 설명은 커다란 두뇌와 지능을 향한 진화는 필연적인 사건이 아니라 아주 드물고 우연한 사건이어서 거의 대부분의 생명체는 미생물 상태에 머문다는 것이다. 이러한 우연성은 천문학에서도 발견할 수 있다. 희귀 지구 가설에서는 지구형 행성이 많이 있다고 해도 복잡한 생명체에게 알맞은 조건을 가지고 있는 지구와 비슷한 행성이 극히 드물다고 주장한다. 장기적으로 안정된 환경을 가지기 위해서는 무거운 원소를 적당히 포함하고 있는 은하 안에 있어야 하며, 별들 사이에 너무 많은 충돌이 없어야 하고, 큰 충돌로부터 보호해줄 구조를 가진 행성계가 존재해야 한다. 그리고 지각 판의 이동이 가능하도록 행성의 크기가 적당해야 하며 안정된 공전 궤도 위에서 별 주위를 공전하고 있어야 하고, 자전축의 경사가 커다란 위성에 의해 안정되어야 한다.[10] 세 번째 설명은 기술과 우주 탐험의 발전이 진화의 결과가 아닐 가능성이 높다는 것이다. 이런 조건들은 드레이크 방정식의 한 항이 아주 작은 값을 가지도록 한다. 이 모든 가능성을 감안하면 우리는 은하 안에서 유일하게 지적이고 통신 가능한 문명일 가능성이 크다. 따라서 N=1이다. 은하에는 우리와 대화할 존재가 아무도 없다는 뜻이다.

두 번째 가능성은 우리가 고립되어 있다는 것이다. 어쩌면 기술적 문명이 존재하고 그들 중 일부는 은하를 바쁘게 다니면서 전자기파 신호를 주고받고 있을지도 모른다. 그러나 그러한 문명이 드물다면 우리는 그들의 존재를 알 수 없을 가능성이 크다. 우리 은하는 지름이 10만 광년이다. 만약 우리 은하에 특정한 기간 동안 적극적으로 우주를 탐험하고 있는 문명이 열 개 있다면 그들 사이의 평균 거리는 1만 광년이다. 문자 메시지를 주고받는 데 2만 광년이나 걸린다면 제대로 된 통신이 불가능할 것이다. 받은 정보는 오래전의 소식이다. 정보를 수신하거나 그들이 보낸 우주선이 지구에 도착할 때쯤에는 그것을 보낸 문명이 더 이상 존재하지 않을 수도 있다. 따라서 우주에는 사라진 문명이 남긴 이상한 문자들만 흩어져 있을 것이다. 그들이 전파를 이용해 통신할 것이라는 가정이 틀렸을 수도 있다(그림 54). 고립은 공간과 마찬가지로 시간에도 적용된다. 우리가 알아본 것처럼 성간 여행은 비싸고 어렵다. 따라서 극소수의 종들을 제외하면 커다란 규모의 식민지를

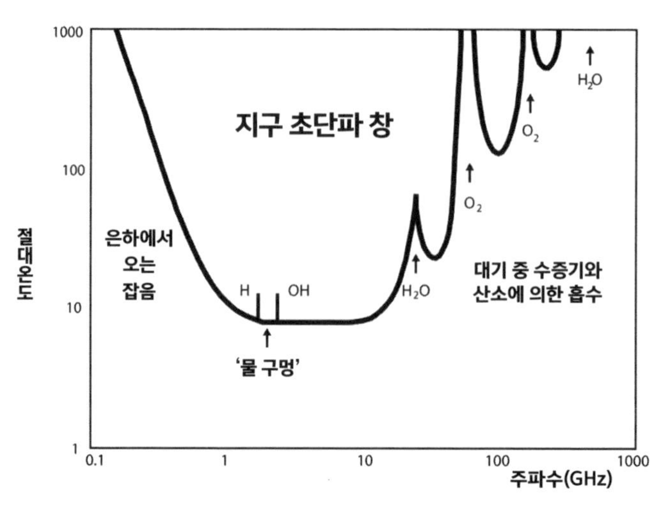

그림 54. SETI는 수신과 송신에 1기가헤르츠에서 10기가헤르츠 사이의 '물 구멍'을 사용하고 있다.
이 부분이 전자기파 스펙트럼에서 화학적으로 조용한 부분이다.
이 특정한 주파를 선택한 것은 외계 문명도 비슷한 논리를 사용할 것이라고 가정하기 때문이다.

개척하는 능력을 가질 수 없을 것이다.

세 번째 설명은 우리의 외계인 탐사가 충분하지 않다는 것이다. 〈콘택트〉의 주인공 엘리 애로웨이의 모델이 된 SETI 개척자 질 타터Jill Tarter는 건초더미 속의 바늘에 대해 이야기했다. SETI 건초더미는 9차원을 가지고 있다. 공간의 3차원, 두 개의 편광, 세기, 변조, 주파수, 시간. 타터는 SETI를 대양에서 물 한 동이를 퍼 올리고 그 안에 물고기가 들어 있을 것이라고 생각하는 것에 비유했다. 그러나 앨런 전파 망원경 집합체가 제 기능을 발휘하게 되면 상황이 변할 것이다. 감지 능력이 기하급수적으로 발전하고 있어 새로운 탐색은 이전에 했던 모든 탐색을 합한 것보다 낫다.[11] 이 집합체는 1에서 10기가헤르츠까지의 주파수 영역에서 인공적인 신호를 찾기 위해 100만 개의 별을 조사할 것이다.

타터는 위대한 침묵으로 인해 실망하지 않는다. 그보다 탐색이 이제 홍미로운 단계에 들어서고 있다고 생각한다. 우리의 가장 강력한 '송신' 시설은 아레시보에 있는 지름 305미터의 접시형 안테나이다.[12] 앨런 전파 망원경 집합체는 1,000광년 이내에 있는, 별 주위를 돌고 있는 행성에서 아레시보 전파 망원경과 비슷한 시설을 이용해 보내는 신호를 감지할 수 있다. 펄스 레이저를 감지하는 광학 SETI의 성능도 점점 좋아지고 있다. 20년 안에 SETI는 우리 은하 안에 있는 약 1억 개의 별 주변에 있는 행성에서 우리가 가지고 있는 가장 강력한 전파 또는 광학 송신기와 같은 성능을 가진 장치로 보내는 신호를 감지할 수 있을 것이다. 그 시점에도 위대한 침묵이 계속된다면 그것은 우리가 외로운 존재라는 의미이다.

아니면 탐색이 잘못 구성되었을 수도 있다. 우리는 우주 건초더미의 잘못된 부분을 찾고 있는지도 모른다. 외계 생명체들은 우리가 보기에는 순수한 잡음처럼 보이는 방법으로 데이터를 변조하고 압축해 통신하고 있는지도 모른다. 전자기파나 레이저를 이용한 통신 기술은 어쩌면 기술문명이 발전하는 과정에서 짧은 기간 동안만 등장했다가 사라지는 기술이어서 문명이 그것을 이용하고 있는 시간의 창문이 아주 좁을 수도 있다. SETI의 선임 연구원인 세스 쇼스탁Seth Shostak은 더 나은 기술을 가질 때까지 기다려야 한다고 말하는 사람들에게, 스페인의 이사벨 여왕이 크리스토퍼 콜럼버스에게 아메리카를 발견하기 위해 점보제트기가 발명될 때까지 기다리라고 하지 않았다고 말했다.

또 다른 가능성은 모든 다른 생명체가 이미 죽었을 가능성이다. 추정할 수 있는 외계인의 생리나 심리를 모두 감안하면 페르미가 했던 질문의 답은 잡초처럼 늘어난다. 역사에서 알 수 있는 것처럼 빠른 속도로 발전하는 기술은 문명을 불안정하게 만든다. 만약 드레이크 방정식의 L항이 평균 수세기 또는 1,000년을 넘지 않는다면 SETI는 실패할 가능성이 크다. 문명이 사체 파괴적이냐 또는 산업화 이전 상태로 쇠퇴하느냐 하는 것은 문제가 되지 않는다. 탐색에서의 효과는 같다. 침묵이다.

외계 생명체를 우리가 인식할 수 없을 가능성도 있다. 영화나 텔레비전 속의 외계인들은 재미있는 모습을 하고 있다. 그들은 모두 우리에게 얇은 베일을 씌운 형태이다. 그들은 우리에게 없는 기관이나 거친 피부를 가지고 있지만 모두 두 개의 다리를 가지고 있는 척추동물들이다. 때때로 그들이 일정한 형태를 가지고 있지 않거나 이상하게 생긴 경우도 있다. 그러나 다른 세상의 생명체는 유기물 수준에서 근본적으로 다를 수도 있다. 이들은 우리가 감지하기에는 너무 느리거나 너무 빠른 속도로 통신하고 있을지도 모른다. 어쩌면 문화적으로 통신을 전혀 하지 않을지도 모르고, 적당한 기술을 가지고 있으면서도 우주여행에 흥미가 없을 수도 있다. 생물학적 상태를 지나쳐 후기 생물학적 상태나 컴퓨터 상태에 가 있을지도 모른다. 우리는 우리가 한 번도 본 적이 없는 상자 밖에 대해 생각하려고 노력하고 있다. 그러나 지구 밖에 존재하는 발전된 생명체에 대한 모든 논의에는 인간중심주의가 스며들어 있다.

위대한 필터

외계 기술에 대한 증거의 부족은 우리나 우리 기술의 미래에 대해 중요한 무엇인가를 이야기해주고 있는 것일까?

그렇다. 감지나 인식이 어려운 것이 아니라 우주여행을 하는 문명이 흔하지 않은 경우에는 특히 그렇다. 경제학 교수인 로빈 핸슨Robin Hanson은 1998년에 '위대한 필터'라는 아이디어를 제안했다. 드레이크 방정식에서 어떤 항의 값이 아주 작다면, 그 항이 생명체가 태어난 행성 너머로 모험하도록 진화할 수 없게 만드는 필터로 작용한다는 것이다. 필터는 우리의 과거에 놓여 있을 수도 있고, 우리 미래에 놓여 있을 수도 있다.[13] 과거에 단세포 생물에서 다세포 생물로의 전환이 필터였을 수도 있고, 아니면 두뇌를 발전시키는 단계나 기술적인 종의 불안정성이 필터일 수도 있다. 지난 세기 중엽에 핵무기를 가지게 되자 인류는 불안정하고 파괴적인 상태에 놓이게 되었다. 10년 동안 우리는 핵전쟁의 벼랑 끝에서 비틀거렸다. 인류의 미래에 대한 이런 논쟁은 생명체가 우리 수준의 발전 단계에 도달하는 것이 쉬우면 쉬울수록 우리의 미래 기회는 더 황폐할 것이라는 불안한 결론으로 이끌 것이다.

위대한 필터가 수십억 개의 생명체 발생 장소를 걸러낸 결과 관측 가능한 외계 문명을 0개로 추렸다면, 필터가 어디에 놓여 있느냐가 매우 중요하다. 만약 필터가 우리의 과거에 놓여 있다면 그것은 지구와 비슷한 행성이 우리 수준의 기술 문명을 가지고 있을 가능성이 매우 낮다는 의미이다. 그 단계는 단순한 화학물질에서 생명체가 형성되는 단계일 수도 있다. 그 필터가 무엇이든 그것이 우리 과거에 있다면 우리는 관측 가능한 외계인이 많지 않은 이유를 설명할 수 있다. 기술 문명은 본질적으로 흔하지 않고, 따라서 그들에 대한 탐색은 실패할 것이다.

반면에 만약 위대한 필터가 우리 미래에 놓여 있다면 우리 수준으로 발전된 문명이 거대한 규모의 우주 식민지를 개척할 수 있을 정도로 발전할 가능성이 매우 낮다. 그럴듯한 시나리오 하나는 자체 파괴 능력을 포함하고 있는 기술이 위대한 침묵의 범인이라는 것이다. 닉 보스트롬Nick Bostrom은 대재앙을 학문적으로 연구했다. 그는 옥스퍼드 대학의 인류 미래 연구소 소장이다. 그가 제안한, 인류가 당면하고 있는 생존 위협 요소들의 목록에는 핵전쟁, 유전공학적으로 만든 슈퍼 세균, 환경적 재앙, 소행성 충돌, 테러, 발전되고 있는 파괴적인 인공 지능, 통제가 불가능한 나노기술, 재앙을 불러올지도 모르는 고에너지 물리학 실험, 진보된 개인 감시 방법과 개인의 정신을 지배하는 기술을 가진 전체주의 정부 등이 포함되어 있다.

미래에 필터로 작용할지도 모르는 생존 위협에 대해서 보스트롬은 우리가 생각하고 있는 것과 다른 기준을 제시했다. 생존 위협의 필요조건은 그것이 인류를 파괴할 상당한 가능성을 가지고 있느냐 하는 것이 아니라 어떤 진보된 문명도 파괴할 수 있어야 한다는 것이다. 소행성의 충돌이나 초대형 화산의 분출은 이런 위험에 해당되지 않는다. 그런 것들은 항상 일어나는 사건이 아니어서 어떤 문명은 그런 재앙에도 불구하고 살아남을 수 있고, 외계 행성이나 그들의 행성계가 모두 지구나 태양계와 같지 않아 어떤 문명은 아예 그런 경험을 하지 않을 수도 있다. 논쟁의 여지는 있지만 대부분의 문명은 좀 더 효과적인 필터로 작용할 혁신적인 기술을 발명하게 될 것이고, 이런 기술은 문명을 재앙으로 이끌 것이다(그림 55).

보스트롬은 "나는 우리의 화성 탐사선이 아무것도 발견하지 못하기를 바란다. 화성이 완전히 불모지라는 것을 발견한다면 좋은 소식일 것이다. 죽은 암석과 생명 없는 모래는 나의 영혼을 고양시킬 것이다"라고 말했다.[14] 왜

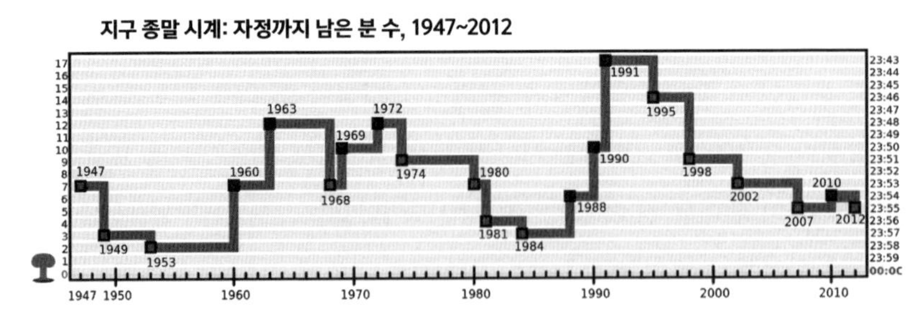

그림 55. '핵 시대'의 짧은 역사에서 우리는 여러 번 대재앙 가까이까지 접근했었다.
지구 종말 시계는 아마겟돈의 접근 정도를 추적한다. 문명은 자체적으로 불안정해지고 파괴될지도 모른다.
이 문제는 우주에서 동시 통신과 동반성의 전망에 충격을 준다.

그는 우리가 가진 최고 기술에 대해 그렇게 부정적인 기대를 했을까?

만약 화성이나 태양계 안의 다른 곳에서 생명체가 발견된다면, 그것은 생명체의 출현이 결코 가능성 낮은 사건이 아니라는 의미이다. 발견된 생명체가 과거의 것이냐 현재의 것이냐는 문제가 되지 않는다. 우리 뒷마당에서 생명체가 두 번 나타났다면 은하의 여러 곳에서도 많은 생명체가 출현하는 생물학적 실험이 있었을 것이다. 언젠가 우리가 미생물에 의해 변화된 대기를 가지고 있는 외계 행성을 다수 발견한다면 이러한 생각이 더 확실해질 것이다. 이런 발견들은 모두 위대한 필터가 행성의 초기 단계에 있었을 가능성이 낮다는 것을 나타내고, 그것은 곧 위대한 필터가 우리 미래에 있을 가능성이 크다는 의미이다. 즉 우리 미래가 평탄치 않을 것이라는 뜻이다. 죽은 암석과 생명 없는 행성을 발견하는 것은 우리에게 좋은 소식이다. 이것은 위대한 필터가 생명체의 초기 단계에 있다는 것을 말해주고, 우리가 진화의 어려운 단계를 이겨냈음을 의미하기 때문이다.

이 논쟁의 특징은 기술 문명의 발전 과정에 하나의 필터만 존재할 것이라고 단순화했다는 것이다. 그러나 하나 이상의 위대한 필터가 존재할 수도 있다. 우리는 그중 하나를 지나왔지만 미래에 또 다른 필터를 만나게 될지도 모른다. 그리고 우리는 모든 곳의 생명체가 지구 생명체가 걸어온 길을 따라야 할 것이라거나 다른 문명이 인류가 가지고 있는 것과 같은 단순한 목적을 가지고 발전하리라고 단정하는 것을 조심해야 한다. 닉 보스트롬의 마지막 말을 들어보자. 인류의 멸망 가능성을 생각하면서 우주에서 생명체를 찾는 노력이 실패하기를 바라는 사람들이 볼 때 그는 이상할 정도로 낙관적이다.

만약 위대한 필터가 우리 과거에 있었다면 (…) 우리는 오늘날보다 상상할 수 없을 정도로 더 위대한 존재로 성장해나갈 상당한 가능성이 있다. 이 시나리오에 의하면 현재까지의 인류 역사는 우리 앞에 있는 긴 역사와 비교하면 순간에 지나지 않는다. 고대 메소포타미아 문명 이래 지구를 걸었던 수백만 명이 겪은 모든 승리와 고난은, 아직 시작하지도 않은 새로운 종의 생명체를 분만하는 과정에서 발생한 진통에 불과할 것이다.

CHAPTER 14

우리를 위한 우주

우리의 먼 미래

만약 우리가 종으로서의 말썽 많은 사춘기를 잘 넘긴다면 그다음에는 무엇이 기다리고 있을까? 우리는 호기심이 많고 창조적이지만 종족주의와 끝없는 경쟁에 휩쓸리는 경향이 있다. 달과 화성에 우리의 보금자리를 만들고, 지구 밖으로 관광여행을 다녀오며, 태양계 여행이 익숙해질 다음 세기의 시나리오를 살펴보기로 하자.

파괴적인 경향을 극복한다면 우리는 앞으로도 수백만 년 이상 포유류의 정상적인 진화 과정을 따를 것이다. 그렇게 멀리까지 내다본다는 것이 얼마나 어려운 일인지 알아보기 위해 '미래학'을 이용해보자. 시간을 열 배씩 압축하면서 과거로 돌아가 보자. 대략 10년 전에는 인터넷이 없었다. 그리고 약 100년 전에는 대량 수송 수단이 없었기 때문에 대부분의 사람들은 태어난 곳에서 살다가 죽었다. 1,000년 전으로 돌아가면 의학이 없어 사람들의 수명이 짧았고 짐승과 비슷한 삶을 살았다. 1만 년 전에는 농경이 곧 발명되겠지만 대부분의 사람들은 수렵과 채취를 하면서 살았다. 대략 10만 년 전에 우리는 도구를 사용하거나 불을 사용하는 방법을 몰랐다. 100만 년 전에는 우리 종이 처음으로 세상에 모습을 드러냈다. 이렇게 시간을 열 배씩 건너뛰면서 과거로 돌아가면 우리는 아주 빠르게, 우리에게 익숙하지 않은 원시 상태에 도달하게 된다(그림 56).

이제는 앞으로 나가보자. 앞으로 10년 안에 정밀한 유전공학과 성장하는 우주 산업을 가지게 될 것이라고 예상한다면 상당히 안전한 예측이다. 100년 후에는 태양계 여행이 일상적일 것이고, 로봇이 우리의 명령을 수행할 것이며, 인공지능이 인간의 능력에 필적할 것이다. 1,000년 앞을 예측하는 일은 매우 어렵지만 빠른 기술 진보가 계속되어 우리들 중 일부는 가까운 별로 향하고 있을 것이라고 예측해볼 수 있다.

이런 예측에 반대하는 사람들도 있을 것이므로 다른 사람들의 동의를 구

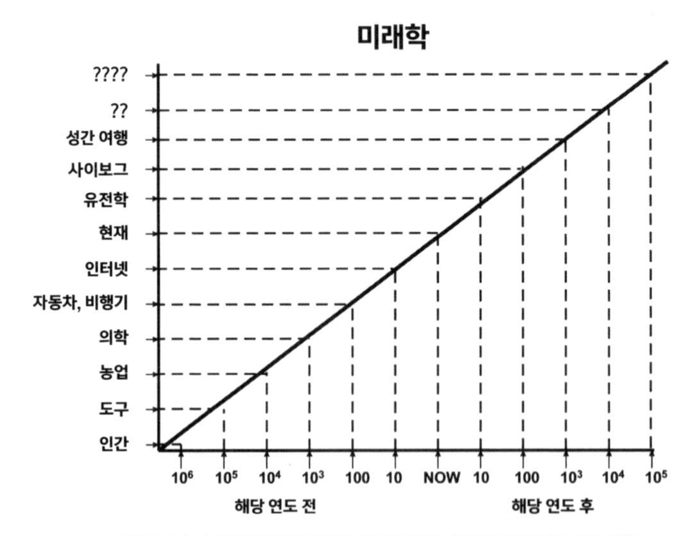

그림 56. 지수 스케일의 시간에서 보면 인간의 과거는 기본적인 역사의 조망이 된다. 과거에 있었던 주요 사건들과 다음 1,000년 동안에 있을 것으로 생각되는 사건들이 표시되어 있다. 만약 인류가 수백만 년을 더 버틴다면 우리의 능력은 현재보다 크게 진보할 것이고 그것을 예측하기는 매우 어렵다.

하지는 않겠다. 우리 문명이 시작하던 시대만큼이나 멀리 떨어져 있는 지금부터 1만 년 후에 대해서는 확신할 수 있는 것이 아무것도 없다. 10만 년 이후에 대해서는 어떤 상상을 해도 좋을 것이다. 그 이상의 모험을 하는 것은 불가능하다. 경제학자, 공상과학 소설 작가, 컴퓨터 과학자, 물리학자들의 글을 모아 편집한 문집《100만 년Year Million》에는 놀라운 것에서 음울한 것까지 다양한 논조로 상상의 날개를 편 많은 생각들이 수록되어 있다.[1] 기하급수적으로 발전하는 기술 변화의 첨단에 서 있는 우리로서는 미래를 예측하는 일이 매우 어렵다.[2] 위대한 성취가 결국은 실패로 끝날 잠재성과 우리가 존재하지도 않을 가능성을 고려해볼 때 우리의 먼 미래는 먼 우주만큼이나 두렵다.

우리가 마침내 태양계를 떠나게 되었을 때, 최초의 우주 항해자들은 튼튼한 인류의 나무에서 돋아난 가냘프고 푸른 새싹이라고 할 수 있을 것이다. 우주여행을 하기 위해서 물리법칙을 깨트릴 필요도 없고 빛 속도에 가까운 속도로 여행할 필요도 없을 것이다. 그들은 우리 종족으로 다시 돌아오지 않을 것이다. 일단 한번 우리 행성을 떠나면 다시는 돌아오지 않을 것이다. 최초 아메리카에 정착한 유럽 사람들은 그들이 다시는 고향으로 돌아가지 않을 것이라는 사실을 알고 있었다. 첫 번째 별 여행자의 의지도 그처럼 단호할 것이다. 그러나 그들은 오랜 여행 기간 동안 살아남아야 할 것이다. 태양계 너머에 있는 우주에 대한 탐험은 긴 여행 기간 동안에 우리 종이 살아남을 때만 가능하다. 그렇게 하기 위해서는 여행자의 생명을 연장할 수 있는 혁신적인 기술이 필요하다.

이 돼지의 이름은 78-6이었다. 78-6은 불그스레한 분홍색이고 몸무게는 54킬로그램이다. 아직 뛰고 있는 78-6의 심장이 수술실에서 밖으로 노출되었다. 외과의사가 대동맥을 자르고 심전도가 곧은 선으로 나타나는 것을 보았다. 그리고 돼지의 피를 냉동 생리식염수로 교체하기 위해 외부 관을 연결했다. 생명유지에 절대 필요한 기관들은 보존되었기 때문에 78-6은 죽은 것이 아니다. 78-6은 매사추세츠 종합병원에서 냉동 정지 상태 또는 가사 상태에 있다. 외과의사는 한 시간이나 두 시간에 한 마리씩 200마리의 돼지를 냉동 정지시켰다. 이 돼지들은 모두 최고의 관리를 받고 있는 한 생존 상태에 있게 된다. 몇 시간 후에 78-6은 회복실에서 고전 음악을 들으면서 깨어날 것이고 가까운 우리에 있는 건강한 돼지와 어울릴 것이다. 다른 돼지를 이용한 실험 결과에 의하면 냉동 정지 과정이 인식 능력에 아무런 손상을 주지 않았다.[3]

가사상태에 대한 연구는 아직 초기 단계에 있다. 돼지의 생리기능이 인간과 비슷하기 때문에 돼지는 중요한 실험 대상이다. 매사추세츠 종합병원에서도 쥐의 기능을 열 배 내지 스무 배 늦추는 실험을 했다. 또 다른 실험실에서는 개가 임상적으로 죽은 상태에서 여러 시간 만에 다시 살아났다. 몇몇 경우에는 인간이 극저온 상태, 그리고 거의 죽은 상태에서 여러 주일 만에 다시 살아났다.[4]

그러나 우리는 더 멀리 보고 있다. 따라서 우리가 마침내 가사상태와 관련된 모든 기술을 알게 되었다고 가정하자. 이것은 장기간에 걸친 여행 문제를 해결해줄 것이다. 이 별 여행선의 '립 밴 윙클Rip Van Winkle'들은 목적지에 도달하는 데 걸린 100년을 기억하지 못한 채로 깨어나 새로운 생활을 계속할 것이다. 가사상태는 여행자들과 지구 사이에 돌이킬 수 없는 괴리를 만들 것이다. 그들이 공간을 통해 조용히 여행하는 동안 그들이 알고 있고 사랑했던 모든 사람들, 그리고 그들의 자식들은 죽음을 맞을 것이다.

그리고 인간 복제 기술이 어느 날 완성되었다고 가정하자. 1996년 복제양 돌리를 탄생시킨 개척적인 실험 이후 복제는 토끼, 염소, 암소, 고양이를 비롯해 15종의 다른 생물에서 이루어졌다.[5] 영장류의 복제는 더 복잡해 보이지만 몇 년 안에 인간 복제도 성공할 것이다. 복제는 윤리적인 위험성을 가지고 있지만 우리가 광대한 우주로 전파되는 방법을 제공할 것이다. 많은 사람들로 이루어진 식민지 개척자들 대신 좋은 유전자를 가진 최소 존속 가능 집단을 선발한 후 이들을 복제하고, 복제된 인간들로 구성된 식민지들을 여럿 만들 수 있을 것이다. 각각의 복제 식민지는 다른 목적지로 퍼져나갈 것이다. 각각의 식민지는 다른 환경과 싸울 것이기 때문에 DNA가 같음에도 불구하고 각 식민지의 진화 경로는 다양해질 것이다. 전체적으로 보면 그들은 우주라는 새로운 무대에서 자연선택을 공연하게 되는 것이다.

그렇다면 우리는 어떻게 별로 향할 수 있을까?

개념적으로는 네 가지 방법이 있다. 여행자들이 우주선에서 살다가 죽는 것을 계속하면서 여행하거나, 가사상태에서 여행하거나, 수정란 또는 하나의 세포 상태로 보내지거나, 디지털 방법을 이용해 빛의 속도로 보내지는 것이 그것이다. 이 네 가지 시나리오의 나열 순서는 더 정밀한 기술이 필요하지만 여행에 필요한 자원은 줄어드는 순서이다.

우리는 앞에서 수천 명의 승객이 탄, 엄청나게 비싼 거대한 도넛에 대해 알아보았다. 제러드 오닐이 고안한 이 도넛을 이용해 여행자들을 수송하는 것은 현재 우리 기술이나 현재 기술을 연장한 기술을 훨씬 넘어선다. 하지만 가사상태는 가능성이 크다. 이것은 모든 사람들이 여행할 필요가 없다. 승무원들 중 일부만 생명 유지 장치를 관리하고 일상적인 업무를 수행하기 위해 주기적으로 깨어나면 된다. 수정란의 수송도 언젠가 가능해질 것이다.[6]

아서 클라크의 이야기를 회상하면서, 최초로 지구 밖에서 태어난 아기의 울음소리가 주는 감정적 충격을 상상해보자. 그러나 그 아기가 수십 광년의 거리를 1,000년 동안 여행한 후에 태어났다면 어떨까? 이 아기는 냉동 수정란 상태로 여행한 후에 인공 자궁 안에서 분만되고, 로봇 유모에 의해 자급자족한 상태로 양육될 것이다. 이 모두는 새로운 인류 식민지의 일부일 것이다. 별 여행선은 유용한 가축이나 곡식의 냉동 세포도 가져가게 될 것이다. 따라서 이것은 작은 노아의 방주 역할을 할 것이다.

다중 우주에서 살아가기

우리는 우주에 작은 발자국을 남겼다. 모든 산업과 생존을 위한 투쟁을 포함한 것들이 전파를 타고 공간 속으로 퍼져나가는 구형의 잔물결을 일으키고 있다. 우리는 50년 동안 작동한 강력한 전파와 텔레비전 송신기를 가지고 있어, 이들이 발사한 팽창하고 있는 전자기파의 구는 수천 개의 생존 가능한 세상을 휩쓸고 지나갔을 것이다. 실제로는 이 파동이 나르고 있는 모든 대중문화 메시지는 태양계를 떠나기 전에 우주 배경 복사에 의한 잡음보다 낮은 수준으로 약해진다. 파이오니아와 보이저 우주선은 우리 문명에 대한 정보를 가지고 있다. 이 우주선들은 성간 공간에 도달한 최초 인공물이다. 그러나 이들이 다른 별에 도달하는 데는 수십만 년이 걸릴 것이다.

자신들의 행성을 떠난 다른 생명체들은 우리보다 훨씬 더 진보된 생명체일 가능성이 높다. 그것은 무엇을 암시할까?

외계 생명체의 기능과 형태를 예상하는 것은 불가능하기 때문에 가상적인 문명을 분류하는 가장 간단한 방법은 그들이 사용하는 에너지를 이용하는 방법이다. 이것은 러시아의 니콜라이 카다셰프Nikolai Kardashev가 처음 사용한 방법이다. 부모와 함께 천문학을 공부한 카다셰프는 1950년대에 스탈린의 노동수용소에 있었다. 그는 프랭크 드레이크의 오즈마 프로젝트에 대해 들었다. 오즈마 프로젝트에서 영감을 받은 그는 영향력 있는 "외계 문명에 의한 정보의 전달Transmission of Information by Extraterrestrial Civilizations"이라는 논문을 썼다.[7] 이 논문에서 그는 문명이 사용할 수 있는 에너지의 양을 이용해 문명을 단계 I에서 III까지 세 가지 형태로 분류했다. 단계 I 문명은 행성 표면에 도달하는 태양 에너지 모두를 사용한다. 태양과 비슷한 별 주위를 도는 지구 비슷한 행성의 경우 이 에너지는 10^{17}와트이다. 이보다 100억 배 더 많은 에너지를 사용하고 있는 단계 II 문명은 10^{27}와트나 되는 별 에너지 모두를 이용한다. 단계 III 문명은 단계 II 문명보다 다시 100억 배 더 많은 에너지를 필요로 해, 우리 은하의 밝기와 같은 10^{37}와트의 에너지를 소모한다. 카다셰프의 최대 에너지 척도보다 더 큰 에너지를 소모하는 문명은 단계 IV 문명으로 우주의 주인이다(그림 57).

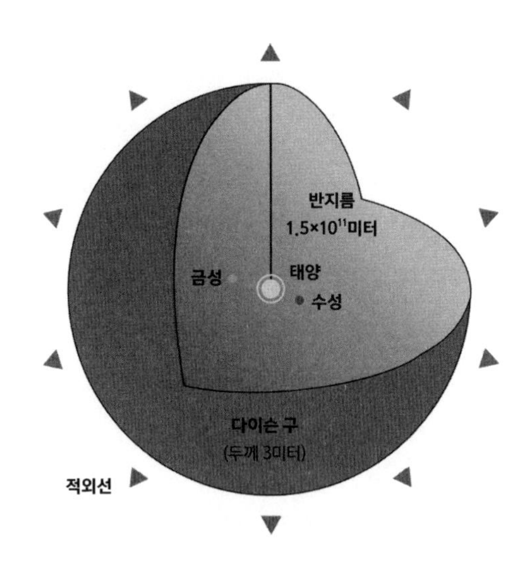

그림 57. 다이슨의 구는 별에서 나오는 복사 에너지 모두를 모으는 이론적 에너지 시스템이다.
니콜라이 카다셰프는 문명이 발전함에 따라 증가하는 에너지 사용의 크기를 바탕으로 문명을 분류했다.
행성에 도달하는 에너지를 사용하는 단계 I, 별의 에너지를 사용하는 단계 II, 은하 전체의 에너지를 사용하는 단계 III,
마지막으로 우주 전체의 에너지를 사용하는 단계 IV가 그것이다. 다이슨의 구는 단계 II 문명의 기술이다.
그러나 우리는 현재 단계 I 이하의 문명에 있다.

카다셰프는 기술적으로 성숙한 문명을 분류하기 위해 그의 에너지 척도를 만들었다. 우리 문명은 아주 초기 단계여서 가장 낮은 척도에도 도달하지 못하고 있다. 죽은 식물에서 얻는 에너지에 의존하고 있는 우리의 자랑스러운 문명은 태양으로부터 지구에 도달하는 에너지의 0.001퍼센트만 이용하고 있다. 물리학자 미치오 카쿠Michio Kaku는 매년 에너지 소비가 3퍼센트씩 증가하면 수세기 후에 단계 I 문명 상태에 도달할 것이고, 수천 년 후에는 단계 II 상태에, 그리고 우리가 그렇게 오래 존재할 수 있다면 100만 년 후에 단계 III 문명에 도달할 수 있을 것이라고 말했다.[8]

단계 I 문명은 우리의 감지 한계를 벗어나 있을 것이다. 사용하고 남은 열을 방출하겠지만 수 광년 떨어진 곳에서 그것을 감지할 수 있을 만큼 많지는 않을 것이다. 별 에너지의 대부분을 사용하는 문명은 다이슨 구와 같은 것을 만들기 때문에 감지가 가능할 것이다. 프리먼 다이슨은 1937년 발표된 올라프 스태플던Olaf Stapledon의 공상과학 소설에 바탕을 둔 그의 사고실험을 1960년에 출판했다. 별 주변을 둘러싸고 있는 중공형성체의 이상적인 개념은 물리적으로 불안정하지만(래리 니벤의 연작 공상과학 소설《링월드Ringworld》에서는 이런 불안정이 문명 몰락의 원인이 된다), 단계 II 문명은 별을 중심으로 하는 구의 표면을 가득 메울 정도로 많은 인공위성들을 만들어 이 별의 에너지 대부분을 흡수할 것이다. 가시광선을 흡수해 적외선으로 다시 방출할 것이기 때문에 다이슨의 구는 보통 별로부터 지나치게 많은 적외선이 나오는 형태로 감지될 것이다. 많은 SETI 프로젝트는 비정상적으로 많이 방출되는 적외선을 찾고 있다. 페르미 연구소 연구원들은 25만 개의 별 중에서 열일곱 개의 후보를 가려냈다. 그중 네 개는 "흥미롭지만 아직 의문이 남아 있다"고 결론지었다.[10]

다이슨 구의 존재는 통신할 의도가 필요 없는 수동적 SETI를 가능하게 할 것이다. '모든 고도로 발전된 문명은 우리보다 큰 흔적을 남길 것'이라는 데 전제를 둔다. 단계 II 또는 이보다 발전된 문명은 우리에게는 아직 서툴거나 겨우 상상할 수 있는 기술을 사용하고 있을 것이다. 별들을 개조하거나 반물질을 이용해 추진력을 얻고 있을지도 모른다. 시공간을 조작해 웜홀 또는 아기 우주를 만들어내고 있을 수도 있고, 중력파를 이용해 통신하고 있을지도 모른다. 우리는 메시지와 함께 흔적도 찾고 있다. 탐험은 중독성이 있다. 따라서 일부 과학자들은 전체에 영향을 줄 정도로 시공간을 통제할 수 있는 단계 IV 문명을 추가할 것을 제안했다.

그렇다면 왜 하나의 우주에서 멈추겠는가?

현대 우주론은 양자 창세기의 아이디어를 포함한다. 우주의 팽창을 뒤로 돌려보면 현재 1,000억 개의 은하를 포함하고 있는 우주가 원자보다 작아지는 특이점에 도달하게 된다. 우주 초기 단계에 있었던 급속한 팽창을 포함하기 위해 표준 빅뱅 이론을 수정한 것이 인플레이션 시나리오이다.

이 아이디어는 왜 현재의 우주가 매끄럽고 기하학적으로 평평한가를 설명하기 위해 제안되었다. 인플레이션은 우주의 모든 방향에서 오고 있는 우주배경복사의 온도가 아주 작은 차이만을 보이고 있는 이유도 설명해준다. 인플레이션이 실제로 있었다면 우주는 양자 요동으로 시작되었다. 이전 상태는 임의의 초기 조건을 가지고 있던 무한히 많은 양자 요동의 앙상블이었을 것이다. 이들 중 일부가 우리 우주와 같은 시공간으로 팽창하고 다른 것들은 사산아가 되었을 것이다. 이 과정은 영원히 계속될 것이다(그림 58). 다른 평행한 우주들에서의 자연 법칙은 우리에게 익숙한 우주의 자연법칙과는 다를 것이다.[11] 한마디로 말해 이것이 다중 우주이다.

다중 우주는 오랫동안 물리학자들을 당황하게 했던 또 다른 문제인 미세 조정과 연결되어 있다.[12] 알베르트 아인슈타인은 충분히 이해된 물리 법

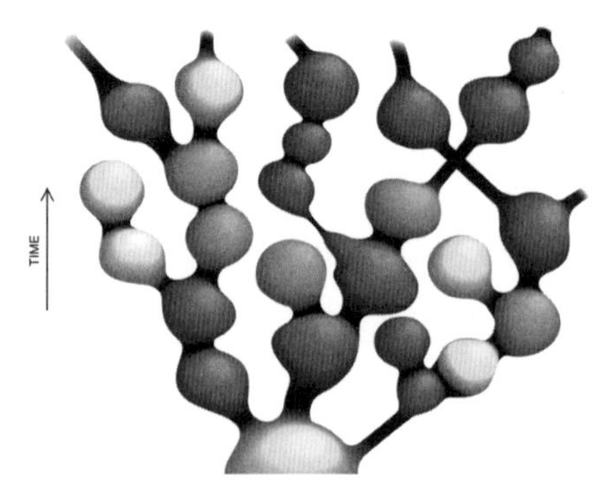

그림 58. 혼란스러운 인플레이션의 이전 상태는 수없이 많은 시공간 양자 요동 상태였다. 이 요동의 일부가 거대한 우주로 인플레이션되었고, 다른 것들은 그렇지 않았다. 이것이 다중 우주의 개념이다.

칙은 피할 수 없고, 우아하며, 자체적으로 완전해야 한다고 믿었다. 자연성이라고 부르는 이 성질은 그 후 자연에 대한 이론의 시금석이 되었다. 그러나 자연은 협조적이지 않다. '입자물리학의 표준 모델'은 기본 입자들의 상호작용을 세밀하게 설명한다. 그러나 이 모델은 스물네 개가 넘는 변수에 의해 지배되기 때문에 우아하거나 단순하지 않으며 바탕이 되는 이론으로부터 변수들이 자연스럽게 나타나지 않는다. 힉스 입자의 질량이나 우주를 가속시키고 있는 암흑에너지의 값과 같은 물리량들은 물리학자들이 예상했던 것보다 훨씬 작다. 자연법칙이 임의적인 것처럼 보이고, 시공간으로 짠 직물 안에서 이루어지는 임의의 요동이 만들어낸 복잡한 결과물이라는 것이 실망스럽다.[13]

미세 조정 이론으로부터 유도되는 이에 대한 반론은 자연의 힘과 우주의 특성이 탄소를 기반으로 하는 생명체가 존재하는 데 필요한 값들을 가지고 있다는 것이다. 만약 전자기력이 좀 더 강하거나 약했다면 안정된 원자가 만들어질 수 없다. 그리고 강한 핵력이 더 강하거나 약했다면 별 내부에서 탄소가 만들어지지 못했을 것이다. 중력 상수가 더 컸다면 별들의 일생이 훨씬 짧았을 것이고, 더 작았다면 별들이 빛나지 못했을 것이며 무거운 원소를 만들어내지 못했을 것이다.

우주는 매우 낮은 엔트로피 또는 무질서를 가지고 있다. 그것은 시간이 앞으로 향하는 화살을 가지게 되는 데 기여했을 것이다. 그뿐 아니라 암흑 물질과 암흑 에너지의 크기는 구조가 만들어지는 것을 방해하지도 않고, 생명체가 형성되기에 너무 짧을 정도로 구조가 빠르게 붕괴하지도 않도록 한다. 이런 양들이 다른 값을 갖는다고 해도 물리적으로는 아무 문제가 되지 않지만 그런 우주는 우리가 알고 있는 생명체를 가진 우주는 될 수 없다는 것이다.

우주의 성질이 우리의 존재와 조화를 이룬다는 추론에 특별할 것은 없다. 그러나 이러한 인간 중심적 추론이 우주는 어느 시점에 생명이 발전할 수 있도록 이러한 특정한 성질을 가져야만 한다는 방향으로 나간다면 반론이 등장하게 된다.

인플레이션과 끈 이론(아직 증명되지는 않았지만)이 임의의 성질을 가지고 있는 수없이 많은 평행우주의 물리적 기초를 제공할 수 있다. 우리 우주는 생명체를 포함하고 있다는 면에서만 '특별'하다.

다중 우주의 개념을 과학이라고 할 수 있는지가 논란이 되고 있다. MIT의 물리학자로 1980년대에 인플레이션 이론을 발전시킨 앨런 거스Alan Guth는 외계인의 부재에 대한 다른 설명을 제안했다. 다중 우주의 가능성을 받아들이면 젊은 우주의 수가 오래된 우주의 수보다 훨씬 많을 수도 있다.[14] 모든 우주를 평균하면 문명을 가진 우주는 항상 가장 먼저 발전된 하나뿐일 것이다. 그것이 우리이다.

특이점과 시뮬레이션

우리보다 진보된 문명은 계속적으로 증가하는 양의 에너지를 사용할 것이라는 추정은 시간을 거슬러 올라가는 20세기적인 발상이다. 실제로는 세계 에너지 소비량의 증가율이 1970년대 5퍼센트에서 정점을 찍었고 현재는 매년 3퍼센트로 낮아졌다. 세계 에너지 증가율은 화석연료의 고갈과 인구 증가율의 하락, 에너지 비용의 증가로 인한 산업의 에너지 효율 개선 노력 등으로 더 낮아질 것으로 보인다. 우리는 절대로 단계 II 문명이나 단계 III 문명은 고사하고 단계 I 문명에도 도달하지 못할 것이다.

진보된 문명은 거대해지고 부푸는 대신 날씬해질지도 모른다. 지구의 인구와 자원 사용은 수십 년 안에 안정될 것이다. 그러나 나노 기술을 통한 물리적 설비의 소형화와 컴퓨터의 성능과 저장 능력은 후퇴하지 않고 기하급수적 성장을 계속할 것이다. 이제 이것들이 가져올 결과에 대해 알아보자.

물리학자 존 배로John Barrow는 문명을 분류하기 위한 카다셰프의 척도를 대신해, 물질을 조작하는 능력을 바탕으로 한 새로운 척도를 제안했다. 이 척도에서는 인간 크기의 물체를 조작하는 단계에서부터 분자를 조작해 새로운 물질을 만들어내는 단계, 그리고 원자를 조작해 새로운 인공적인 생명체를 만들어내는 단계로 발전한다. 세 번째 단계가 거의 우리 사정권 안에 들어와 있다. 그 너머에는 기본입자들을 조작해 전혀 새로운 형태의 물질을 만들어내는 단계와 시공간의 기본 구조를 조작할 수 있는 단계가 있다. 우리가 앞에서 다룬 폰노이만의 자체 복제가 가능한 우주선은 자체 복제 능력을 가지고 있는 나노기계가 할 수 있는 것과 비교하면 엄청나게 복잡한 일이다.[15]

인공지능 연구자 휴고 드 개리스Hugo de Garis는 기본 입자 수준에서 물질 제어의 최전선을 개척했다. 그는 "우리 우주에 있는, 우리보다 수십억 년 앞선 초고지능은 아마도 엄청난 능력을 가지고 자신들을 '축소'시켰을 것이다. 전체 문명이 핵자보다 더 작은 부피 안에 살고 있을지도 모른다"라는 기록을 남겼다. 이런 경우 외계인의 흔적은 물질의 구조 안에 들어 있을지도 모른다. 이것은 SETI를 위한 새로운 패러다임을 제시한다. "일단 소립자 안에서 지능을 '보기' 시작하면 그들은 찾는 방법, 자연 법칙을 설명하는 방법, 양자물리학에 대한 설명을 바꾸어놓을 것이다. 이것은 외부 우주에서 인간이 아닌 지능을 찾는 것으로부터 내부 우주에서 그것을 찾는 것으로 바꾸는 진정한 패러다임의 전환이다.[16]

다음에는 컴퓨터 성능의 향상에 대해 알아보자. 정보 처리 분야에서의 기하급수적 성장은 기술적 특이점의 개념을 불러온다. 기술적 특이점은 문명과 인간의 성격 자체가 변화하는 것을 뜻하며 21세기 중엽에 도달할 것으로 추정된다. 이러한 특이점 중 하나는 인공지능이 인간 지능을 능가하는 시점이다. 종합하는 능력을 가지고 있는 소프트웨어는 스스로를 프로그램하기 시작하고 스스로 성장하는 폭주 현상이 일어날 것이다. 이런 일들은 1950년대에 존 폰노이만과 앨런 튜링Alan Turing이 이미 예고했었다. 튜링은 "(…) 어떤 단계에서는 기계가 통제권을 넘겨받을 것이라고 기대해야 한다. (…)"라고 기록했고, 폰노이만은 "(…) 계속적으로 가속되는 진보와 인류 생활 방법의 변화는 인류 역사의 기본적인 특이점을 향해 접근할 것으로 보인다. 특이점 너머에서는 우리가 알고 있는 것과 같은 인류의 일들이 더 이상 계속될 수 없다"라고 설명했다.[17]

〈블레이드 러너〉나 〈터미네이터〉처럼, 공상과학 소설에서 영화에 이르는 대중문화에서는 이 사건을 비극적으로 다루고 있다. 프랑켄슈타인 박사는 자신이 만든 강력한 괴물에 의해 파괴된다. 이것은 오래된 교훈적인 이야기이다. 진보된 문명이 공격적일 가능성이 바로 스티븐 호킹이 우리가 통신하거나 우리 자신을 드러내려고 노력하지 말아야 한다고 주장한 이유이다. 이 시나리오의 가장 무서운 예는 프레드 세이버하건이 쓴 연작 소설, 버서커 시리즈에 나타나 있다. 이 시리즈에서는 자체 복제 능력을 갖추고 종말의 날을 가져올 기계가 행성의 문명이 진보된 기술을 가지기 시작하는 시점에 생명체를 파괴하기 위해 감시하고 있다.

또 다른 특이점은 질병과 싸우는 현재의 노력을 급진적인 생명연장으로 확장하는 시점이다. 여기에서는 기술이 우리를 도와 모든 정신적 질병과 물리적 한계를 극복한다. 레이 커즈와일은 이러한 미래의 가장 열렬한 옹호자이다. 그는 실리콘 밸리에 싱귤래리티 대학을 설립했다. 이곳에서는 기술 세계의 유력자들이 수만 달러를 내고 최첨단 인공지능과 나노기술을 위한 단기 강좌를 듣는다. 비판자들은 이러한 특이점에 대한 아이디어를 '괴짜들의 광희'라고 비웃는다. 그들은 오직 부자들만이 급진적 생명 연장 기술의 혜택을 볼 것이라고 지적한다.

커즈와일과 같은 연구자들의 목표는 간단하다. 죽지 않는 것이다. 그는 의학적 나노기술이 질병과 노화, 죽음을 정복할 것이라고 생각한다. 생명체의 한계를 뛰어넘는 존재가 되기 위해서는 인간의 두뇌를 분석하고 그것을 실리콘으로 다시 만들 수 있는 방법이 필요하다. 이런 것을 가리켜 마인드 업로딩mind uploading이라고 부른다.

한스 모라벡Hans Moravec은 1990년대에 최초로 시뮬레이션 논쟁의 개요를 설명했다. 그는 수십 년 안에 컴퓨터가 초인간적 능력을 가지게 될 것이라고 추정했다. 의식을 포함하고 있는 뇌의 그물처럼 얽혀 있는 전기화학적 신경망을 컴퓨터를 이용해 복제할 수 있다는 전제하에 우리는 역사상의 모든 사람들이 가졌던 생각을 할 수 있는 컴퓨터와 아주 가까운 거리에 있다. 만약 하나의 컴퓨터가 한 사람의 생각을 시뮬레이션할 수 있다면, 충분히 강력한 컴퓨터가 인류의 의식 전체를 시뮬레이션할 수 있다. 그리고 우리가 그것을 할 수 있다면 우리보다 더 진보된 문명에게는 아주 쉬울 것이다. 이런 능력을 기술적 성숙이라고 부르기로 하자. 이것은 철학에서 '통 속의 뇌'라고 부르는 것의 현대적 형태이다(그림 59). 이 시나리오는 우리에게 영화 〈매트릭스〉로 익숙하다. 이 영화에서는 모든 인간이 더 우월한 문명에 의해 시뮬레이션되어 있다. 그러나 영화에서는 시뮬레이션되었다는 사실에 대한 힌트가 있고, 어떤 사람들은 시뮬레이션을 통제하는 방법을 알아낸다. 영화는 자극적이지만 논리적으로 생각해보면 정밀한 시뮬레이션은 시뮬레이션된 존재들이 자기가 시뮬레이션 안에 있다는 사실을 알아차리게 하는 결함을 가지고 있지는 않을 것이다.

철학자 닉 보스트롬은 그가 기술적 성숙이라고 부른, 컴퓨터 안에 인간의 의식을 복제하는 것의 결과에 대해 연구했다. 그는 시뮬레이션이 가능

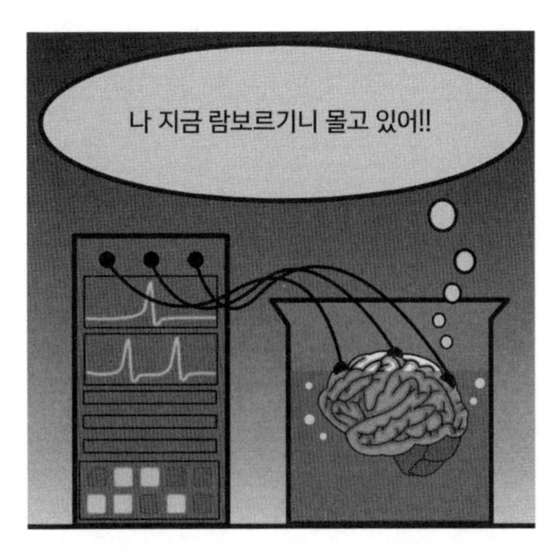

그림 59. 실재는 환상이라고 주장하는 오래된 철학적 전통이 있다.
이런 생각의 현대 버전이 인간은 모두 발달된 외계 문명에 의해 시뮬레이션된 존재라는 것이다.

하다는 가정 안에서 시나리오를 형식화했다. 형식논리학을 바탕으로 우리는 다음 전제 중 하나 또는 그 이상을 받아들여야 한다. 첫째, 인간은 기술적 성숙에 도달하기 전 또는 그러한 시뮬레이션을 할 수 있기 전에 멸종하거나 자체적으로 파괴될 것이다. 둘째, 그러한 시뮬레이션을 만들어낼 수 있는 다른 문명 중 누구도 시뮬레이션을 하지 않을 것이다. 셋째, 우리는 시뮬레이션 안에 살고 있다.[18]

대부분의 사람들은 이런 전망을 충격적으로 받아들이고 불쾌하게 생각한다. 우리 개개인은 자신의 존재와 실재성에 대한 확실한 감각을 가지고 있다. 그러나 이런 논쟁은 심각하게 생각해볼 가치가 있다. 첫 번째 전제는 인류에게는 너무 우울한 결과이기 때문에 우리는 이 전제를 거부하고 싶어 한다. 우리가 성숙을 성취하는 데 있어 다른 문명보다 더 운이 좋을 아무런 이유가 없다. 두 번째 전제는 가능성이 별로 없다. 이것은 공통점이 없는 문명들이 공통적인 목적을 가질 것을 필요로 하기 때문이다. 만약 어떤 문명이 시뮬레이션을 만들고 있다면 우리처럼 엄청나게 많은 시뮬레이션된 존재들을 만드는 것은 아주 쉬운 일이고, 따라서 시뮬레이션된 존재들이 피와 살로 된 생명체들보다 훨씬 많을 것이다. 범용의 원리에 의하면 우리는 실제로 존재하는 존재이기보다는 시뮬레이션된 존재일 가능성이 더 크다. 보스트롬도 세 전제에 정확 가능성을 부여하는 것이 어렵다는 것을 인정하지만 세 번째 전제에 더 낮은 가능성을 부여할 아무런 이유가 없다고 주장한다.

철학자들은 만약 우리가 시뮬레이션 안에 있다고 생각한다면 어떻게 살아야 하는지에 대한 논문을 쓰기도 했다. 시뮬레이션 설계자들은 그들이 원하지 않는 한 우리의 상황에 대한 힌트를 우리에게 주려고 하지 않을 것이다. 그러나 그들은 지각능력이 있는 창조물과 지각능력이 없는 창조물을 섞어 놓고 우리 스스로 누가 좀비인지를 알아내도록 했을지도 모른다. 만약 우리가 시뮬레이션 안에 살고 있다면 우주여행은 우리가 상상하는 것과 같은 모험이 아닐 것이다. 비디오 게임 안에서 비디오 게임을 하고 있는 것과 같다. 그리고 시뮬레이션을 한 사람들도 시뮬레이션된 존재가 아니라고 주장할 아무런 이유가 없다. 이것은 철학자들과 논리학자들이 아직 해결하지 못한 무한회귀로 이끌어간다.

이 이상한 아이디어가 조금의 타당성이라도 가지고 있다면 지구를 떠나고 싶어 하고, 탐험하고 싶어 하는 우리의 욕구에 대해서는 무슨 말을 해야 할까? 실재가 망상이고 우리가 시뮬레이션된 존재라면 우주여행도 시뮬레이션의 일부분이다. 그렇다면 그것은 자전거를 타는 것보다 더 어렵거나 더 큰 의미를 가질 수 없다. 우리가 이런 가능성을 거부한다고 해도, 우리는 진보된 문명들이 자신들의 능력을 환상적인 계산이나 시뮬레이션된 존재를 만들어내는 데 사용할지도 모른다는 사실을 받아들일 수 있다. 그들은 풍부한 내부의 삶을 가질 수 있다. 순수하게 명상적일 수도 있다. 그러나 그들도 전적으로 그들 자신의 능력 안에 갇혀 있을 수도 있다. 그것은 자체 정의된 은둔적 존재일 것이다.

모든 지각 능력이 있는 존재와 마찬가지로, 우리도 선택할 수 있다. 우리는 안쪽으로 향할 수도 있고 바깥쪽으로 향할 수도 있다. 지금까지 인류는 모르는 것을 탐험하고 모험하기로 선택했다. 그것이 쉬운 선택은 아니어서 때로 엄청난 위험을 불러오기도 했다. 그러나 유한한 인생을 살아가는 기분 좋은 방법이다.

상상과 탐험

우리는 거대한 우주 바닷가에 서 있다. 이제 겨우 발가락을 물속에 담갔다. 긴장되는 일이었지만 동시에 매력적이었다. 이제 바닷물로 뛰어들 때이다.

상상력은 인간이 가진 훌륭한 선물 중 하나이다. 우리는 우리가 상상한 것을 예술, 음악, 소설, 시를 통해 완전한 실재로 창조해냈다. 과학은 단순하게 사실들과 이론들을 모아놓은 것이 아니다. 과학은 상상에서 추진력을 얻는다. 뉴턴이 높은 산꼭대기에서 발사체를 발사하면 지구가 휘어진 것과 같은 정도로 낙하할 수도 있다고 생각했을 때 그는 우주여행을 상상하고 있었다. 중력을 이기고 지구를 떠날 수 있는 기술을 개발하기 200년 전의 일이었다. 공상과학 소설 작가들과 우주 예술가들은 오랫동안 다른 세상을 꿈꿔왔다. 그리고 많이 발견된 외계 행성들은 그들의 비전에 부응하기에 충분할 정도로 이국적이었다.

어떻게 여기까지 왔는지를 잊지 말자. 동물들은 돌아다니면서 먹이를 찾고 영역을 넓힌다. 그러나 인간은 탐험 자체를 위해 탐험을 하려는 욕구를 가지고 있다. 우리는 아프리카를 떠났다. 1만 년 전쯤에는 식물과 동물을 길들이고, 정착 공동체를 형성해 우리 자신들을 위한 더 나은 생활을 만들어냈다. 그러나 호기심은 그대로 남아 있었다. 우리는 바람을 이용해 대양을 건넜다. 그리고는 화학연료로 중력의 사슬을 느슨하게 해 비행기를 날리고 로켓을 쏘아 올렸다. 우주 탐험에의 도전은 우리로 하여금 더 나은 엔진, 더 빠른 컴퓨터, 더 좋은 재료를 개발하도록 했다. 미래 우주 탐험은 효율적인 연료, 소형화된 제어 시스템, 정밀한 의료용 진단 장비를 개발하도록 할 것이다.

우주여행은 눈앞에 닥쳐온 일이고 실제 상황이다. 우리는 우주에서 살아가며 일하고, 지구 밖에 영구 발판을 마련하며, 태양계와 그 너머를 탐험할 수 있는 기술과 수단을 가지고 있다. 어떤 물리 법칙도 우리 앞을 가로막지 않는다. 우리가 우주여행을 하려면 인류는 한 종으로서 서로 협력해야 한다. 어떤 문제들은 한 나라가 해결하기에는 너무 어렵기 때문이다. 이런 노력은 우리를 고상한 존재로 만들 것이다. 우주여행이 우리의 최우선 과제일 수는 없다. 먹여야 할 가난한 사람들이 있고, 해결해야 할 분쟁이 있으며, 치료해야 할 손상된 행성이 있다. 그럼에도 불구하고 지구 너머로의 모험은 일상생활에 도움이 되는 방법으로 우리 창의력을 사용하도록 할 것이다. 다른 세상에 대해 알아낸 것들은 우리 지구를 더 잘 보존하는 방법을 우리에게 알려줄 것이다. 이러한 활동들은 우리 은하의 역사에서 우리를 조연 이상의 무엇이 되게 만들 것이다.

탐험 욕구는 우리 DNA 안에 내재되어 있으므로, 우리는 저항하지 말아야 한다. 누구든 일생에 적어도 한 번쯤은 몸을 이루고 있는 뼈들의 무게에서 벗어나, 밤하늘이라는 검은 벨벳을 배경으로 놓인 우주의 보석들을 직접 바라볼 기회를 가질 권리가 있다.

주

CHAPTER 1. **지구 너머를 꿈꾸다**

1. 내셔널 지오그래픽 소사이어티가 재정 지원을 한 유전인류학 프로젝트는 100만 명에 가까운 사람들의 DNA를 이용하여 인류의 이주 지도를 만들었다. https://genographic.nationalgeographic.com/about/
2. 다윈은 종들 사이의 형태적 유사성을 바탕으로 생명의 나무와 공통 조상에 대해 추측했다. 유기체의 크기나 모양은 잘못 알려지기 쉽고, 세균은 모두 같은 형태를 하고 있어서 현대 계통학에서는 DNA와 RNA의 염기쌍이 중첩되는 정도를 이용한다. 유전적 거리를 이용하여 직선적인 시간축을 재구성하는 것은 어려운 일이고, 유전자의 전달과 수렴진화는 혼동을 야기할 수 있다. 비교해야 할 많은 종들이 있으므로 데이터에 잘 맞는 나무가 하나 이상일 수도 있을 것이다.
3. "Resolving the Paradox of Sex and Recombination", S. P. Otto and T. Lenomand 2002, *Nature Reveals Genetics*, vol. 78, pp. 737-56.
4. 제노 2.0 키트는 인터넷에서 200달러에 살 수 있다. 입 안을 긁은 면봉을 보내면 조상의 넓은 형태와 다른 원주민들과 유전적으로 겹치는 정도를 보여주는 개인적 결과를 보내준다. 이 연구 결과는 다음 논문에 포함되어 있다. "The Genographic Project Public Participation Mitochondrial DNA Database" by D. M. Behar et al. 2007. *PLoS Genetics*, vol. 3, no. 6, p. e104.
5. "The Arrival of Humans in Australia" by P. Hiscock 2012. *Agora*, vol. 47, no. 2, pp. 19–22.
6. "How Babies Think" by A. Gopnik 2010. *Scientific American*, July, pp. 76–81. 다음도 참고하라. *The Scientist in the Crib: Minds, Brains, and How Children Learn* by A. Gopnik, A. N. Meltzoff, and P. K. Kuhl 1999. New York: William Morrow and Company.

7. 일부 DNA를 정크 DNA라고 부르는 것은 DNA가 기관 안에서 유전자를 발현시키는 메커니즘을 우리가 잘 모르고 있다는 것을 나타낼 가능성이 크다. 2008년에 예일 대학의 제임스 누난 James Noonan이 주도한 연구는 작은 지역의 암호화되어 있지 않은 '정크' DNA가 직립보행을 하고 도구를 사용할 수 있도록 한 핵심적인 진화 과정인 발목, 발, 엄지손가락, 허리의 발전과 관계가 있다는 사실을 밝혀냈다.
8. "Population Migration and the Variation of Dopamine D4 Receptor (DRD4) Allele Frequencies Around the Globe" by C. Chen, M. Burton, E. Greenberger, and J. Dmitrieva 1999. *Evolution and Human Behavior*, vol. 20, no. 5, pp. 309–24.
9. "Cognitive and Emotional Processing in High Novelty Seeking Associated with the L-DRD4 Genotype" by P. Roussos, S. G. Giakoumaki, and P. Bitsios 2009. N*europsychologia*, vol. 47, no. 7, pp. 1654–59.
10. "Learning about the Mind from Evidence: Children's Development of Intuitive Theories of Perception and Personality" by A. N. Meltzoff and A. Gopnik 2013, in *Understanding Other Minds: Perspectives from Developmental Social Neuroscience*, ed. by S. Baron-Cohen, H. Tager-Flusberg, and M. Lombardo 2013. Oxford: Oxford University Press, pp. 19–34.
11. "Causality and Imagination" by C. M. Walker and A. Gopnik, in *The Development of the Imagination*, ed. by M. Taylor 2011. Oxford: Oxford University Press. 다음도 참고하라. "Mental Models and Human Reasoning" by P. N. Johnson-Laird 2010. *Proceedings of the National Academy of Sciences*, doi/10.1073/pnas.1012933107.
12. *A Brief History of the Mind* by William Calvin 2004. Oxford: Oxford University Press.
13. "The Cognitive Niche: Coevolution of Intelligence, Sociality, and Language" by S. Pinker 2010. *Proceedings of the National Academy of Sciences*, doi/10.1073/ pnas.0914630107.
14. "The Human Socio-cognitive Niche and Its Evolutionary Origins" by A. Whiten and D. Erdal 2012. *Philosophical Transactions of the Royal Society B* [Biological Sciences], vol. 367, pp. 2119–29.
15. "Plurality of Worlds" by F. Bertola, in *First Steps in the Origin of Life in the Universe*, ed. by J. Chela-Flores et al. 2001. Dordrecht: Kluwer Academic Publishers, pp. 401–7.
16. "Anaxagoras and the Atomists" by C. C. W. Taylor, in *From the Beginning to Plato: Routledge History of Philosophy*, Vol. 1, ed. by C. C. W. Taylor 1997. New York: Routledge, pp. 208–43. 다음도 참고하라. "The Postulates of Anaxagoras" by D. Graham 1994. *Apeiron*, vol. 27, pp. 77–121.
17. *On the Nature of Things* by Lucretius Carus, trans. by F. O. Copley 1977. NewYork: W. W. Norton.
18. 2,500년 전, 소수의 대담한 사고자들이 만든 개념적 도약에 대한 개괄에 대해서는 다음을 참고하라. *The Presocratic Philosophers* by J. Barnes 1996. New York: Routledge.
19. 세계 종교의 다원론으로부터 현대 우주론의 맥락을 언급하는 것은 적절하지 않다. 예를 들면 불경에서 말하는 '많은 세상'은 메루 산을 중심으로 한 지구 중심적 우주론의 일부이다. 그리

고 멀리 떨어져 있는 지역들 사이의 거리가 부여되어 있지 않다. 이 지역들은 계속적으로 나타나고 사라진다.

20. "The True, the False, and the Truly False: Lucian's Philosophical Science Fiction" by R. A. Swanson 1976. *Science Fiction Studies*, vol. 3, no. 3, pp. 227–39.

CHAPTER 2. **로켓과 폭탄**

1. 인간의 신체 구조는 물체를 위로 던지기보다는 앞으로 던지는 것이 쉽도록 되어 있다. 우리는 사냥꾼의 기질을 타고난 것이다. 야구에서의 가장 빠른 공의 속도는 시속 168킬로미터이다. 만약 이 속도로 위를 향해 던진다면 70미터 높이까지 올라갈 것이다. 영국의 창던지기 선수 로알드 브래드스톡Roald Bradstock은 죽은 물고기, 부엌 싱크대 등 다양한 물체를 던져 많은 공식적, 비공식적 세계 신기록을 수립했다. 크리켓 공의 기록은 130미터였고, 골프공을 던진 기록은 160미터였다. 골프공을 던진 기록은 위쪽으로 80미터를 던진 기록과 같다. 위쪽으로 물체를 던져보고 싶다면 "Send Me to Heaven"이라는 앱을 설치해 스마트폰으로 시도해보면 된다.
2. "The History of Rocketry, Chapter 1" by C. Lethbridge, hosted by the History Office at NASA's Marshall Space Flight Center, online at http://history.msfc.nasa.gov/rocketry/.
3. *Throwing Fire: Projectile Technology Through History* by A. W. Crosby 2002. Cambridge: Cambridge University Press, pp. 100–103.
4. 화약은 복잡한 역사를 가지고 있다. 화약은 폭발하는 TNT와 같이 '높은' 폭발성과는 반대로, 갑자기 연소하는 '낮은' 폭발성을 가지는 것이 특징이다. 화약은 불로장생약을 만들려고 시도했던 중국 연금술사가 발명했다. 1세기부터 중국에서는 초석 또는 질산칼륨이 약품으로 사용되었다. 이것들은 화약에서 산화제로 사용되고 황과 목탄은 연료로 사용된다.
5. *Science and Civilization in China: Vol. 3, Mathematics and the Sciences of the Heavens and the Earth* by J. Needham 1986. Taipei: Cave Books Ltd., p. 104.
6. 17세기 중반부터 19세기까지 200년 동안 로켓의 '정석'은 다음의 자료였다. *The Great Art of Artillery* by Kazimierz Siemienowicz. 이 책에는 다단계 로켓과 안정화를 위한 델타 날개를 가진 로켓을 포함한 다양한 로켓의 설계가 실려 있다.
7. 중력에 의해 낙하하는 물체는 지구 궤도를 돌고 있는 물체와 같은 운동을 하고 있다고 한 것은 아이작 뉴턴의 뛰어난 성취였다. 그는 중력이 거리 제곱에 반비례한다는 법칙과 달은 지구 표면에 서 있는 사람보다 지구 중심으로부터 60배 더 멀리 떨어져 있어 달에서의 지구 중력은 대포알에 작용하는 중력보다 3,600배 작다는 것을 알아냈다. 달과 대포알 궤도의 차이는 거리 제곱에 반비례하는 법칙이 기대하는 것과 정확하게 일치한다.
8. 이것은 분사 속도가 일정하거나 효과적으로 평균할 수 있는 반작용 엔진에만 적용되기 때문에 '이상적인' 로켓 방정식이라고 불린다. 여기에는 공기역학이나 중력 효과가 포함되어 있지 않

고, 추진체가 분사되자마자 순간적으로 속도의 변화가 발생한다는 가정 하에서만 적용되는 법칙이다. 다단계 로켓의 경우에는 각 단계마다 분리해서 방정식을 적용해야 한다.

9. 치올코프스키는 우주비행 이론에서 중추적인 역할을 한 것으로 널리 알려졌다. 그러나 그의 방정식은 1세기 전에 영국 울비치에 있던 왕립 군사 아카데미에서 일하고 있던 수학자 윌리엄 무어가 최초로 유도하여 발표했다. 다음의 자료를 참고하라. *A Treatise on the Motion of Rockets* by W. Moore 1813. London: G. and S. Robinson.
10. *The Red Rockets' Glare: Spaceflight and the Soviet Imagination, 1857–1957* by A. A. Siddiqi 2010. Cambridge: Cambridge University Press, pp. 62–69.
11. *Investigations of Outer Space by Rocket Devices* by K. Tsiolkovsky 1911. 이 자료는 다음에 인용되었다. *Rockets, Missiles, and Men in Space* by W. Ley 1968. New York: Signet/Viking.
12. *The Russian Cosmists: The Esoteric Futurism of Nikolai Fedorov and His Followers* by G. M. Young 2012. New York: Oxford University Press.
13. 젊었을 때 오베르트는 위대한 프리츠 랑Fritz Lang이 감독과 제작을 겸하고 최초로 우주에서 찍은 장면을 사용한 영화, 〈달의 여인Woman in the Moon〉에서 고문을 맡았다. 오베르트는 영화를 위해 로켓 모형을 만들고 영화 상영에 맞추어 공개 스턴트로 로켓을 발사했다. 수십 년 후 그는 〈스타 트렉〉 영화와 텔레비전 시리즈에 나오는 우주선에 그의 이름을 사용하는 것에 동의했다.
14. "Hermann Oberth: Father of Space Travel," online at http://www.kiosek.com/oberth/.
15. *The Autobiography of Robert Hutchings Goddard, Father of the Space Age: Early Years to 1927* by R. H. Goddard 1966. Worcester, MA: A. J. St. Onge.
16. 린드버그와 고더드는 지구 너머를 여행하는 꿈을 공유했기 때문에 평생 동안 동맹 관계와 친구 관계를 유지했다. 유명한 비행사였던 린드버그는 정부 기관이 그의 연구를 심각하게 받아들이지 않고 지원을 거절했을 때 재정 지원을 받을 수 있도록 도왔다. 그는 점차적으로 재력가이면서 박애주의자였던 대니얼 구겐하임으로부터 장기간에 걸친 지원을 받았다. 고더드가 죽은 후에 그의 재산 관리인과 구겐하임 재단은 미국 정부를 특허권 침해로 고소하여 승소했다. 그 당시에 받은 100만 달러는 특허 분쟁에서 받은 가장 큰 금액이었다.
17. *New York Times*, "Topics of the Times," January 13, 1920, p. 12.
18. *New York Times*, "A Correction," July 17, 1969, p. 43.
19. *Rocket Man: Robert H. Goddard and the Birth of the Space Age* by D. A. Clary 2004. New York: Hyperion, p. 110.
20. 이 자료는 다음에 인용되었다. "Rocket Man: The Life and Times of Dr. Wernher von Braun" by K. Baxter 2006. *Boss magazine*, Spring, pp. 18–21.
21. "Recollections." 1963년 NASA 고더드 우주 비행센터 역사 사무실 주관, 베르너 폰 브라운이 이야기하는 로켓의 초기 경험. http://history.msfc.nasa.gov/vonbraun/recollect-childhood.html

22. 폰 브라운은 1952년 '전체주의 아래서 비교적 잘 살았다'고 인정했다. 그와 나치 정권 및 대량 살상 무기 사이의 모호한 관계를 비롯한 다른 분석들은 다음에 잘 요약되어 있다. "Space Superiority: Wernher von Braun's Campaign for a Nuclear-Armed Space Station, 1946-1956" by M. J. Neufeld 2006. *Space Policy*, vol. 22, pp. 52-62.
23. *Wernher von Braun: Dreamer of Space, Engineer of War* by M. J. Neufeld 2007. New York: Alfred A. Knopf.
24. *This New Ocean: The Story of the First Space Age* by W. E. Burrows 1998. New York: Random House, p. 147.
25. *Challenge to Apollo: The Soviet Union and the Space Race, 1945-1974* by A. A. Siddiqi 2000. Washington, DC: NASA.
26. 존슨은 상원에서 유력한 사람이었으며 새로 설립된 우주국에 대한 격렬한 반대자였다. 물론 그도 가장 크고 새로운 NASA 센터가 그의 출신 주에 위치하도록 노력했다. 휴스턴 부근에 있는 존슨 우주 센터는 우주비행사들이 훈련을 받던 곳으로, 이곳의 명칭인 '미션 컨트롤'은 우주 미션에서의 중심 역할을 암시한다.
27. *NASA's Origins and the Dawn of the Space Age* by D. S. F. Portree 1998. Monographs in Aerospace History #10, NASA History Division, Washington, DC.
28. 우주 조약과 1958년 이후의 수정의 역사는 NASA 역사 사무실 웹사이트에서 찾아볼 수 있다. http://history.nasa.gov/spaceact-legishistory.pdf

CHAPTER 3. **로봇을 보내다**

1. *The Race: The Uncensored Story of How America Beat Russia to the Moon* by J. Schefter 1999. New York: Doubleday. 그것은 처음부터 절대로 평탄하지 않았다. 스푸트니크 1호가 발사되고 다음 해에 소련은 성공적으로 라이카를 실은 스푸트니크 2호를 발사했지만 스푸트니크 3호는 발사에 두 번 실패했다. 반면 미국은 최초의 인공위성 익스플로러 1호와 뱅가드 1호를 발사했다. 그러나 그들은 다섯 개의 다른 뱅가드 발사에는 실패했다.
2. *The Rocket Men: Vostok and Voskhod, the First Soviet Manned Spaceflights* by R. Hall and D. J. Shayler 2001. New York: Springer-Praxis Books, pp. 149-55.
3. 가가린은 위업을 달성한 후 세계적인 명성을 얻었지만 다시 우주비행을 하지는 않았다. 따뜻한 성격과 환한 미소를 가진 그는 가는 곳마다 군중을 끌어 모았다. 하지만 명성에는 대가가 따라왔고, 그는 알코올 중독자가 되었다. 1968년 일상적인 훈련 비행 중 맞이한 그의 죽음에 대해 음모설이 떠돌았다. 그러나 그의 죽음은 낮은 고도에서 비행을 하던 그의 전투기가 뒤따라오던 다른 전투기에 잡힌 때문이었던 것으로 보인다. 가가린의 비행과 첫 번째 우주 왕복선 미션을 기념해 매년 4월 12일에는 세계의 많은 도시에서 '유리의 밤' 축하행사를 하고 있다.

4. "Special Message to the Congress on Urgent National Needs," a speech by President John F. Kennedy to a joint session of Congress on May 25, 1961, online at http://history.nasa.gov/moondec.html
5. 아폴로 프로그램에 대한 많은 책들이 출판되었지만, 그중 최고의 책 두 권은 다음과 같다. *Apollo: The Race to the Moon* by C. Murray and C. B. Cox 1999. New York: Simon & Schuster; *Moonshot: The Inside Story of Mankind's Greatest Adventure* by D. Parry 2009. Chatham, UK: Ebury Press. 프로젝트 내부인의 전망에 대해서는 다음 책들을 추천한다. *Failure Is Not an Option: Mission Control from Mercury to Apollo 13 and Beyond* by G. Kranz 2000. New York: Simon & Schuster; *In the Shadow of the Moon: A Challenging Journey to Tranquility, 1965–1969* by F. French and C. Burgess 2007. Lincoln: University of Nebraska Press.
6. *John F. Kennedy and the Race to the Moon* by J. M. Logsdon 2010. New York: Palgrave Macmillan.
7. *In the Cosmos: Space Exploration and Soviet Culture* by J. T. Andrews and A. A. Siddiqi 2011. Pittsburgh: University of Pittsburgh Press.
8. *A Challenge to Apollo: The Soviet Union and the Space Race*, 1945-1974 by A. A. Siddiqi 2000. Special Publication NASA-SP-2000-4408, Government Printing Office, Washington, DC.
9. *Apollo Expeditions to the Moon*, ed. by E. M. Cortright 1975. Special Publication NASA-SP-350, online at http://history.nasa.gov/SP-350/ch-11-4.html.
10. 특히 1968년 아폴로 8호의 우주비행사 윌리엄 앤더스William Anders가 찍은 사진인 〈지구의 떠오름Earthrise〉은 달의 지평선에 지구가 떠오르는 모습을 보여주며 대중들의 상상력을 사로잡았다. 자연 사진작가 게일런 로웰Galen Rowell은 이것을 "지금까지 찍은 사진 중에서 가장 영향력 있는 환경 사진"이라고 했다.
11. "Animals as Cold Warriors: Missiles, Medicine, and Man's Best Friend," article at the US National Library of Medicine website, online at http://www.nlm.nih.gov/exhibition/animals/laika.html.
12. 1998년 그가 퇴임한 후 가진 모스크바 뉴스 컨퍼런스에서 인용했다. 이것은 14년 후에야 보도되었다. http://web.archive.org/web/20060108184335/http://www.dogsinthenews.com/issues/0211/articles/021103a.htm.
13. 우주 프로그램처럼 비밀스러워 보이는 곳에 얼마나 많은 돈을 쓰고 있는지 의심하는 일은 합리적이다. 그러나 NASA는 거의 사실상 연방 예산에서 축소되고 있다. NASA의 예산은 180억 달러에 가까운데, 모든 미국 시민이 매일 15센트씩 사용하는 것과 같은 금액이다. 매년 사용하는 군사비용에 비하면 40분의 1이다. 미국인들이 사용하는 다른 돈과 비교하면 어떨까? 이 금액은 도박에 사용되는 돈의 3분의 1보다 적으며, 피자를 사먹는 데 사용되는 돈의 2분의 1보다 적다. 만약 모든 사람이 피자에 페퍼로니 추가를 하지 않는다면 더 많은 우주 프로그램을 진행할 수 있을 것이다.
14. *The Sidereal Messenger* by G. Galilei 1610. 이 책은 갈릴레이가 달, 목성의 위성들, 은하수를 관찰한 결과를 포함하고 있는 짧은 팸플릿이다. 원본은 매우 희귀해서 수십만 달러를 줘야 살

수 있지만 해설본이 2010년에 다음에 실렸다. *Isis*, vol. 101, no. 3, pp. 644-45.

15. 태양계 내행성계, 즉 달, 화성 그리고 금성 미션의 성공률에서 학습곡선이 뚜렷하다. 위키피디아에 실려 있는 표를 이용하면 (NASA 웹사이트를 이용하기에는 정보가 너무 정신 없이 정리되어 있다) 우주 탐사선의 성공률은 1960년대의 65퍼센트에서 1970년대의 73퍼센트, 그리고 1980년대의 80퍼센트로 향상되었다. 1990년대에는 72퍼센트로 약간 하락했다가 2000년대는 91퍼센트로 다시 향상되었다.
16. *Pale Blue Dot: A Vision of the Human Future in Space* by C. Sagan 1994. New York: Random House, pp. xv-xvi.
17. 2011년의 마지막 비행까지 우주 왕복선은 설계 연한보다 15년 더 비행했다. 박물관과 공공 기간으로부터의 제안서를 받은 후 NASA는 남아 있는 네 대의 우주 왕복선, 원래의 아틀란티스호와 디스커버리호, 챌린저를 대체한 엔데버호, 대기 시험 비행용이었던 엔터프라이즈호를 분배했다. 우주 왕복선을 분배받은 기관들은 케네디 우주 센터, 스미소니언 비행 항공 박물관, 캘리포니아 사이언스 센터, 인트레피드 바다-항공-우주 박물관이었다.
18. 챌린저호의 사고 이후 레이건 대통령은 사고 조사를 위해 로저 위원회를 구성했다. 텔레비전으로 중계된 청문회에서 물리학자 리처드 파인만Richard Feynman은 O링을 얼음물에 넣어 발사 시의 낮은 온도에서 O링이 얼마나 탄력을 잃는지를 보여주었다. 그는 NASA 엔지니어들의 비현실적인 신뢰성 예측과 NASA의 완전한 관리 실패를 신랄하게 비판했다. "성공적인 기술을 위해서는 대중 홍보보다는 실제가 우선되어야 한다. 자연은 우롱할 수 없기 때문이다." Rogers Commission Report 1986, Appendix F.

CHAPTER 4. **혁명이 다가온다**

1. NASA는 아직도 능력 있는 과학자들과 엔지니어들이 선호하는 직장이다. 나는 여섯 개의 NASA센터에서 800명이 넘는 NASA의 엔지니어들을 가르쳤다. 그들 대부분은 자신들이 하는 일에 열정적이었다. 그러나 NASA가 가장 능력 있는 사람들을 유치하는 능력은 아폴로 시대에 최고점을 찍었다. 1970년대와 1980년대에는 실리콘 밸리의 유혹이 더 컸고, 2000년대에는 인터넷의 성장이 한계가 없는 새로운 전선을 제공했다. 모든 정부 기관과 마찬가지로 NASA에도 관료주의의 층들이 있고, 사업가와는 다른 문화가 있다.
2. *NASA's Efforts to Reduce Unneeded Infrastructure and Facilities* 2013, Report Number IG-13-008, Office of the Inspector General, Washington, DC.
3. *Final Countdown: NASA and the End of the Space Shuttle Program* by P. Duggins 2007. Tampa: University of Florida Press.
4. 앞에서 살펴본 것처럼 러시아는 자신들의 지분보다 더 많은 우주 개척자들과 이상주의자들을 배출했다. 낡은 기반 시설과 경쟁력 없는 산업으로 인해 나라가 어려움에 처해 있음에도 불

구하고 러시아 대학들이 제공하는 기술 교육은 비교할 수 없을 만큼 좋았다. 러시아 과학자들과 엔지니어들은 좋은 대우를 받았으며 생활을 견딜 만하게 해주는 특전을 제공받았다. 그러나 이 모든 것은 1989년의 소련이 몰락하면서 발생한 혼란으로 인해 바뀌었다. 그 후로 대학들은 자원 부족으로 어려움을 겪고 있고, 러시아는 기술적으로 재능 있는 많은 사람들을 미국과 서유럽으로 빼앗기는 심각한 인적 자원 유출로 고통받고 있다.

5. 소련 우주 프로그램의 설비 문제에 대한 2012년 이야기 속에서 국영 라디오 방송을 통해 보고한 것과 같다. http://www.npr.org/2012/03/12/148247197/for-russias-troubled-space-program-mishaps-mount.
6. NASA의 예산은 180억 달러 정도이다. 그리고 이 예산은 10년 동안 별로 달라지지 않았다. 현재 이 예산은 대략 지구 및 우주 과학과 천체 물리학 분야에 28퍼센트, 로켓과 추진 체계 개발에 22퍼센트, 국제 우주 정거장에 22퍼센트, 나머지는 항공학과 기타 기술 개발에 분배되고 있다.
7. "The Interplanetary Internet" by J. Jackson 2005. 이것은 다음 온라인 매체에 실렸다. *IEEE*, at http://spectrum.ieee.org/telecom/internet/the -interplanetary-internet.
8. 바움가르트너가 38킬로미터 상공에서 뛰어내릴 때 그가 본 광경을 보여주는 매력적인 비디오는 유튜브에서 500만 이상의 조회 수를 기록했다. https://www.youtube.com/watch?v=raiFrxbHxV0. 구글 부사장 앨런 유스터스Alan Eustace는 41킬로미터 상공에서 뛰어내려 15분 만에 지상에 착륙함으로써 바움가르트너의 고도 기록을 깼다(그러나 속도 기록을 깨지는 못했다).
9. 우주비행사들과 시험 비행사들 사이에 있었던 우주 도달 경쟁에 대한 이야기는 톰 울프Tom Wolfe가 쓴 책에 자세하게 소개되어 있다. *The Right Stuff* 1979. New York: Farrar, Straus and Giroux. 머큐리의 우주비행사 일곱 명은 원래 우주 캡슐을 타고 비행할 계획이 없었다. 그리고 울프는 비행기를 우주 가장자리까지 몰고 갔던 척 예거 같은 시험 비행사들과 그들의 역할을 비교했다. 울프의 책은 1983년에 인기 있는 영화로 만들어졌다.
10. *Chuck Yeager and the Bell X-1: Breaking the Sound Barrier* by D. A. Pisano, F. R. van der Linden, and F. H. Winter 2006. Washington, DC: Smithsonian National Air and Space Museum.
11. *Press On! Further Adventures in the Good Life* by C. Yeager and C. Leerhsen 1997. New York: Bantam Books.
12. *At the Edge of Space: The X-15 Flight Program* by M. O. Thompson 1992. Washington and London: Smithsonian Institution Press.
13. 미국 공군은 80킬로미터를 우주와의 경계라고 간주하고 있다. 그러나 비행기록을 관리하는 세계 기구인 국제 항공 연맹은 우주의 경계를 100킬로미터로 정해놓고 있다. 이 기준에 의하면 단 한 명의 공군 조종사만이 우주비행사라고 할 수 있다.
14. *American X-Vehicles: An Inventory from X-1 to X-50* by D. R. Jenkins, T. Landis, and J. Miller 2003, Monographs in Space History (Centennial of Flight), NASA Special Publication Number 31,

NASA History Office, Washington, DC.

15. 우주 시는 작은 분야이다. 과학에 관한 시 모음에는 우주 프로그램, 특히 아폴로와 달 여행에서 영감을 받은 시들이 포함된다. 그 중에 가장 잘 알려진 시는 다음과 같다. *Songs from Unsung Worlds: Science in Poetry* 1988, ed. by Bonnie Gordon. London: Birkhäuser; *Contemporary Poetry and Contemporary Science* 2006, ed. by Robert Crawford. Oxford: Oxford University Press. 놀랍게도 2009년까지는 궤도를 도는 동안 시를 쓴 우주비행사가 없었다. 그 명예는 미국의 돈 페티트의 〈명왕성으로 가는 길Halfway to Pluto〉에 돌아갔다. 그리고 그해에 일본 우주비행사 고이치 와카타Koichi Wakata가 자유 연작시의 일부인 시를 썼다. 이것은 장엄한 일본 렌가, 렌쿠 형식을 바탕으로 한 것이었다.

16. *Astronaut Fact Book* 2013, NASA Publication NP-2013-04-003-JSC, National Aeronautics and Space Administration, Washington, DC.

17. *The Colbert Report*, Episode 1012, broadcast on November 3, 2005, on Comedy Central. See episodes online at http://www.thecolbertreport.cc.com.

18. "Prospects of Space Tourism" by S. Abitzsch 1996, presented at the Ninth European Aerospace Congress, hosted by Space Future.

19. *Space Tourism: Do You Want to Go?* by J. Spencer 2004. Burlington, Ontario: Apogee Books.

20. 미국 하원의원들의 손에서 빠르게 죽어간 프로그램들은 NASA 웹사이트에 열거되어 있다. http://nasawatch.com/archives/2005/06/nasas-first-and-last-artist-in-residence.html.

21. *Inventing the Internet* by J. Abbate 1999. Cambridge: MIT Press. 다음도 참고하라. "The Internet: On its International Origins and Collaborative Vision" by R. Hauben 2004. *Amateur Computerist*, vol. 2, no. 2, and "A Brief History of the Internet" by B. M. Leiner et al. 2009, online at http://www.internetsociety.org/internet/what-internet/history-internet/brief-history-internet.

22. "Eisenhower's Warning: The Military-Industrial Complex Forty Years Later" by W. D. Hartung 2001. *World Policy Journal*, vol. 18, no. 1.

23. *Unwarranted Influence: Dwight D. Eisenhower and the Military-Industrial Complex* by J. Ledbetter 2011. New Haven, CT: Yale University Press.

CHAPTER 5. 사업가들과의 만남

1. "Private Space Exploration a Long and Thriving Tradition" by M. Burgan 2012. In *Bloomberg View*, online at http://www.bloombergview.com/articles/2012-07-18/private-space-exploration-a-long-and-thriving-tradition.

2. "The Wit and Wisdom of Burt Rutan" by E. R. Hedman 2011. In *The Space Review,* online at

http://www.thespacereview.com/article/1910/1.

3. *Rutan—The Canard Guru* by M. S. Rajamurthy 2009. India: National Aerospace Laboratories.
4. *Voyager* by J. Yeager and D. Rutan 1988. New York: Alfred A. Knopf. 다음도 참고하라. *Voyager: The World Flight: The Official Log, Flight Analysis and Narrative Explanation* by J. Norris 1988. Northridge, CA: Jack Norris.
5. "Burt Rutan—Aerospace Engineer," interview on March 3, 2012, on BigThink website, http://bigthink.com/users/burtrutan.
6. 엑스 프라이즈 수상의 흥분이 〈모하비 매직Mojave Magic: A Turtle's Eye View of SpaceShipOne〉이라는 다큐멘터리 영화에 잘 담겨 있다. 2005년에 만들어진 이 짧은 영화는 짐 세이어스Jim Sayers가 시나리오를 쓰고 감독했으며, 닥 가노Dag Gano와 짐 세이어스가 제작했고, 데저트 터틀 프로덕션Desert Turtle Productions이 배포했다.
7. *Losing My Virginity: How I've Survived, Had Fun, and Made a Fortune Doing Business My Way* by R. Branson 2002. London: Virgin Books Limited. 다음도 참고하라. *Screw Business As Usual* by R. Branson 2011. London: Penguin Group.
8. "Richard Branson: Virgin Entrepreneur" by M. Vinnedge 2009. *Success* magazine, online at http://www.success.com/article/richard-branson-virgin-entrepreneur.
9. *Dirty Tricks: The Inside Story of British Airways' Secret War Against Richard Branson's Virgin Atlantic* by M. Gregory 1994. London: Little, Brown.
10. "Up: The Story Behind Richard Branson's Goal to Make Virgin a Galactic Success" by A. Higginbotham 2013. *Wired* magazine, online at http://www.wired.co.uk/magazine/archive/2013/03/features/up.
11. From a Reddit discussion on October 17, 2013, online at http://www.reddit.com/r/IAmA/comments/1onkop/i_am_peter_diamandis_founder_of_xprize/.
12. *We* by C. Lindbergh 1927. New York: Putnam and Sons. 《우리》라는 제목은 린드버그가 역사적인 비행을 한 것이 결코 자기 혼자가 아니라 비행기 '세인트루이스의 정신'과 함께였다고 말한 것을 나타낸다.
13. "The Dream of the Medical Tricorder" 2012. *The Economist*, online at http://www .economist.com/news/technology-quarterly/21567208-medical-technology-hand-held-diagnostic-devices-seen-star-trek-are-inspiring.
14. "Peter Diamandis: Rocket Man" by B. Caulfield 2012. *Forbes* magazine, February 13, online at http://www.forbes.com/sites/briancaulfield/2012/01/26/peter -diamandis -rocket -man/2/.
15. 디아만디스가 2013년 2월 15일 그의 블로그에서 호킹의 무중력 비행에 관한 이야기를 자세히 했다. 〈허핑턴 포스트〉에서 보려면 다음의 주소를 참고하라. http://www.huffingtonpost.com/peter-diamandis/prof-hawking-goes-weightl_b_2696167.html.
16. "Robert Goddard: A Man and His Rocket," online at http://www.nasa.gov/missions/research/f_

goddard.html.

17. *Abundance: The Future Is Better Than You Think* by P. Diamandis and S. Kotler 2012. New York: Free Press.

18. 이것은 다음에 인용되었다. "The New Space Race: Complicating the Rush to the Stars" by D. Bennett for the Tufts Observer, online at http://tuftsobserver.org/2013/11/the-new-space-race-complicating-the-rush-to-the-stars/.

19. "At Home with Elon Musk: The (Soon-to-Be) Bachelor Billionaire" by H. Elliott in *Forbes Life*, online at http://www.forbes.com/sites/hannahelliott/2012/03/26/at-home-with-elon-musk-the-soon-to-be-bachelor-billionaire/.

20. *The Startup Playbook: Secrets of the Fastest-Growing Startups from Their Founding Entrepreneurs* by D. Kidder 2013. San Francisco: Chronicle Books.

21. 온라인 〈이코노미스트〉는 다음의 주소를 참고하라. http://www.economist.com/news/technology -quarterly/ 21603238 -bill -stone -cave -explorer -who -has -discovered -new -things -about-earth -now -he.

22. *Born Entrepreneurs, Born Leaders: How Your Genes Affect Your Work Life* by S. Shane 2010. Oxford: Oxford University Press. 다음의 기술적 논문도 참고하라. "Is the Tendency to Engage in Entrepreneurship Genetic?" by N. Nicolaou, S. Shane, L. Cherkas, J. Hunkin, and T. D. Spector 2008. *Management Science*, vol. 54, no. 1, pp. 167-79.

23. "The Innovative Brain" by A. Lawrence, L. Clark, J. N. Labuzetta, B. Sahakian, and S. Vyakarnum 2008. *Nature*, vol. 456, pp. 168-69.

CHAPTER 6. **지평선 너머**

1. *The Heavens and the Earth: A Political History of the Space Age* by W. MacDougall 1985. Baltimore: Johns Hopkins University Press.

2. 이것은 다음에 인용되었다. "Private Dragon Capsule Arrives at Space Station in Historic First" by C. Moskowitz. Space.com, online at http://www.space.com/15874-private-dragon-capsule-space-station-arrival.html.

3. 오비탈 사이언스가 제작한 안타레스 로켓이 2014년 10월 23일 발사 후 수 초 만에 폭발했을 때 우리는 우주비행의 어려움을 다시 상기하게 되었다. 이 로켓은 국제 우주정거장에 재보급을 위한 임무를 수행 중이었다.

4. 이것은 다음에 인용되었다. "SpaceX Successfully Launches Its Next Generation Rocket" by A. Knapp. *Forbes* magazine, online at http://www.forbes.com/sites/alexknapp/2013/09/30/spacex-successfully-launches-its-next-generation-rocket/.

5. 패리스 힐튼의 말은 다음에 인용되었다. *Britain's Daily Express*, online at http://www.express.co.uk/news/science-technology/431046/Hollywood-stars-in-space-as-Richard-Branson-s-Earth-orbiting-flight-is-months-away.
6. 스페이스 어드벤처는 상업 우주 분야의 최초 참가자 중 하나였다. 에릭 앤더슨이 1998년에 설립한 이 회사는 2001년 이후 일곱 명의 고객을 여덟 차례에 걸쳐 국제 우주 정거장까지 성공적으로 여행시켰다. 미래 궤도 여행을 위해 500만 달러를 예치하고 있는 사람들 중에는 구글의 공동 창업자, 세르게이 브린Sergey Brin도 포함되어 있다. 이 회사는 2017년부터 1억 5,000만 달러의 비용으로 달 근접 비행 상품도 제공할 예정이다.
7. 이것은 다음에 인용되었다. "Amazon.com's Bezos Invests in Space Travel, Time" by Amy Martinez, in *Seattle Times*, online at http://seattletimes.com/html/businesstechnology/2017883721 amazonbezos25.html.
8. 상업 지구궤도 수송 서비스(COTS) 프로그램은 미국의 국제 우주 정거장에 재공급하는 능력을 개발하기 위한 NASA의 노력이었다. 이 프로그램은 2006년부터 2013년 9월까지 운영되었으며, 스페이스엑스와 오비탈 사이언스 코퍼레이션에 5억 달러를 지급했다. 이것은 우주왕복선이 한 번 비행하는 데 소요되는 비용보다 적다. 따라서 NASA는 이 프로그램이 대단히 성공적이었다고 평가했다. 다음의 자료를 참고하라. *Commercial Orbital Transportation Services: A New Era in Spaceflight* by R. Hackler and R. Wright 2014, NASA Special Publication 2014-017, NASA, Washington, DC.
9. NASA는 이 정보를 웹사이트에 게재했다. http://www.nasa.gov/exploration/systems/sls/#.U5Ot13JdWSo.
10. 대통령 연설 원고는 다음을 참고하라. http://www.nasa.gov/news/media/trans/obama_ksc_trans.html.
11. 이 소행성 프로젝트는 원래 미래 소행성 충돌로부터 지구를 보호하자는 아이디어로 시작되었다. 그러나 포획할 수 있는 암석은 이 문제를 해결하기에는 너무 작았다. 이 미션의 개념에는 알려지지 않은 것이 많은데, 이런 것은 보통 계획에 없던 많은 시간과 많은 돈으로 이어진다. 이에 대한 자세한 내용은 다음의 NASA 웹사이트를 참고하라. http://www.nasa.gov/mission_pages/asteroids/initiative/.
12. "So You Want to Launch a Rocket? An Analysis of FAA Licensing Requirements with a Focus on the Legal and Regulatory Issues Created by the New Generation of Launch Vehicles," unpublished paper by Nathanael Horsley.
13. "Stuck to the Ground by Red Tape" 2013. *The Economist*, online at http://www.economist.com/news/technology-quarterly/21578517-space-technology -dozens-firms-want-commercialise-space-various-ways.
14. 2005년 4월 20일 열린 하원 과학 위원회와 우주항공 소위원회의 "상업 우주의 미래 시장" 청문회에서 버트 루탄이 증언한 내용.

15. 2003년 보고서 전체를 다음 사이트에서 찾아볼 수 있다. http://www.nasa.gov/columbia/home/CAIB_Vol1.html.
16. "Weighing the Risks of Space Travel" by J. Foust 2013. *The Space Review*, online at http://www.thespacereview.com/article/36/1.
17. 다음의 책에 수록된 기사에 보고된 대로이다. *Almost History* by R. Bruns 2001, online at http://www.space.com/7011-president-nixon-prepared-apollo-disaster.html.
18. *The Evolution of Rocket Technology* (e-book) by M. D. Black 2012. Payloadz.com.
19. 중국은 경제 성장과 강력한 투자로 인해 과학 기술 분야에서 빠른 진전을 이루었다. 그러나 별로 자랑스럽지 못하기도 한 이유는 부끄럼 없이 적극적으로 지적 재산권을 침해하여 최첨단 기술을 복제했기 때문이다. 그들은 전투기, 슈퍼컴퓨터 분야에서 이런 일을 했으며, 우주 기술에서도 이미 그런 일을 하고 있다.
20. "Space Transportation Costs: Trends in Price Per Pound to Orbit 1990–2000," a 2002 report developed by the Futron Corporation in Bethesda, Maryland.
21. "The Effects of Long-Duration Space Flight on Eye, Head, and Trunk Coordination During Locomotion" by I. B. Kozlovskaya et al. 2004. Unpublished report by Life Sciences Group, Johnson Space Center. 다음의 자료도 참고하라. 국립과학 아카데미에서도 우주 생활에의 적응에 대한 다음 보고서의 작성을 지원했다. "Human Factors in Long-Duration Spaceflight," by the Space Sciences Board of the National Research Council 1972. Washington, DC: National Academies Press.
22. 존슨 우주 센터의 구두 역사 프로젝트에서 나온 자료이다. 1999년 캐롤 버틀러Carol Butler가 인터뷰했다. 온라인으로는 다음의 주소를 참고하라. http://www.jsc.nasa.gov/history/oral_histories/StevensonRE/RES 5-13-99.pdf.
23. "Why Do Astronauts Suffer from Space Sickness?" An article on research by S. Nooij of Delft University of Technology, online at http://www.sciencedaily.com/releases/2008/05/080521112119.htm.
24. *Space Physiology and Medicine* by A. E. Nicogossian, C. L. Huntoon, and S. L. Pool 1993. Philadelphia: Lea and Febiger. 다음의 자료도 참고하라. "Beings Not Made for Space" by K. Chang, *New York Times*, January 27, 2014, online at http://www.nytimes.com/2014/01/28/science/bodies-not-made-for-space.html.
25. "Living and Working in Space," NASA Report FS-2006-11-030-JSC, produced by Johnson Space Center.
26. 다음의 영상 자료를 참고하라. Comedy Central's *The Colbert Report* at http:// www.colbertnation.com/the-colbert-report-collections/307748/colbert-s-best-space-moments/168719.

CHAPTER 7. 수많은 행성

1. 팀비샤 쇼숀 족에 대한 정보는 국립공원 서비스 웹사이트의 '죽음의 계곡 국립공원' 페이지에서 찾을 수 있다. http://www.nps.gov/deva/parkmgmt/tribal_homeland.htm.
2. 다음의 여행담을 참고하라. "Life in the Past Tense: Chile's Atacama Desert" by S. Beale, at the Perceptive Travel website: http://www.perceptivetravel.com/issues/1211/chile.html.
3. "Life Is a Chilling Challenge in Subzero Siberia" by B. Trivedi, from a National Geographic Channel TV show, online at http://news.nationalgeographic.com/news/2004/05/0512_040512_tvoymyakon.html.
4. *Pale Blue Dot: A Vision of the Human Future in Space* by C. Sagan 1994. New York: Random House, pp. xv–xvi.
5. "Extremophiles 2002" by M. Rossi et al. 2003. *Journal of Bacteriology*, vol. 185, no. 13, pp. 3683–89. 다음의 자료도 참고하라. *Polyextremophiles: Life Under Multiple Forms of Stress*, ed. by J. Seckbach et al. 2013. Dordrecht: Springer; *Weird Life: The Search for Life That Is Very, Very Different from Our Own* by D. Toomey 2014. New York: W. W. Norton.
6. "Quick Guide: Tardigrades" by B. Goldstein and M. Baxter 2002. *Current Biology*, vol. 12, no. 14, R475; and "Radiation Tolerance in the Tardigrade" by D. D. Horikawa et al. 2006. *International Journal of Radiation Biology*, vol. 82, no. 12, pp. 843–48.
7. "The Role of Vitrification in Anhydrobiosis" by J. H. Crowe, J. F. Carpenter, and L. M. Crowe 1998. *Annual Review of Physiology*, vol. 60, pp. 73–103.
8. 지구형 행성 표면에서의 평형 온도에 대한 간단한 계산은 별의 밝기와 행성까지의 거리에 의해서만 달라진다. 만약 공전궤도의 이심률이 큰 타원이면 행성은 1년 동안에 서식 가능 지역을 들어가고 나갈 수 있다. 대기는 표면 온도를 올린다. 이산화탄소나 메탄과 같은 온실 기체는 표면 온도를 크게 높여 서식 가능 지역을 더 먼 곳으로 이동시킨다.
9. "A Possible Biogeochemical Model for Mars" by A. De Morais 2012. *43rd Lunar and Planetary Science Conference*, vol. 43, p. 2943.
10. 푸에르토리코 대학의 아벨 멘데즈Abel Mendez는 태양계 안의 지역들을 평가하기 위해 행성 서식 가능성의 정량적 척도를 사용했다. 이 척도는 식물, 식물플랑크톤, 미생물과 같은 1차 생산자들의 생존에 핵심적이다. 서식 가능성은 대기와 지질학적 변화에 의해 진화될 수 있다. 멘데즈는 태양계 안에서 엔켈라두스가 가장 높은 서식 가능성을 가지고 있으며, 그다음은 화성, 에우로페, 타이탄 순이라는 것을 발견했다. 전체 내용의 요약은 다음 인터넷 사이트에서 천체생물학 잡지의 논문을 찾아 읽으면 된다. http://www.astrobio.net/pressrelease/3270/islands-of-life-across-space-and-time.
11. "A Jupiter-Mass Companion to a Solar-Type Star" by M. Mayor and D. Queloz 1995. *Nature*, vol. 378, pp. 355–59.

12. *The Exoplanet Handbook* by M. A. C. Perryman 2011. Cambridge: Cambridge University Press.
13. "The HARPS Search for Earth-like Planets in the Habitable Zone" by F. Pepe et al. 2011. *Astronomy and Astrophysics*, vol. 534, p. A58.
14. "One or More Bound Planets per Milky Way Star from Microlensing Observations" by A. Cassan et al. 2012. *Nature*, vol. 481, pp. 167-69; "Prevalence of Earth-Size Planets Orbiting Sun-like Stars" by E. A. Petigura, A. W. Howard, and G. W. Marcy 2013. *Proceedings of the National Academy of Sciences*, vol. 110, no. 48, p. 19273.
15. 케플러 미션과 이 미션의 목표에 대한 과학적이고 기술적인 많은 정보는 NASA 웹사이트에서 찾아볼 수 있다. http://www.kepler.arc.nasa.gov/.
16. 2014년, 과학자들이 우주선의 방향을 유지하는 데 별빛의 압력을 이용하는 방법과 미세한 추진 엔진을 이용하는 방법을 알아내 케플러 우주선의 생명을 연장시켰다. 원래의 방향 유지보다는 정밀하지 못하기 때문에 케플러는 더 이상 지구와 같은 행성을 찾아낼 수 없다. 그러나 하늘의 넓은 지역에서 다양한 형태의 별 주변을 돌고 있는 행성들을 찾아낼 수 있다. 이 K2 임무는 2016년까지 끝나게 된다.
17. "Planetary Candidates Observed by Kepler, III. Analysis of the First 16 Months of Data" by N. Batalha et al. 2013. *The Astrophysical Journal Supplement*, vol. 204, pp. 24-45.
18. "The Occurrence Rate of Small Planets Around Small Stars" by C. D. Dressing and D. Charbonneau 2013. *The Astrophysical Journal*, vol. 767, pp. 95-105.
19. "Space Oddities: 8 of the Strangest Exoplanets" by D. Orf 2013. *Popular Mechanics* magazine, online at http://www.popularmechanics.com/science/space/deep/space-oddities-8-of-the-strangest-exoplanets#slide-1.
20. "An Earth Mass Planet Orbiting Alpha Centauri B" by X. Dumusque et al. 2012. *Nature*, vol. 491, pp. 207-11.

CHAPTER 8. **다음 우주 경쟁**

1. "Profiles of Government Space Programs 2014" published by Euroconsult, with a summary analysis online at http://spaceref.biz/commercial-space/global-spending-on-space-decreases-for-first-time-in-20-years.html.
2. "China: The Next Space Superpower" by E. Strickland 2013, 〈IEEE 스펙트럼〉에서 진행한 더 자세한 분석은 다음 주소에서 볼 수 있다. http://spectrum.ieee.org/aerospace/space-flight/china-the-next-space-superpower.
3. *China's Space Program: From Conception to Manned Spaceflight* by B. Harvey 2004. Dordrecht: Springer-Verlag.

4. 해드필드의 비디오는 유튜브에서 크게 유행하면서 2,200만 조회 수를 기록했다. 그러나 오직 데이비드 보위로부터만 일 년 동안 보관해도 된다는 허락을 받았다. 그래서 2014년 5월에 내려졌다.

5. 이 내용은 〈스페이스 데일리Space Daily〉에 보도되었다. 다음 주소에서 볼 수 있다. http://www.spacedaily.com/reports/China_launches_longest-ever_manned_space_mission_999.html.

6. "Chinese Super-Heavy Launcher Designs Exceed Saturn V" by B. Perrett 2013. *Aviation Week*, online at http://www.aviationweek.com/Article.aspx?id=/article-xml/AW 09_30_2013_p22-620995.xml.

7. 〈스페이스닷컴space.com〉의 온라인 보도는 다음을 참고하라. at http://www.space.com/14697-china-space-program-military-threat.html; http:// www .space .com/ 25517-china-military-space-technology.html.

8. "The Man Who Says He Owns the Moon" by R. Hardwick, 〈마더보드Motherboard〉에서 진행한 인터뷰와 기사는 다음을 참고하라. http://motherboard.vice.com/blog/the-man-who-owns-the-moon.

9. 영어, 불어, 러시아어, 중국어, 그리고 아랍어로 된 조약의 전문은 UN 웹 사이트에서 찾을 수 있다. http://www.unoosa.org/oosa/SpaceLaw/outerspt.html.

10. 위원회는 UN 총회의 결의로 1959년에 구성되었다. 76개국이 참여했고, 2014년에 비엔나에서 57차 회의를 가졌다. 과학·기술, 법률이라는 두 개의 소위원회가 있다. http://www.unoosa.org/oosa/COPUOS/copuos.html.

11. UN의 달 조약은 1984년 5개국이 조인하여 효력을 가졌다. 이 조약의 전문은 다음 사이트에서 찾아볼 수 있다. http://www.unoosa.org/oosa/SpaceLaw/moon.html.

12. "Is NASA's Plan to Lasso an Asteroid Really Legal?" by L. David 2013, 〈스페이스닷컴〉 사이트에서는 다음 주소를 참고하라. http://www.space.com/22605-nasa-asteroid-capture-mission-legal -issues .html.

13. 이 내용은 다음에 인용되었다. "To the Moon, Mars, and Beyond: Culture, Law, and Ethics in Space-Faring Societies" by L. Billings. 이 자료는 다음에서 발표되었다. 2006 at the 21st annual conference of the International Association for Science, Technology, and Society.

14. 이 내용은 다음 자료의 25장에서 린다 빌링스Linda Billings에 의해 인용되었다. Michael Griffin, *Societal Impact of Spaceflight*, ed. by S. J. Dick and R. A. Launius, NASA Special Publication NASA-SP-4801, National Aeronautics and Space Administration, Washington, DC. 피터 디아만디스는 다음 자료에 인용되었다. "The Final Capitalist Frontier" by M. Baard, in *Wired* magazine. 온라인으로는 다음을 참고하라. http://www.wired.com/science/space/news/2004/11/65729.

15. "The Space Elevator: A Thought Experiment or the Key to the Universe?" by A. C. Clarke, in *Advances in Earth Oriented Applied Space Technologies*, Vol. 1, 1981. London: Pergamon Press, pp.

39-48. 다음의 자료도 참고하라. "The Physics of the Space Elevator" by P. K. Aravind 2007. *American Journal of Physics,* vol. 45, no. 2, p. 125.

16. 나노튜브가 개발된 직후, 기술의 상태가 다음의 자료에 설명되어 있다. "Space Elevators: An Advanced Earth-Space Infrastructure for the New Millennium," compiled by D. B. Smitherman Jr., NASA Publication CP-2000-210429. 이 글은 1999년 6월 마셜 우주비행 센터에서 열렸던 '정지 궤도를 돌고 있는 우주 엘리베이터 테더 개념'에 대한 고등 우주 기반시설 워크숍을 통해 알게 된 것을 바탕으로 하고 있다. 그 이후 브래들리 칼 에드워드Bradley Carl Edwards는 NASA 고등 개념 연구소의 지원을 받아 우주 엘리베이터에 탄소 나노튜브를 사용하는 방법을 연구하고 있다.

17. 고고도 비행의 경우와 마찬가지로 이 분야의 발전은 안사리 엑스 프라이즈와 같은 일련의 경쟁을 통해 고무되었다. '엘리베이터 2010'은 2005년부터 2009년까지 매년 개최되었다. NASA는 100주년 챌린지 프로그램을 통해 상금을 인상했다. 유럽에서도 2011년에 공개경쟁을 시작했다.

18. "Carbyne from First Principles: Chain of C Atoms, a Nanorod, or a Nanorope?" by M. Liu et al. 2013. *American Chemical Society Nanotechnology,* vol. 7, no. 11, pp. 10075-82.

19. *Space Elevators: An Assessment of the Technological Feasibility and the Way Forward* by P. Swan et al. 2013. Houston: Science Deck Books, Virginia Edition Publishing Company.

20. "The Economic Benefits of Commercial GPS Use in the United States and the Costs of Potential Disruption," by N. D. Pham, June 2011, NDP Consulting, online at http://www.saveourgps.org/pdf/GPS-Report-June-22-2011.pdf.

21. "The Economic Impact of Commercial Space Transportation on the U.S. Economy in 2009," a 2010 report by the Federal Aviation Administration's Office of Commercial Space Transportation.

22. "Space Tourism Market Study: Orbital Space Travel and Destinations with Suborbital Space Travel," an October 2002 report by the Futron Corporation, Bethesda, Maryland. FAA가 작성한 더욱 최근의 보고서도 비슷한 결론에 도달했다. "Suborbital Reusable Vehicles: A Ten-Year Forecast of Market Demand."

23. *Mining the Sky: Untold Riches from the Asteroids, Comets, and Planets* by J. S. Lewis 1998. New York: Basic Books.

24. "Orbit and Bulk Density of the OSIRIS-REx Target Asteroid (101955) Bennu" by S. R. Chesley et al. 2014. *Icarus,* vol. 235, pp. 5-22.

25. "Profitable Asteroid Mining" by M. Busch 2004. *Journal of the British Interplanetary Society,* vol. 57, pp. 301-5.

CHAPTER 9. **우리의 다음 고향**

1. 실무자들의 협의 내용이 다음 자료에 잘 설명되어 있다. 이 책은 NASA 역사 시리즈의 일부로 NASA 특별 출판물 4205로 출판되었다. *Chariots for Apollo: A History of Manned Lunar Spacecraft* by C. G. Brooks, J. M. Grimwood, and L. S. Swenson 1979.
2. "Costs of an International Lunar Base" by J. Weppler, V. Sabathier, and A. Bander 2009, Center for Strategic and International Studies, Washington, DC. 다음 주소를 참고하라. https://csis.org/publication/costs-international-lunar-base.
3. "How Wet the Moon? Just Damp Enough to Be Interesting" by R. A. Kerr 2010. *Science*, vol. 330, p. 434. 그리고 연속되는 연구 논문들이 〈사이언스〉 특별 호에 실려 있다.
4. "Mining and Manufacturing on the Moon," from the Aerospace Scholars program. 다음 주소를 참고하라. http://web.archive.org/web/20061206083416/http://aerospacescholars.jsc.nasa.gov/HAS/cirr/em/6/6.cfm; and "Building a Lunar Base with 3D Printing," a research program at the European Space Agency. 다음 주소를 참고하라. http://www.esa.int/Our_Activities/Technology/Building_a_lunar_base_with_3D_printing., and a subsequent set of research articles in the special issue of Science.
5. "The Peaks of Eternal Light on the Lunar South Pole: How They Were Found and What They Look Like" by M. Kruijff 2000. *4th International Conference on Exploration and Utilisation of the Moon* (ICEUM4), ESA/ESTEC, SP-462. 또한 다음의 자료를 참고하라. "A Search for Lava Tubes on the Moon: Possible Lunar Base Habitats" by C. R. Coombs and B. R. Hawke 1992. *Second Conference on Lunar Bases and Space Activities of the 21st Century* (SEE N93-17414 05-91), vol. 1, pp. 219-29.
6. "Lunar Space Elevators for Cislunar Space Development" by J. Pearson, E. Levin, J. Oldson, and H. Wykes 2005, Phase 1 Final Technical Report under research subaward 07605-003-034. 이 보고서는 NASA에 제출되었다.
7. 새로운 정보가 다음 인터넷 사이트에 항상 올라간다. http://www.googlelunarxprize.org/.
8. "Estimation of Helium-3 Probable Reserves in Lunar Regolith" by E. N. Slyuta, A. M. Abdrakhimov, and E. M. Galimov 2007. *Lunar and Planetary Science Conference* XXXVIII, pp. 2175-78.
9. "Nuclear Fusion Energy—Mankind's Giant Step Forward" by S. Lee and L. H. Saw 2010. *Proceedings of the Second International Conference on Nuclear and Renewable Energy Sources*, pp. 2-8.
10. "China Considers Manned Moon Landing Following Breakthrough Chang'e-3 Mission Success" by K. Kremer. 이 내용은 〈대학 오늘Universe Today〉에 실렸다. 다음의 주소를 참고하라. http://www.universetoday.com/107716/china-considers-manned-moon-landing-following-breakthrough-change-3-mission-success/.

11. *The War of the Worlds* by H. G. Wells 1898. London: Bell, 1장 중에서.

12. "Metastability of Liquid Water on Mars" by M. H. Hecht 2002. *Icarus*, vol. 156, pp. 373–86. 또한 다음을 참고하라. "Ancient Oceans, Ice Sheets, and the Hydrological Cycle on Mars" by V. R. Baker et al. 1991. *Nature*, vol. 352, pp. 589–94. 좀 더 최근의 발견들은 다음과 〈사이언스〉 특별 호의 관련 기사에 자세하게 소개되어 있다. Special Issue: Analysis of Surface Materials by the Curiosity Mars Rover" by J. Grotzinger 2013. *Science*, vol. 341, p. 1475,

13. Water on Mars by M. H. Carr 1996. Oxford: Oxford University Press.

14. *The Case for Mars: The Plan to Settle the Red Planet and Why We Must* by R. M. Zubrin and R. Wagner 1996. New York: Simon & Schuster; *Mars on Earth: The Adventures of Space Pioneers in the High Arctic* by R. M. Zubrin 2003. New York: Bargain Books; *How to Live on Mars: A Trusty Guidebook to Surviving and Thriving on the Red Planet* by R. M. Zubrin 2008. New York: Three Rivers Press. 그의 가장 최근 책에는 드래곤 엑스 로켓을 이용하는 최신 화성 탐험이 소개되어 있다. *Mars Direct, Space Exploration, and the Red Planet* by R. M. Zubrin 2013. New York: Penguin.

15. 〈NPR 사이언스 프라이데이NPR Science Friday〉에서 진행한 인터뷰. 다음의 주소를 참고하라. http://www.npr.org/2011/07/01/137555244/is-settling-mars-inevitable-or-an-impossibility.

16. *Pathways to Exploration: Rationales and Approaches for a U.S. Program of Human Space Exploration*, by the Committee on Human Spaceflight 2014, National Research Council, Washington, DC.

17. "Circadian Rhythm of Autonomic Cardiovascular Control During Mars 500 Simulated Mission to Mars" by D. E. Vigo et al. 2013. *Aviation and Space Environmental Medicine*, vol. 84, pp. 1023–38.

18. 버즈 올드린의 웹사이트에서 가져왔다. http://buzzaldrin.com/what-nasa-has-wrong-about-sending-humans-to-mars/.

19. 510(c)3 비영리 단체인 인스피레이션 마스의 웹사이트는 다음과 같다. http://www.inspirationmars.org/.

20. 더 많은 정보를 찾기 위해서는 다음 인터넷 사이트들을 참조하기 바란다. http://www.inspirationmars.org/; http://www.mars-one.com/.

21. 발사일이 가장 빨라도 2024년으로 연기되었지만 언론은 한발 앞서 나가고 있다. 2014년 6월 란스도르프는 최종 우주 여행자들의 선발 및 훈련 과정을 리얼리티 시리즈로 제작을 시작하기 위한 계약을 네덜란드 TV 거물 엔데몰Endemol과 체결했다.

22. *Reading the Rocks: The Autobiography of the Earth* by M. Bjornerud 2005. New York: Basic Books; *Life on a Young Planet: The First Three Billion Years of Evolution on Earth* by A. H. Knoll 2004. Princeton, NJ: Princeton University Press.

23. "Technological Requirements for Terraforming Mars" by R. M. Zubrin and C. P. McKay 1993, technical report for NASA Ames Research Center. 다음의 주소를 참고하라. http://www.users.

globalnet.co.uk/~mfogg/zubrin.htm.

24. 1993년 로빈슨의 책《붉은 화성》은 식민지화를 다룬다. 이다음 단락은 171쪽에서 발췌했다. 1994년《초록 화성Green Mars》은 테라포밍을 다룬다. 1995년《푸른 화성Blue Mars》은 인간 주거지의 먼 미래를 설명하고 있다. 모두 뉴욕 랜덤하우스에서 출간되었다.

CHAPTER 10. **원격 감지**

1. "Why Oculus Rift Is the Future of Gaming," online at http://www.gizmoworld.org/why-oculus-rift-is-the-future-in-gaming/.
2. 흥미롭게도, 원격회의가 원격감지를 완전하게 전달할 필요는 없다. 왜냐하면 두뇌는 '빈 것을 메우는' 경향이 있고, 익숙한 것을 나타내는 감각의 '부드럽지 않은 가장자리를 부드럽게 만들려는' 경향이 있기 때문이다. 다음 자료를 참고하라. "Another Look at 'Being There' Experiences in Digital Media: Exploring Connections of Telepresence with Mental Imagery" by I. Rodriguez-Ardura and F. J. Martinez-Lopez 2014. *Computers in Human Behavior*, vol. 30, pp. 508-18.
3. *Brother Assassin* by F. Saberhagen 1997. New York: Tor Books.
4. 다음 인터넷 사이트를 참고하라. http://www.ted.com/talks/edward_snowden_here_s_how_we_take_back_the_internet.
5. "Multi-Objective Compliance Control of Redundant Manipulators: Hierarchy, Control, and Stability" by A. Dietrich, C. Ott, and A. Albu-Schaffer 2013. *Proceedings of the 2013 IEEE/RSJ International Conference on Intelligent Robots and Systems*, Tokyo, pp. 3043-50.
6. *Human Haptic Perception*, ed. by M. Grunwald 2008. Berlin: Birkhäuser Verlag.
7. "Telepresence" by M. Minsky 1980, *Omni* magazine. 이 잡지는 폐간되었지만 다음의 주소에서 자료를 확인할 수 있다. http://web.media.mit.edu/~minsky/papers/Telepresence.html.
8. 파인만의 강의는 1959년 12월 29일 칼텍에서 열린 미국물리학회에서 행해졌다. 강의 원고는 다음의 주소에 실려 있다. http://www.zyvex.com/nanotech/feynman.html. 그는 두 가지 도전적인 과제를 제시하며 강의를 끝내고, 두 가지 과제에 각각 1,000달러씩 상금을 걸었다. 작은 모터를 만드는 첫 번째 과제의 상금은 윌리엄 매클런William McLellan에게 돌아갔다. 두 번째 과제는 브리태니커 백과사전의 모든 내용을 핀 한 개의 머리에 심는 것이었는데, 1985년 스탠퍼드 대학원생이 찰스 디킨스의《두 도시 이야기》속 한 단락을 2만 5,000배로 축소하여 이 상금을 받았다.
9. 파인만은 나노기술이 각광받기 시작한 후 자신의 아이디어를 반복해서 주장했다. "There's Plenty of Room at the Bottom" by R. P. Feynman 1992. *Journal of Microelectromechanical Systems*, vol. 1, pp. 60-66; and "Infinitesimal Machinery" by R. P. Feynman 1993. *Journal of*

Microelectromechanical Systems, vol. 2, pp. 4–14.
10. "Prokaryotic Motility Structures" by S. L. Bardy, S. Y. Ng, and K. F. Jarrell 2003. *Microbiology*, vol. 149, part 2, pp. 295–304.
11. *Synergetic Agents: From Multi-Robot Systems to Molecular Robotics* by H. Haken and P. Levi 2012. Weinheim, Germany: Wiley-VCH. 이 분야의 시발점이 된 책은 다음과 같다. *Engines of Creation: The Coming Era of Nanotechnology* by E. Drexler 1986. New York: Doubleday.
12. "The Next Generation of Mars Rovers Could Be Smaller Than Grains of Sand" by B. Ferreira 2012, in *Popular Science*, online at http://www.popsci.com/technology/article/2012-07/why-next-gen-rovers-could-be-smaller-grain-sand.
13. Research at Goddard Space Flight Center: http://www.nasa.gov/centers/goddard/news/ants.html.
14. *Nanorobotics: Current Approaches and Techniques*, ed. by C. Mavroidis and A. Ferreira 2013. New York: Springer.
15. *From the Earth to the Moon* by J. Verne 1865. Paris: Pierre-Jules Hetzel.
16. *Solar Sails: A Novel Approach to Interplanetary Flight* by G. Vulpetti, L. Johnson, and L. Matloff 2008. New York: Springer.
17. 코스모스 1의 개념은 다음에 잘 기술되어 있다. "LightSail: A New Way and a New Chance to Fly on Light" by L. Friedman 2009. *The Planetary Report* (The Planetary Society, Pasadena), vol. 29, no. 6, pp. 4–9. 초기 실패 뒤에 이 프로젝트는 큐브샛을 이용하는 것으로 변경되었다. 이에 대해서는 다음에 자세히 설명되어 있다. *Small Satellites: Past, Present, and Future*, ed. by H. Helvajian and S. W. Janson 2008. El Segundo, CA: Aerospace Press.
18. 선재머는 계약자 '르가르드L'Garde' 사가 직면한 문제로 인해 2,100만 달러를 사용한 후 취소되었다. 하원 의원 데이나 로러바커Dana Rohrabacher는 이에 대해 역설적인 평가를 내렸다. "우리는 잠재적으로 엄청난 충격이 될 수 있는 이 작은 기술 개발을 지원할 능력이 없어 보인다. (…) 그러나 우리는 화물도 없고, 미션도 없는 거대한 발사체 개발에 수조 달러를 사용하고 있다." 그는 NASA SLS의 대형 추진 로켓을 가리키고 있다.
19. "Nanosats Are Go!" in *The Economist* magazine, online at http://www.economist.com/news/technology-quarterly/21603240-small-satellites-taking-advantage-smartphones-and-other-consumer-technologies.
20. "NAIC Study of the Magnetic Sail" by R. Zubrin and A. Martin 1999 (slide presentation). 다음 주소를 참고하라. http://www.niac.usra.edu/files/library/meetings/fellows/nov99/320Zubrin.pdf.
21. "Searching for Interstellar Communications" by G. Cocconi and P. Morrison 1959. *Nature*, vol. 184, pp. 844–46.
22. "The Drake Equation Revisited. Part 1." 〈우주생물학Astrobiology〉 잡지에 실린 프랭크 드레이크의 회고록. 다음 주소를 참고하라. http://www.astrobio.net/index.php?option=com retrospection

& task =detail&id=610.

23. *SETI 2020: A Roadmap for the Search for Extraterrestrial Intelligence*, ed. by R. D. Ekers, D. Culler, J. Billingham, and L. Scheffer 2003. Mountain View, CA: SETI Press.

24. "Neuroanatomy of the Killer Whale (*Orcinus orca*) from Magnetic Resonance Images" by L. Marino et al. 2004. *The Anatomical Record Part A*, vol. 281A, no. 2, pp. 1256–63.

CHAPTER 11. **지구를 떠나 살아가기**

1. "Biospherics and Biosphere 2, Mission One" by J. Allen and M. Nelson 1999. *Ecological Engineering*, vol. 13, pp. 15–29.

2. "Life Under the Bubble" by J. F. Smith 2010, from *Discover* magazine. 다음의 주소를 참고하라. http://discovermagazine.com/2010/oct/20-life-under-the-bubble#.UkvfALNsdOA.

3. 여러 바이오스피어 참가자들이 그들의 경험에 대한 이야기를 썼다. 다음의 자료를 보라. *Life Under Glass: The Inside Story of Biosphere 2* by A. Alling and M. Nelson 1993. Santa Fe: Synergetic Press; T*he Human Experiment: Two Years and Twenty Minutes Inside Biosphere 2* by J. Poynter 2006. New York: Thunder's Mouth Press. 두 번째 실험이 실패로 끝난 후에 그 시설은 연구시설과 '서부 캠퍼스'로 사용하기 위해 컬럼비아 대학이 인수했다. 그러나 도시 학생들이 그곳에서 강의를 들으려 하지 않았기 때문에 3년 전에 컬럼비아 대학에서 콜로라도 대학으로 이관되었다. 바이오스피어는 기후, 토양 화학, 식물계와 동물계 사이의 복잡한 상호작용을 연구하는 실험실로 다시 태어났다. 그러나 밀폐된 자급자목 생태계로 되돌아가지는 못했다. 이 프로젝트의 투자자였던 에드 바스는 한때 상업적 목적으로 작은 크기의 바이오스피어를 판매할 생각을 가지고 있었다.

4. "Two Former Biosphere Workers Are Accused of Sabotaging the Dome," April 5, 1994, from the archives of the *New York Times*, online at http://www.nytimes.com/1994/04/05/us/two-former-biosphere-workers-are-accused-of-sabotaging-dome.html.

5. *Dreaming the Biosphere* by R. Reider 2010. Albuquerque: University of New Mexico Press.

6. "Calorie Restriction in Biosphere 2: Alterations in Physiologic, Hematologic, Hormonal, and Biochemical Parameters in Humans Restricted for a Two-Year Period" by R. Walford, D. Mock, R. Verdery, and T. MacCallum 2002. *The Journals of Gerontology*, Series A, vol. 57, no. 6, pp. B211–24.

7. "Coral Reefs and Ocean Acidification" by J. A. Kleypas and K. K. Yates 2009. *Oceanography*, December, pp. 108–17.

8. "Lessons Learned from Biosphere 2: When Viewed as a Ground Simulation/Analog for Long Duration Human Space Exploration and Settlement" by T. Mac-Callum, J. Poynter, and D.

Bearden 2004. SAE Technical Paper. 다음의 주소를 참고하라. http://www.janepoynter.com/documents/LessonsfromBio2.pdf.

9. *Spacesuits: The Smithsonian National Air and Space Museum Collection* by A. Young 2009. Brooklyn: Power House Books.

10. "The Retro Rocket Look" from *The Economist*. 다음 주소를 참고하라. http://www.economist.com/news/technology-quarterly/21603234-spacesuits-new-generation-outfits-astronauts-being-developed-although.

11. NASA의 에임스 연구 센터는 우주 식민지 연구를 지원하고, 그림과 설계 연구들을 모집했다. 비전이 버려지지 않았다는 것을 보여주기 위해 웹사이트는 NASA 국장 마이클 그리핀의 이야기를 인용해놓았다. "나는 언젠가 인간이 태양계를 식민지화하고 그 너머로 갈 것이라는 사실을 알고 있다." 이 프로젝트는 매년 세계의 모든 중학생과 고등학생들이 참여할 수 있는 설계 연구대회를 개최하면서 계속되고 있다. 2014년에는 18개국에서 562팀, 총 1,567명의 학생들이 참가했다. http://settlement.arc.nasa.gov/

12. 바이오스피어의 어두운 운명은 서식 가능 지역이 장기적인 시간에서의 개념이라는 사실을 알게 해주었다. 행성은 살아 있는 생명체와 암석 및 해양 사이의 공생 관계에 의해 서식 가능성을 유지한다. 가이아 가설을 제시한 제임스 러브록James Lovelock은 최초로 이것을 지적했다. 생존 가능성의 기본적인 추진력은 모성으로부터 오는 에너지이다. 30억 년 내지 35억 년 전에는 태양이 25퍼센트 더 어두웠다. 그 당시 지구상에는 미생물만 존재했고, 산소를 이용한 광합성 작용은 아직 없었다. 미래에 태양은 핵연료를 모두 소비하고 좀 더 밀도가 높은 상태로 바뀔 것이다. 그때가 되면 태양은 '더 뜨겁게 타오를' 것이다. 따라서 지구는 태양의 핵연료가 남아 있는 40억 년 내지 45억 년 전 기간 동안 생존 가능한 상태로 남아 있을 수 없을 것이다. 암석 안이나 깊은 바다 밑에 살고 있는 미생물들은 지열을 이용하여 살아가기 때문에 태양 복사선의 적당한 변화에는 견딜 수 있다. 지구가 견딜 수 없도록 뜨거워지면 우리는 모든 사람들이 살아갈 수 있는 바이오스피어를 개발해야만 할 것이다. 인류가 그 때까지 살아남아 있다면 말이다.

13. 2012년 이후 종말의 날 시계는 재앙에 아주 가까운 자정 5분 전에 멈추어 있다. 그러한 판단과 관련된 설명은 전체를 인용할 가치가 있다. "핵무기, 핵무기의 사용, 지구 온난화로 인한 기후 변화를 제거하려는 도전들은 복잡하고 서로 연관되어 있다. 이러한 복잡한 문제에 직면하면 이 문제를 해결할 수 있는 능력이 어디에 있는지 알기 어렵다. 정치적 조치들은 적절해 보이지 않고, 중동, 북동 아시아, 남아시아와 같은 지역에서의 분쟁에서 핵무기를 사용할 가능성이 경고신호를 보내고 있다. 더 안전한 원자로의 개발과 건설이 필요하고, 미래 재앙을 방지하기 위해 좀 더 엄격한 감시, 훈련, 그리고 주의가 필요하다. 기후 변화에 대비하는 기술적 해결의 속도는 기후 변화가 가져올 대규모 혼란에 대처하기에는 적절하지 못하다." 지구 종말의 날 시계와 시간은 다음 사이트에서 찾아볼 수 있다. http://thebulletin.org/timeline.

14. 치올코프스키의 말은 1911년 편지에서 발췌했다. http://www.rf.com.ua/article/388. 세이건의

말은 다음 책에서 발췌했다. *Pale Blue Dot*, p. 371. 니벤의 말은 아서 클라크에 의해 인용되었다. "Meeting of the Minds: Buzz Aldrin Visits Arthur C. Clarke," reported by A. Chaikin on February 27, 2001, on Space.com. 호킹의 말은 영상 인터뷰 번역본에서 발췌했다. *BigThink*, http://bigthink.com/videos/abandon-earth-or-face-extinction.

15. 란스도르프의 말은 어맨다 윌스Amanda Wills의 기사에서 발췌했다. "Is Mars for Sale?" by A. Wills, for Mashable.com, online at http://mashable.com/2013/04/09/mars-land-ownership-colonization/.
16. "Space Settlement Basics" by A. Globus, NASA Ames Research Center website, at http://settlement.arc.nasa.gov/Basics/wwwwh.html.
17. From the collection *Tales of Ten Worlds* by A. C. Clarke 1962. New York: Harcourt Brace.
18. "What Do Real Population Dynamics Tell Us About Minimum Viable Population Sizes?" by C. D. Thomas 1990. *Population Biology*, vol. 4, no. 3, pp. 324–27.
19. *Bottleneck: Humanity's Impending Impasse* by W. R. Catton 2009. Xlibris.
20. "Biodiversity and Intraspecific Genetic Variation" by C. Ramel 1998. *Pure and Applied Chemistry*, vol. 70, no. 11, pp. 2079–84.
21. "The Grasshopper's Tale" by R. Dawkins, in *The Ancestor's Tale: A Pilgrimage to the Dawn of Life* 2004. Boston: Houghton Mifflin.
22. "Genetics and Recent Human Evolution" by A. R. Templeton 2007. *International Journal of Organic Evolution*, vol. 61, no. 7, pp. 1507–19. 다른 연구자들은 병목이 갑작스런 환경 변화에 의해 발생한 것이 아니라 후기 석기 시대까지 수만 년 동안 인구가 2,000명까지 줄어들었듯 장기간에 걸쳐 발생한 것이라고 생각하고 있다. 23번 주석도 참고하기 바란다.
23. "Population Bottlenecks and Pleistocene Human Evolution" by J. Hawks, K. Hunley, S. H. Lee, and M. Wolpoff 2000. *Molecular Biology and Evolution*, vol. 17, no. 1, pp. 2–22. 아프리카에서부터 인류가 진화해온 완전한 이야기는 다음을 참고하라. "Explaining Worldwide Patterns of Human Variation Using a Coalescent-Based Serial Founder Model of Migration Outward from Africa" by M. DeGiorgio, M. Jakobsson, and N. A. Rosenberg 2009. *Proceedings of the National Academies of Science*, vol. 106, no. 38, pp. 16057–62.
24. "Legacy of Mutiny on the Bounty: Founder Effect and Admixture on Norfolk Island" by S. Macgregor et al. 2010. *European Journal of Human Genetics*, vol. 18, no. 1, pp. 67–72. 트리스탄다 쿠냐 사례 연구는 다음에 보고되어 있다. *Population Genetics and Microevolutionary Theory* by A. R. Templeton 2006. New York: John Wiley, p. 93. "Amish Microcephaly: Long-Term Survival and Biochemical Characterization" by V. M. Siu et al. 2010. *American Journal of Medical Genetics* A, vol. 7, pp. 1747–51.
25. " 'Magic Number' for Space Pioneers Calculated," a report on the work of John Moore by D. Carrington, reported in *New Scientist*. 다음의 주소를 참고하라. http://archive.is/Xa8I.

26. *Interstellar Migration and the Human Experience,* ed. by B. R. Finney and E. M. Jones 1985. Berkeley: University of California Press.

27. *Do Androids Dream of Electric Sheep?* by P. K. Dick 1968. New York: Doubleday. 이 소설은 리들리 스콧이 연출하고 해리슨 포드가 연기한 1992년 작 영화 〈블레이드 러너〉의 원작이다. 이 영화는 신비주의적 요소를 가지고 있어 상반된 평가를 받았다. 로이 배티 인용은 감독판 영상 중 끝에서 두 번째 장면에 나온다.

28. "Cyborgs and Space" by M. E. Clynes and N. S. Kline 1960. *Astronautics*, September, p. 27.

29. 하비슨은 사람이 사이보그가 되는 것을 돕기 위해 2010년 사이보그 재단을 설립했다. 그의 '아이보그'는 채도와 360가지 다른 색상을 인식할 수 있도록 강화되었다. 그는 홍보에 재능이 있어서, 2012년 그 자신에 관한 짧은 다큐멘터리로 선댄스 영화제에서 대상을 받았다. 그는 색깔을 음악으로 바꾸는 예술 퍼포먼스를 했다. 그의 예술은 색깔과 소리 사이의 관계에 초점이 맞추어져 있었다. 또한 영화과 무용 공연장으로 사용되는 실험적인 극장도 가지고 있다. 그의 아이보그를 이용하여 레오나르드 디카프리오, 앨 고어, 팀 버너스-리, 제임스 캐머런, 우디 앨런, 찰스 왕세자 같은 유명인들의 '소리 초상화'를 만들었다. 〈허핑턴포스트〉는 2013년 기사에서 그의 2012년 TED 글로벌 토크 "나는 색깔을 듣는다I Listen to Color"를 크게 다루었고, 그가 "나는 내가 기술을 이용하고 있다는 것을 느끼지 못한다. 나는 내가 기술을 입고 있다는 것을 느끼지 못한다. 나는 내가 기술이라고 느낀다"라고 말한 것을 인용했다. 이 기사는 다음 인터넷 사이트에서 찾아볼 수 있다. http://www.huffingtonpost.com/neil-harbisson/hearing-color-cyborg-tedtalk_b_3654445.html.

30. 워릭의 가장 영향력 있는 2013년 논문은 다음과 같이 시작된다. "인공두뇌학적 관점에서 보면 인간과 기계의 경계는 거의 중요하지 않다." 이 논문의 제목은 이렇다. "Cyborg Morals, Cyborg Values, Cyborg Ethics" by K. Warwick 2003. *Ethics and Information Technology*, vol. 7, pp. 131-37. 다음 자료도 참고하라. "Future Issues with Robots and Cyborgs" by K. Warwick 2010. *Studies in Ethics, Law, and Technology*, vol. 6, no. 3, pp. 1-20.

31. 〈더 버지The Verge〉에 2012년 실린 기사. 다음 주소를 참고하라. http://www.theverge.com/2012/8/8/3177438/ cyborg-america-biohackers-grinders-body-hackers.

32. 케빈 워릭의 말은 그의 웹사이트에 올라와 있는 FAQ에서 발췌했다. http://www.kevinwarwick.com/. 프랜시스 후쿠야마의 말은 다음에서 발췌했다. "The World's Most Dangerous Ideas: Transhumanism" by F. Fukuyama 2004. *Foreign Policy*, vol. 144, pp. 42-43. 후쿠야마에 대한 2004년 로널드 베일리의 반박은 다음 인터넷 사이트에 있다. http://reason.com/archives/2004/08/25/transhumanism-the-most-dangero. 만약 트랜스휴머니스트 쿨 에이드의 자료를 실컷 맛보고 싶다면 다음을 참조하기 바란다. "Why I Want to Be Transhuman When I Grow Up" by N. Bostrom 2008, in *Medical Enhancement and Posthumanity*, ed. by B. Gordijn and R. Chadwick. New York: Springer, pp. 107-37.

CHAPTER 12. **별을 향한 여행**

1. 이 인용은 많은 억측과 오해를 불러왔다. 예를 들면 이것은 야구 매니저나 말실수의 공급수단인 요기 베라에게는 해당되지 않는다. 이 말은 닐스 보어가 만들어낸 것이 아니라 19세기 덴마크에서부터 사용되어 왔던 말을 보어가 사용한 것이다. 자세한 이야기는 다음 인터넷 사이트에서 찾아볼 수 있다. http://quoteinvestigator.com/2013/10/20/no-predict/.
2. 다음 인터넷 사이트를 참고하라. http://www.scientificamerican.com/article/pogue-all-time-worst-tech-predictions/; http://www.informationweek.com/it-leadership/12-worst-tech-predictions-of-all-time/d/d-id/1096169.
3. 다음 인터넷 사이트를 참고하라. http://www.smithsonianmag.com/history/the-world-will-be-wonderful-in-the-year-2000-110060404/?no-ist.
4. "An Earth Mass Planet Orbiting Alpha Centauri B" by X. Dumusque et al. 2012. *Nature*, vol. 491, pp. 207-11. 다음 자료도 참고하라. "The Exoplanet Next Door" by E. Hand 2012. *Nature*, vol. 490, p. 323.
5. "Possibilities of Life Around Alpha Centauri B" by A. Gonzales, R. Cardenas-Ortiz, and J. Hearnshaw 2013. *Revista Cubana de Física*, vol. 30, no. 2, pp. 81-83. 알파 센타우리계에 대한 외계행성 시뮬레이션 논문은 다음과 같다. "Formation and Detectability of Terrestrial Planets Around Alpha Centauri B" by J. M. Guedes et al. 2008. *The Astrophysical Journal*, vol. 679, pp. 1582-87.
6. "Atmospheric Biomarkers on Terrestrial Exoplanets" by F. Selsis 2004. *Bulletin of the European Astrobiology Society*, no. 12, pp. 27-40. 다음 자료도 참고하라. "Can Ground-Based Telescopes Detect the Oxygen 1.27 Micron Absorption Feature as a Biomarker in Exoplanets?" by H. Kawahara et al. 2012. T*he Astrophysical Journal*, vol. 758, pp. 13-28; "Deciphering Spectral Fingerprints of Habitable Exoplanets" by L. Kaltenegger et al. 2010. *Astrobiology*, vol. 10, no. 1, pp. 89-102.
7. "Exoplanetary Atmospheres" by N. Madhusudhan, H. Knutson, J. Fortney, and T. Barman 2014, in *Protostars and Planets VI*, ed. by H. Buether, R. Klessen, C. Dullemond, and Th. Henning. Tucson: University of Arizona Press.
8. "Detection of an Extrasolar Planet Atmosphere" by D. Charbonneau, T. M. Brown, R. W. Noyes, and R. L. Gilliland 2001. *The Astrophysical Journal*, vol. 568, pp. 377-84.
9. NASA 글렌 연구 센터의 우주 추진과 성간 여행에 대한 웹사이트 주소는 다음과 같다. http://www.nasa.gov/centers/glenn/technology/warp/scales.html.
10. 전체적인 내용 요약을 위해서는 다음 자료를 참고하라. *Project Orion: The True Story of the Atomic Spaceship* by G. Dyson 2002. New York: Henry Holt. 원본은 다음 논문이다. "On a Method of Propulsion of Projectiles by Means of External Nuclear Explosions, Part 1," by C. J.

Everett and S. M. Ulam 1955. University of California Los Alamos Lab, unclassified document archived at http://www.webcitation.org/5uzTHJfF7. 좀 더 최근의 기술적 설계 연구에 대하여 알아보기 위해서는 다음 주소를 참고하라. "Physics of Rocket Systems with Separated Rockets and Propellant" by A. Zuppero 2010, online at http://neofuel.com/optimum/.

11. "Reaching for the Stars: Scientists Examine Using Antimatter and Fusion to Propel Future Spacecraft," April 1999, NASA. 다음의 주소를 참고하라. http://science1.nasa.gov/science-news/science-at-nasa/1999/prop12apr99_1/.
12. 다음의 주소를 참고하라. The Rand Corporation, http://www.rand.org/pubs/research_memoranda/RM2300.html.
13. "Galactic Matter and Interstellar Flight" by R. W. Bussard 1960. *Astronautica Acta*, vol. 6, pp. 179-94.
14. "Roundtrip Interstellar Travel Using Laser-Pushed Lightsails" by R. L. Forward 1984. *Journal of Spacecraft*, vol. 21, no. 2, pp. 187-95.
15. "Magnetic Sails and Interstellar Travel" by D. G. Andrews and R. Zubrin 1988. 이 자료는 다음의 회의에서 제시되었다. International Aeronautics Federation, IAF-88-553.
16. "Starship Sails Propelled by Cost-Optimized Directed Energy" by J. Benford 2011. 이 자료는 음에 게시되었다. arXiv preprint server, http://arxiv.org/abs/1112.3016.
17. *Starship Century: Toward the Grandest Horizon*, ed. by G. Benford and J. Benford 2013. Lucky Bat Books. 이 책은 2013년에 마틴 리스Martin Rees 경, 프리먼 다이슨, 스티븐 호킹, 폴 데이비스 같은 과학자들과 닐 스티븐슨, 데이비드 브린, 낸시 크레스 같은 공상과학 소설 작가들이 참석했던 동명의 컨퍼런스에서 다루어진 내용을 담고 있다.
18. *Frontiers of Propulsion Science* by M. Millis and E. Davis 2009. Reston, VA: American Institute of Aeronautics and Astronautics.
19. 100년 스타십 프로젝트는 2012년 NASA와 미국 고등국방연구소(DARPA)에 의해 시작되었다. http://100yss.org/
20. "Light Sails as a Means of Propulsion" by T. Dunn, unpublished calculations, online at http://orbitsimulator.com/astrobiology/Light%20Sails%20as%20a%20means%20of%20propulsion.htm.
21. ""SpiderFab: Process for On-Orbit Construction of Kilometer-Scale Apertures" by R. Hoyt, J. Cushing, and J. Slostad 2013. 테더스 언리미티드에 의해 수행된 이 프로젝트의 최종 기술 보고서의 NASA 제출본은 다음에서 볼 수 있다. Tethers Unlimited, NNX12AR13G, http://www.nasa.gov/sites/default/files/files/Hoyt_2012_PhI_SpiderFab.pdf.
22. "Life-Cycle Economic Analysis of Distributed Manufacturing with Open-Source 3D Printers" by B. T. Wittbrodt et al. 2013. *Mechatronics*, vol. 23, pp. 713-26. 다음 자료도 참고하라. "A Low-Cost Open-Source 3-D Metal Printing" by G. C. Anzalone et al. 2013. *IEEE Access*, vol. 1,

pp. 803–10.

23. "A Self-Reproducing Interstellar Probe" by R. A. Freitas 1980. *Journal of the British Interplanetary Society*, vol. 33, pp. 251–64.

24. 원본은 다음의 자료이다. *Theory of Self-Reproducing Automata* by J. von Neumann, and completed by A. W. Burks 1966. New York: Academic Press. 다음의 자료도 참고하라. "An Implementation of von Neumann's Self-Reproducing Machines" by U. Pesavento 1995. *Artificial Life*, vol. 2, no. 4, pp. 337–54.

25. NASA는 8년 동안 '혁신적 추진 물리학Breakthrough Propulsion Physics'이라고 부르는 프로젝트를 지원했다. 마크 밀리스Marc Millis가 주도했던 이 연구는 여러 번의 워크숍을 개최했고, 십여 편의 기술적인 논문을 출판했다. 이 프로젝트의 웹사이트는 가까운 장래에 돌파구가 열릴 것으로 보지 않는다고 전하고 있다. 여기에는 다음과 같이 조심스러운 글로 실려 있다. "이 주제에서는 비전과 그 비전의 실행은 심오하다. 지나치게 열정적인 사람들과 지나치게 현학적인 비관론자들에 의한 설익은 결론이 이끌어내질 위험성이 있다. 가장 생산적인 길은 혁신적인 견해와 회의적인 도전자들이 제기한 결정적인 의견들에 초점을 맞춘 연구 결과 위에서 해답을 찾는 것이다."

26. "Possibility of Faster-than-Light Particles" by G. Feinberg 1967. *Physical Review*, vol. 159, no. 5, pp. 1089–1105.

27. "워프 항해: 일방상대성이론 안에서 초고속 여행", M. Alcubierre 1994, *Classical and Quantum Gravity*, Volume 11, number 5, pp. L73-L77.

28. 〈스타 트렉〉 공식 웹페이지에 올라와 있는 시놉시스는 다음 주소에서 볼 수 있다. http://www.startrek.com/database_article/realm-of-fear.

29. "Teleporting an Unknown Quantum State via Dual Classical and Einstein-Podolsky-Rosen Channels" by C. H. Bennett et al. 1993. *Physical Review Letters*, vol. 70, pp. 1895–99.

30. 앨리스와 밥은 특히 암호학 분야나 물리학에서 불특정한 대상의 이름으로 자주 사용되는 이름이다. A와 B라고 부르는 것보다는 좀 더 인간적이고 친근감이 있기 때문이다. 처음 이 이름이 사용된 것은, 1978년에 론 리베스트Ron Rivest가 쓴 "Communications of the Association for Computing Machinery"라는 최초로 일반 핵심 암호체계를 제시한 논문에서였다. 리베스트는 이름의 선택이 1969년 개봉된 영화 〈파트너 체인지Bob & Carol & Ted & Alice〉에서 따온 것은 아니라고 말했다. 양자 얽힘 상태의 통신에서도 이 전통을 따르고 있다. "앨리스는 밥에게 메시지를 보내고 싶어 한다. (…)" 만약 세 번째나 네 번째 참가자가 필요하다면 그들은 척과 댄이라고 부른다. 이브는 암호학에서 엿듣는 사람을 말하거나 양자 통신에서 외부 환경을 지칭하는 이름으로 사용된다. 아마 이 다섯이면 우리가 알고 싶거나 알아야할 내용으로는 충분할 것이다.

31. "Quantum Teleportation over 143 Kilometers Using Active Feed-Forward" by X. S. Ma et al. 2012. *Nature*, vol. 489, pp. 269–73. 도쿄 대학의 세계 순간 이동에 대한 보고서는 다음 사이

트에서 찾을 수 있다. http://akihabaranews.com/2013/09/11/article-en/world-first-success-complete-quantum-teleportation-750245129.
32. "Unconditional Quantum Teleportation Between Distant Solid-State Quantum Bits" by W. Pfaff et al. 2014. Science, DOI:10.1126/science.1253512.

CHAPTER 13. 우주적 우정

1. 여러 개의 항을 곱한 값의 불확실성은 가장 불확실한 항의 불확실성과 같다. 은하수 은하에 있는 서식 가능 행성의 수를 찾는 방법을 가지고 있다고 해서 그것이 외계인의 심리학이나 사회학과 관련된 우리의 거의 완전한 무지 상태를 더 나아지게 해주지는 않는다. 지구에서의 진화는 한 종의 지능과 기술 개발을 이끌어냈다. 그러나 자연 선택은 이것이 필수적인 결과라고 예측하지 못한다. 그렇다고 주장한다면 인간중심적 편견에 빠지는 것이 된다. 수십만 년 동안의 진화 후에 두드러지게 좀 더 복잡하거나 큰 두뇌를 발전시키지 못한 많은 종들은 반대 예들이다.
2. 인간중심적으로 L을 예상하는 방법은 지구 위 인류 문명의 평균값을 이용하는 것이다. 그렇게 하면 평균 300년에서 400년이 된다. 다음의 자료를 참고하라. "Why ET Hasn't Called" by M. Shermer 2002, in *Scientific American*, online at http://www.michaelshermer.com/2002/08/why-et-hasnt-called/. 낮은 L 값을 갖는 불안정하거나 쉽게 사라지는 많은 문명이 있을 가능성도 있다. 그러나 그들 중 일부는 큰 L 값을 갖는 영원히 살아남는 문명일 수도 있다. 데이비드 그린스푼David Grinspoon은 이런 경우의 드레이크 방정식에 대해 토의했다. *Lonely Planets: The Natural Philosophy of Alien Life* by D. Grinspoon 2004. New York: HarperCollins.
3. *Contact* by C. Sagan 1985. New York: Simon & Schuster. 칼 세이건과 그의 아내 앤 드루얀은 로버트 제멕키스Robert Zemeckis가 감독한 영화를 위해 개요를 썼다.
4. *The Dispossessed: An Ambiguous Utopia* by U. K. Le Guin 1974. New York: Harper and Row. 이 소설은 르 귄에게 돌파구가 되었다. 그녀는 이 소설을 통해 문학적 명성을 얻었고, 공상과학 소설 분야에서 네뷸라, 유고, 로커스 상을 수상했다.
5. "Nikola Tesla and the Electrical Signals of Planetary Origin" by K. L. Corum and J. F. Corum 1996. *Online Computer Library Center*, Document no. 38193760, pp. 1, 6, 14.
6. 프록시마이어 사건은 다음 자료에 설명되어 있다. "Searching for Good Science: The Cancellation of NASA's SETI Program" by S. J. Garber 1999. *Journal of the British Interplanetary Society*, vol. 52, pp. 3-12. 브라이언의 반격은 다음에서 볼 수 있다. "Ear to the Universe Is Plugged by Budget Cutters" by J. N. Wilford, in the *New York Times* on October 7, 1993, online at http://www.nytimes.com/1993/10/07/us/ear-to-the-universe-is-plugged-by-budget-cutters.html.
7. "That Time Jules Verne Caused a UFO Scare" by R. Miller. 다음의 주소를 참고하라. http://io9.

com/that-time-jules-verne-caused-a-ufo-scare-453662253.

8. "Where Is Everybody? An Account of Fermi's Question" by E. Jones 1985. *Los Alamos Technical Report* LA-10311-MS, 스캔되어 확산된 버전은 다음 주소에서 확인할 수 있다. http://www.fas.org/sgp/othergov/doe/lanl/la-10311-ms.pdf.
9. '위대한 침묵'과 접촉의 부재에 대해 50개가 넘는 그럴듯한 설명이 다음에 정리되어 있다. *If the Universe Is Teeming with Aliens... Where Is Everybody?* by S. Webb 2002. New York: Copernicus Books.
10. *Rare Earth: Why Complex Life Is Uncommon in the Universe* by P. D. Ward and D. Brownlee 2000. Dordrecht: Springer-Verlag.
11. 이러한 연기를 위해 만들어진 강력한 주장이 있다. 기술이 기하급수적으로 발전하는 모든 분야에서는 이전 프로젝트의 합이 다음 프로젝트보다 작다. 천문학에서 이런 경향은 더욱 뚜렷한데, 1980년대와 1990년대에 CCD 탐지기의 크기와 성능이 빠르게 발전하여 새로운 탐색이 이전의 모든 탐색을 능가한다. 같은 주장을 최근 게놈 지도의 작성에도 적용할 수 있다. 이런 주장에는 일견 농담스러운 면이 있으며, 물론 과학자들이 곧 다가올 더 나은 능력을 기다리지 않고 지식을 정리하고 진보시키는 일을 계속하기 때문에 과학이 발전하는 것이다.
12. 1950년대에 만들어진 아레시보 접시 안테나는 굉장한 전파 망원경이다. 이 안테나는 너무 커서 방향을 바꿀 수 없어 위로 지나가는 하늘만 바라볼 수 있다. 열두 개의 축구장을 합친 것과 같은 넓이의 알루미늄 패널로 이루어졌다. 전파를 감지하는 피드는 워싱턴 기념비 크기의 타워 세 개에 의해 접시 안테나 위에 매달려 있다. 프랭크 드레이크는 이 접시에 1억 상자의 아침식사용 시리얼이나 전 지구에서 하루에 소비하는 모든 맥주를 담을 수 있다고 말하기를 좋아했다.
13. "The Great Filter—Are We Past It?" by R. Hanson 1998, an unpublished paper archived online at http://hanson.gmu.edu/greatfilter.html.
14. "Where Are They? Why I Hope the Search for Extraterrestrial Intelligence Finds Nothing" by N. Bostrom 1998. *MIT Technology Review*, May/June, pp. 72-77.

CHAPTER 14. **우리를 위한 우주**

1. *Year Million: Science at the Far Edge of Knowledge*, ed. by D. Broderick 2006. Giza, Egypt: Atlas and Company.
2. 우리가 보여준 기술적 능력을 생각할 때 우리 문명과 문화의 흔적이 소실된다는 것은 심각한 일이다. 이것을 생생하게 전달해주는 책은 다음과 같다. *The World Without Us* by A. Weisman 2007. New York: Picador. 이 책에서 저자 바이스만은 하룻밤 사이에 우리가 사라지고, 인류 문명의 기반 시설이 놀랍도록 빠르게 분해되어 사라지는 미래를 그리고 있다. 롱 나우Long

Now 재단은 '더 빠르게, 더 싸게' 대신에 '더 느리게, 더 좋게'를 선택하여 문화의 흐름에 역행하고 있으며 1,000년 단위에서 프로젝트를 지원하고 있다. 특히 '롱 나우의 시계Clock of the Long Now'는 사람이 개입하지 않고 1만 년 동안 작동할 수 있도록 설계된 기계 시계이다.

3. *Wired* magazine, April 2006. 다음 주소를 참고하라. http://www.wired.com/wired/archive/14.07/posts.html?pg=4.
4. 쥐를 이용한 실험이 시애틀에 있는 프레드 허친슨 암 연구 센터에서 마크 로스Mark Roth에 의해 시행되고 있다. http://labs.fhcrc.org/roth/. 개를 이용한 실험은 피츠버그에 있는 사파르 소생 연구 센터에서 진행되었다. http://www.nytimes.com/2005/12/11/magazine/11ideas_section4-21.html?_r=0
5. *Cloning After Dolly: Who's Still Afraid?* by G. E. Pence 2004. Lanham, MD: Rowman and Littlefield.
6. "Embryo Space Colonization to Overcome the Interstellar Time Distance Bottleneck" by A. Crowl, J. Hunt, and A. M. Hein 2012. *Journal of the British Interplanetary Society*, vol. 65, pp. 283–85.
7. "Transmission of Information by Extraterrestrial Civilizations" by N. Kardashev 1964. *Soviet Astronomy*, vol. 8, p. 217. 그의 더 최근 연구는 다음을 참고하라. "On the Inevitability and Possible Structures of Supercivilizations" by N. Kardashev 1984, in *The Search for Extraterrestrial Life: Recent Developments*, ed. by M. G. Papagiannis. Dordrecht: Reidel, pp. 497–504.
8. "The Physics of Interstellar Travel: To One Day Reach the Stars" by M. Kaku 2010. 다음 주소를 참고하라. http://mkaku.org/home/articles/the-physics-of-interstellar-travel/.
9. "Search for Artificial Stellar Sources of Infrared Radiation" by F. J. Dyson 1960. *Science*, vol. 131, pp. 1667–68.
10. NASA의 IRAS 인공위성의 자료를 이용한 "페르미 연구소의 다이슨 구 탐색" 결과는 다음 사이트에서 찾아볼 수 있다. http://home.fnal.gov/~carrigan/infrared_astronomy/Fermilab_search.htm.
11. *Universe or Multiverse?* ed. by B. J. Carr 2007. Cambridge: Cambridge University Press. 다음 자료도 참고하라. "Multiverse Cosmological Models" by P. C. W. Davies 2004. *Modern Physics Letters A*, vol. 19, pp. 727–44.
12. 첫 번째 미세 조정된 논쟁은 생물학적 우주의 나이는 너무 짧거나 너무 길 수 없다는 사실에 대한 것이었다. "Dirac's Cosmology and Mach's Principle" by R. H. Dicke 1961. *Nature*, vol. 192, pp. 440–41. 그 후에 이 아이디어는 여러 명의 물리학자들에 의해 연구되었다. *Coincidences: Dark Matter, Mankind, and Anthropic Cosmology* by J. Gribbin and M. Rees 1989. New York: Bantam; *The Goldilocks Enigma: Why Is the Universe Just Right for Life?* by P. Davies 2007. New York: Houghton Mifflin Harcourt. 철학적 관점에서는 다음 자료를 참고하라. *A Fine-Tuned Universe: The Quest for God in Science and Theology* by A. McGrath 2009. Louisville:

Westminster John Knox Press.

13. "Naturally Speaking: The Naturalness Criterion and Physics at the LHC" by G. F. Guidice 2008, in *Perspectives on LHC Physics*, ed. by G. Kane and A. Pierce. Singapore: World Scientific. 매트 스트라슬러Matt Strassler 교수의 뛰어난 excellent 입문 강의는 다음을 참고하라. http://profmattstrassler.com/articles-and-posts/particle-physics-basics/the -hierarchy-problem/naturalness/.
14. "Eternal Inflation and Its Implications" by A. Guth 2007. *Journal of Physics A: Mathematical and Physical*, vol. 40, no. 25, p. 6811.
15. *Impossibility: Limits of Science and the Science of Limits* by J. Barrow 1998. Oxford: Oxford University Press.
16. "X-Tech and the Search for Infra Particle Intelligence" by H. de Garis 2014, from Best of H+, online at http://hplusmagazine.com/2014/02/20/x-tech-and-the-search-for-infra-particle-intelligence/.
17. *Intelligent Machinery, A Heretical Theory* by A. Turing 1951, reprinted in *Philosophia Mathematica* 1996, vol. 4, no. 3, pp. 256-60. 폰노이만의 말은 다음에서 발췌했다. Stanislaw Ulam's "Tribute to John von Neumann" in the May 1958 *Bulletin of the American Mathematical Society*, p. 5.
18. "Are You Living in a Computer Simulation?" by N. Bostrom 2003. *Philosophical Quarterly*, vol. 53, no. 211, pp. 243-55. 커즈와일과 모라벡의 이런 견해는 특히 다음 책들에 소개되어 있다. *The Singularity Is Near: When Humans Transcend Biology* by R. Kurzweil 2006. New York: Penguin; *Robot: Mere Machine to Transcendent Mind* by H. Moravec 2000. Oxford: Oxford University Press.

그림 출처

그림 1. Creative Commons and Wikpedia/Ataileopard.

그림 2. Courtesy Elsevier and Chuansheng Chen/University of California Irvine.

그림 3. The scholar and academic skeptic Carneades, from the medieval book Nuremberg Chronicle.

그림 4. NASA History Division.

그림 5. A Treatise of the System of the World by Isaac Newton, 1728.

그림 6. NASA Great Images.

그림 7. Wikimedia Commons and Fastfission.

그림 8. Wikimedia Commons and Lokilech.

그림 9. Wikimedia Commons and Russian Federation.

그림 10. Mark Wade/Astronautix.com.

그림 11. U.S. Government/USAF.

그림 12. Roel van der Hoorn/NASA.

그림 13. NASA.

그림 14. Wikipedia Commons and David Kring/USRA.

그림 15. Wikimedia Commons and NOAA/Mysid.

그림 16. Chris Impey.

그림 17. Chris Impey.

그림 18. Wikimedia Commons and Kelvin Case.

그림 19. "Countdown Continues on Commercial Flight," Albuquerque Journal.

그림 20. NASA/Regan Geeseman.

그림 21. SpaceX.

그림 22. NASA.

그림 23. U.S. Government/FAA.

그림 24. Wikimedia Commons and Nasa.apollo.

그림 25. NASA/Kennedy Space Center.

그림 26. Andrew Ketsdever.

그림 27. NASA/JPL.

그림 28. NASA.

그림 29. Wikimedia Commons and Aldaron.

그림 30. Matthew R. Francis.

그림 31. Planetary Habitability Laboratory/University of Puerto Rico.

그림 32. Postage stamp, Chinese State.

그림 33. Wikimedia Commons and Dave Rajczewski.

그림 34. Data source reports of Satellite Industry Association.

그림 35. Patrick Collins.

그림 36. NASA/Dennis M. Davidson.

그림 37. NASA.

그림 38. NASA/JPL/University of Arizona.

그림 39. NASA/JPL/Caltech.

그림 40. NASA/John Frassanito and Associates.

그림 41. NASA.

그림 42. Christopher Barnatt/Explaining the Future.com.

그림 43. NASA/MSFC/D. Higginbotham.

그림 44. From Xenology: An Introduction to the Scientific Study of Extraterrestrial Life, Intelligence, and Civilization by Robert A. Freitas, Jr., 1979, Xenology Research Institute, Sacramento, California.

그림 45. Shutterstock.

그림 46. NASA.

그림 47. NASA/JSC.

그림 48. Javiera Guedes.

그림 49. U.S. Government/LLNL.

그림 50. NASA.

그림 51. NASA.

그림 52. Wikimedia Commons and Picoquant.

그림 53. H. Schweiker/WIYN and NOAO/AURA/NSF.

그림 54. NASA.

그림 55. Wikimedia Commons and Fastfission.

그림 56. Chris Impey.

그림 57. Wikimedia Commons and Bibi Saint-Pol.

그림 58. Andrei Linde.

그림 59. Wikimedia Commons and Was a bee.

일부 그림의 저작권자가 불분명하거나 연락이 닿지 않은 경우에는 확인되는 대로 별도의 허락을 받으려 노력하고 있습니다.

찾아보기

비욘드

인류가 다다른 세상의 한계를 넘어서다

2020년 4월 20일 초판 1쇄 인쇄
2020년 4월 27일 초판 1쇄 발행

지은이 | 크리스 임피
옮긴이 | 곽영직
발행인 | 윤호권 박헌용
책임편집 | 최안나
마케팅 | 조용호 이재성 임슬기 정재영 문무현 서영광 이영섭 박보영

발행처 | (주)시공사
출판등록 | 1989년 5월 10일(제3-248호)

주소 | 서울시 서초구 사임당로 82(우편번호 06641)
전화 | 편집(02)2046-2861·마케팅(02)2046-2894
팩스 | 편집·마케팅(02)585-1755
홈페이지 | www.sigongsa.com

ISBN 978-89-527-7366-1 03440

이 도서의 국립중앙도서관 출판예정도서목록(CIP)은 서지정보유통지원시스템 홈페이지(http://seoji.nl.go.kr)와 국가자료종합목록 구축시스템(http://kolis-net.nl.go.kr)에서 이용하실 수 있습니다.(CIP제어번호 : CIP2020014959)